Mathematische Modellierung

Claus Peter Ortlieb · Caroline von Dresky
Ingenuin Gasser · Silke Günzel

Mathematische Modellierung

Eine Einführung in zwölf Fallstudien

2., aktualisierte Auflage

Claus Peter Ortlieb
Universität Hamburg
Hamburg, Deutschland

Ingenuin Gasser
Universität Hamburg
Hamburg, Deutschland

Caroline von Dresky
Universität Hamburg
Hamburg, Deutschland

Silke Günzel
Universität Hamburg
Hamburg, Deutschland

Herausgegeben von MULTIMEDIA KONTOR HAMBURG

ISBN 978-3-658-00534-4
DOI 10.1007/978-3-658-00535-1

ISBN 978-3-658-00535-1 (eBook)

Die Deutsche Nationalbibliothek verzeichnet diese Publikation in der Deutschen Nationalbibliografie; detaillierte bibliografische Daten sind im Internet über http://dnb.d-nb.de abrufbar.

Springer Spektrum
© Springer Fachmedien Wiesbaden 2009, 2013
Das Werk einschließlich aller seiner Teile ist urheberrechtlich geschützt. Jede Verwertung, die nicht ausdrücklich vom Urheberrechtsgesetz zugelassen ist, bedarf der vorherigen Zustimmung des Verlags. Das gilt insbesondere für Vervielfältigungen, Bearbeitungen, Übersetzungen, Mikroverfilmungen und die Einspeicherung und Verarbeitung in elektronischen Systemen.

Die Wiedergabe von Gebrauchsnamen, Handelsnamen, Warenbezeichnungen usw. in diesem Werk berechtigt auch ohne besondere Kennzeichnung nicht zu der Annahme, dass solche Namen im Sinne der Warenzeichen- und Markenschutz-Gesetzgebung als frei zu betrachten wären und daher von jedermann benutzt werden dürften.

Gedruckt auf säurefreiem und chlorfrei gebleichtem Papier

Springer Spektrum ist eine Marke von Springer DE. Springer DE ist Teil der Fachverlagsgruppe Springer Science+Business Media
www.springer-spektrum.de

Vorwort

Mathematische Modellierung ist immer schon ein Bestandteil mathematischer Tätigkeit gewesen, zumindest wenn diese z.B. in den Naturwissenschaften, der Ökonomie oder der beruflichen Praxis außerhalb der Universitäten ausgeübt wurde. Dagegen hat sich die mathematische Fachwissenschaft über Jahrzehnte hinweg darum wenig gekümmert, und als ein eigener Gegenstand der mathematischen Fachausbildung ist dieses Gebiet daher noch recht jung. Am Department Mathematik der Universität Hamburg beispielsweise wird es seit dem Wintersemester 2000/2001 regelmäßig in einer Grundvorlesung angeboten.

Seitdem ist die Entwicklung vorangeschritten und auch im Mathematikunterricht an den Schulen angekommen: Mathematische Modellierung oder Modellbildung ist inzwischen zum verbindlichen Lehrinhalt in vielen Lehrplänen geworden – und muss heute von Lehrerinnen und Lehrern unterrichtet werden, die davon in ihrem Studium nie etwas gehört haben; kein Wunder also, dass dieses Thema im Zentrum vieler Maßnahmen zur Lehrerfortbildung steht.

Für das Gewicht, das die Modellbildung als Gegenstand des Unterrichts an Schulen und Hochschulen damit bekommen hat, gibt es gute Gründe: Fragestellungen der Natur-, Technik- und Gesellschaftswissenschaften ebenso wie Aufgaben in Industrie, Wirtschaft und Verwaltung werden zunehmend – und in vielen Bereichen bereits überwiegend – unter Verwendung mathematischer Modelle unterschiedlichster Komplexitätsstufen bearbeitet. Modellierung, also die Herstellung eines formalen Abbilds eines Teilaspekts der Wirklichkeit, und die anschließende Simulation des realen Prozesses zumeist auf dem Computer gehören heute zu den Standardwerkzeugen einer hochtechnisierten Gesellschaft. Tatsächlich hat die rasante Entwicklung der Computertechnik die Lösung von Problemen auf dem Wege ihrer Mathematisierung möglich gemacht, an deren Bearbeitung vor 40 Jahren noch gar nicht gedacht werden konnte.

Damit ändert sich aber der Stellenwert der Mathematik in einer Weise, die bisher noch nicht hinreichend zur Kenntnis genommen wurde, wie es im Vorwort von [Kra97] heißt: „Ohne allzusehr zu übertreiben, kann man sogar behaupten, daß [die Mathematik] ein integrativer Bestandteil unserer technologischen Welt ist und damit einen Einfluß ausübt, der weit über ihr Selbstverständnis hinausgeht." Der damit verbundene und im *Jahr der Mathematik* 2008 ja durchaus nach außen vertretene Anspruch ist von einer Mathematik, die sich ausschließlich durch Präzision, Systematik und formale Eleganz der Darstellung definiert, nicht zu erfüllen. Dazu muss die Mathematik vielmehr ihre Beziehung zur „Welt außerhalb" zu ihrem eigenen Thema machen. Mathematische Modellierung bildet dafür die Schnittstelle.

In der Mathematikausbildung ergeben sich daraus nicht nur Konsequenzen für die späteren Spezialisten, die ein Mathematik- oder der Mathematik nahes Studium absolvieren, oder für diejenigen, die sich an den Schulen darauf vorbereiten, sondern es geht darüber hinaus um die Frage des Beitrags des Mathematikunterrichts zur Allgemeinbildung: Wer sich in der von Mathematik durchdrungenen modernen Gesellschaft zurechtfinden will, braucht nicht nur solide mathematische Grundkenntnisse, sondern auch ein Bewusstsein für die durchaus problematische Beziehung zwischen mathematischen Abstraktionen und der von ihnen beschriebenen konkreten Wirklichkeit, die in ihnen ja nicht aufgeht. Die öffentliche Debatte beispielsweise um die angekündigte Klimakatastrophe lässt sich verantwortlich nur führen, wenn man nicht nur die Aussagen von Experten zur Kenntnis nimmt, sondern auch eine klare Vorstellung davon hat, worauf sie beruhen, nämlich auf mathematischen Modellen. Gleiches gilt etwa für die vielen Indikatoren (Wachstumsraten, Bruttoinlandsprodukt, Arbeitslosenquote, Inflationsrate usw.), mit denen wir versuchen, uns über den Zustand der Welt öffentlich zu verständigen (vgl. [Ort06]).

Auf dem Büchermarkt der angewandten Mathematik überwiegen nach wie vor die Werke, die mathematische Methoden systematisch darstellen, in denen aber die „Welt außerhalb" auf Anwendungsbeispiele reduziert wird, die derart zugeschnitten sind, dass sie genau zu der zuvor erläuterten Methode passen. Damit werden fertige Modelle präsentiert, während der Modellierungs-*Prozess*, der sie erst hervorbringt, ebenso außer Betracht bleibt wie die Frage nach der Relevanz des Modells für den Gegenstandsbereich, den es beschreiben soll. Bücher über mathematische Modellierung, die diesen Namen verdienen, haben dagegen zumeist einen speziellen fachlichen Hintergrund, wie etwa industrielle Technik (vgl. [Neu00]), Wirtschaftswissenschaft (vgl. [Lud08]) oder theoretische Biologie (vgl. [Mur89]) und richten sich an einen entsprechend eingeschränkten Leserkreis. Im deutschsprachigen Bereich bildete das bereits im Jahr 1997 im Teubner-Verlag publizierte Buch von Werner Krabs [Kra97] eine seltene, frühe Ausnahme. Dem dort gewählten Konzept, den mathematischen Modellierungsprozess einschließlich der mit ihm verbundenen Probleme an Fallstudien aus verschiedenen Gegenstandsbereichen vorzuführen, folgt auch das vorliegende Buch, das aus einem E-Learning-Projekt hervorgegangen ist:

Das Drittmittelprojekt MODELS^2 *Ein modulares E-Learning-System zur Modellierung und Simulation* wurde mit einigen Unterbrechungen über vier Jahre von 2003 bis 2007 am Department Mathematik der Universität Hamburg durchgeführt und in dieser Zeit vom MULTIMEDIA KONTOR HAMBURG betreut, das auch als Herausgeber des vorliegenden Buches fungiert. In diesem Projekt wurden – in so genannten Modulen, die jeweils eine Fallstudie enthalten – außermathematische Fragestellungen samt zugehörigen mathematischen Modellen gesammelt, dokumentiert und multimedial aufbereitet. Auf diese Module kann unter

www.math.uni-hamburg.de/projekte/models2/

zugegriffen werden.

Zwölf dieser Module haben als Fallstudien Aufnahme in das vorliegende Buch gefunden und bilden die Themen der Kapitel 4 bis 15. Für die Buchform wurde der Text allerdings noch einmal wesentlich umgeschrieben, weil ein Buch eben doch ganz anders gelesen wird als elektronisches Material, das von Bildschirmseite zu Bildschirmseite fortschreitet. Der Buchtext ist zudem hinsichtlich der Erläuterung der verwendeten mathematischen Verfahren fundierter als die elektronische Fassung. Auf die dort enthaltenen bewegten Bilder und Java-Applets musste hier aber naturgemäß verzichtet werden.

Zur Zielgruppe dieses Buches ebenso wie von MODELS^2 gehören alle, die mathematische Modellierung lehren oder lernen wollen. Insbesondere ist dabei an Studierende der Lehrämter sowie an einer Fortbildung interessierte Lehrerinnen und Lehrer gedacht. Zumindest die ersten acht Fallstudien (Kapitel 4 bis 11) sollten sich auch im Schulunterricht einsetzen lassen und wurden von uns zum Teil schon in Projekten mit Schülerinnen und Schülern erprobt. Darüber hinaus kann das Buch als Beispiel- und Materialsammlung für die inzwischen vielerorts angebotenen Lehrveranstaltungen zur mathematischen Modellierung dienen. Eine Schwierigkeit beim Lehren mathematischer Modellbildung besteht ja darin, dass es dabei nie um Mathematik allein, sondern immer auch um die Einarbeitung in reale Probleme oder solche aus anderen Wissenschaften geht, auf die Lehrende der Mathematik in der Regel nicht spezialisiert sind. Die hier aufbereiteten Fallstudien sollen es den Lehrenden erleichtern, interessante Modellierungsaufgaben in ihre Lehrveranstaltungen zu integrieren.

Eine andere Schwierigkeit beim Erlernen des Modellierungs-Handwerks dagegen können ein Buch oder das Studium ausgearbeiteten E-Learning-Materials nicht beheben. Sie liegt in der nicht umgehbaren Grundregel, die sich entsprechend auch auf die Mathematik und viele andere Wissenschaften übertragen lässt:

Wer Modellieren lernen will, muss modellieren.

Modellieren besteht weniger in der Auseinandersetzung mit fertigen Modellen, als vielmehr in deren eigenständigen Entwicklung, nicht im bloßen Nachvollziehen der Beschreibung eines Modellierungsprozesses, sondern darin, sich der spannenden und vielleicht beunruhigenden Situation einem realen Problem gegenüber auszusetzen, von dem auf Anhieb niemand sagen kann, ob, wie und inwieweit es sich mathematisieren und mit Hilfe der Mathematik lösen lässt. Diese Erfahrung kann kein Buch ersetzen. Für den Umgang mit einem Buch über Modellierung bedeutet das: Legen Sie es beiseite, so oft Sie es für möglich und sinnvoll halten, beispielsweise nach der Erläuterung eines realen Problems, und versuchen Sie, ein eigenes Modell, eine eigene Lösung zu entwickeln. Sollten Sie dabei auf andere Modelle und Lösungen stoßen als wir, so spricht das zunächst einmal weder gegen Sie noch gegen uns: Die in diesem Buch dargestellten Modelle stellen immer nur eine von vielleicht sehr vielen Möglichkeiten dar, das jeweilige reale Problem zu mathematisieren.

Zwölf Fallstudien aus verschiedenen Gegenstandsbereichen, zu deren Bearbeitung verschiedene Teilbereiche der Mathematik in Anspruch genommen werden, lassen sich unter mehr als nur einem Aspekt gliedern (vgl. die unterschiedlichen Klassifikationen von Modellen in Kapitel 3). Wir haben uns für eine Gliederung entschieden, die sich an der zum Einsatz kommenden Mathematik orientiert. Dafür war die Vorstellung einer heterogenen Zielgruppe ausschlaggebend, die höchst unterschiedliche mathematische Voraussetzungen mitbringt. Das Buch beginnt daher mit Modellen, die nur elementare mathematische Kenntnisse erfordern, und endet mit Modellen, für deren Nachvollzug die Anfangsvorlesungen in Analysis und Linearer Algebra eines Mathematik- oder der Mathematik nahen Studiums bereits absolviert worden sein sollten. Lehrende werden so anhand der Gliederung des Buches leicht einschätzen können, welche der Fallstudien für ihre Lernenden tatsächlich geeignet sind.

An dem Projekt MODELS[2], aus dem dieses Buch hervorgegangen ist, haben nicht nur dessen vier Autorinnen und Autoren, sondern darüber hinaus viele Kolleginnen und Kollegen, Studierende wie Lehrende, mitgearbeitet. Sie alle haben durch Vorarbeiten auch an diesem Buch mitgewirkt. Ihnen allen gilt dafür unser Dank. In besonderem Maße bedanken wir uns bei Jens Struckmeier für seine Mitwirkung an den einführenden Kapiteln 1 bis 3, bei Bodo Werner für die Anregung und entscheidende Hinweise zu Kapitel 5 und bei Eugen Stumpf für die inhaltliche Vorarbeit zu Kapitel 15. Für die Fehlerkorrektur der 2. Auflage bedanken wir uns besonders bei Stefan Heitmann und den Mitarbeiterinnen und Mitarbeitern des Springer-Verlags.

Hamburg, im März 2013

Inhaltsverzeichnis

Was ist mathematische Modellierung?   1
- 1   Zur Entwicklung des Modellbegriffs 1
  - 1.1   Die mathematisch-naturwissenschaftliche Methode 1
  - 1.2   Der Modellbegriff 2
  - 1.3   Der Modellierungsprozess 4
- 2   Modellierungsrezepte und -instrumente 6
  - 2.1   Ein paar Grundregeln 6
  - 2.2   Simulationswerkzeuge 8
- 3   Klassifikationen mathematischer Modelle 9
  - 3.1   Klassifikation nach der Durchsichtigkeit der Modelle 9
  - 3.2   Klassifikation nach der eingesetzten Mathematik 12

I   Statische Modelle   17

Diskrete Strukturen   19
- 4   Erstellung von Ligaplänen 19
  - 4.1   Anforderungen an Spielpläne 20
  - 4.2   Darstellung von Spielplänen 24
  - 4.3   Konstruktion einfacher Spielpläne 24
  - 4.4   Konstruktion kompletter Spielpläne 25
  - 4.5   Zusammenfassung 30
  - 4.6   Lösungen der Aufgaben 30
- 5   Mathematische Gesetzmäßigkeiten in der Blattstellungslehre 31
  - 5.1   Einführung 31
  - 5.2   Fibonaccizahlen und Goldener Winkel 35
  - 5.3   Modellierung der Spiralbildung 37
  - 5.4   Zusammenfassung 45
  - 5.5   Lösungen der Aufgaben 46
- 6   Optimale Routenplanung bei der Müllabfuhr 47
  - 6.1   Einführung 47
  - 6.2   Modellierung als graphentheoretisches Problem 48
  - 6.3   Konstruktion von Eulergraphen und -touren 49
  - 6.4   Algorithmen zur Bestimmung von Eulertouren in Eulergraphen . . 50
  - 6.5   Verbindung von ungeraden Knoten 53
  - 6.6   Eine optimale Route für Modelstown 54
  - 6.7   Zusammenfassung 57

Bewertungs- und Zielfunktionen   **59**

7   Qualitätsprüfung nicht gewebter Vliesstoffe 59
     7.1   Einführung 59
     7.2   Verwendung konventioneller Abstandsmaße 61
     7.3   Löcher und Lochmaße 64
     7.4   Weitere Maße zur Beurteilung von Vliesen 69
     7.5   Zusammenfassung 70

8   Optimale Stationierung von Rettungshubschraubern 72
     8.1   Einführung 72
     8.2   Ein allgemeiner Modellrahmen 74
     8.3   Probleme mit einem Hubschrauber 77
     8.4   Der allgemeine Fall: Zwölf Modelle 83
     8.5   Eine Lösungsheuristik 86
     8.6   Zusammenfassung 90
     8.7   Lösungen der Aufgaben 91

II   Dynamische Modelle   93

Diskrete Prozesse   **95**

9   Bevölkerungswachstum unter Berücksichtigung der Altersstruktur 95
     9.1   Einführung 95
     9.2   Modellentwicklung 98
     9.3   Daten und Prognosen 100
     9.4   Langzeitanalyse und Indikatoren des Bevölkerungswachstums 105
     9.5   Zusammenfassung 113
     9.6   Lösungen der Aufgaben 114

10   Verdrängungswettbewerb von Eichhörnchen 115
     10.1   Einführung 115
     10.2   Modellierung als Markov-Kette 116
     10.3   Auswertung des Eichhörnchen-Modells 120
     10.4   Zusammenfassung 122
     10.5   Lösungen der Aufgaben 122

Kontinuierliche Prozesse   **125**

11   Wachstum der Weltbevölkerung 125
     11.1   Einführung 125
     11.2   Allgemeine Überlegungen zur Modellierung des Wachstums 127
     11.3   Konstante Wachstumsgeschwindigkeit: Lineares Wachstum 128
     11.4   Konstante Wachstumsrate: Exponentielles Wachstum 129
     11.5   Zeitabhängige Wachstumsrate 132
     11.6   Eine Prognose 137
     11.7   Zusammenfassung 139
     11.8   Lösungen der Aufgaben 139

12	Auftreten von Eis- und Warmzeiten	140
	12.1 Einführung	140
	12.2 Mathematische Modellbildung	140
	12.3 Entdimensionalisierung	143
	12.4 Gleichgewichtspunkte und ihre Stabilität	144
	12.5 Zusammenfassung	148
13	Stabilität des Golfstroms	149
	13.1 Einführung	149
	13.2 Mathematische Modellbildung	151
	13.3 Entdimensionalisierung	153
	13.4 Gleichgewichtspunkte und ihre Stabilität	153
	13.5 Zusammenfassung	158
	13.6 Lösungen der Aufgaben	158
14	Ein mikroskopisches Verkehrsfluss-Modell	159
	14.1 Einführung	159
	14.2 Mathematische Modellbildung	160
	14.3 Entdimensionalisierung	161
	14.4 Eine Gleichgewichtslösung mit Stabilitätsanalyse	162
	14.5 Weitergehende Analysen	168
	14.6 Zusammenfassung	169
15	Ein makroskopisches Verkehrsfluss-Modell	170
	15.1 Einführung	170
	15.2 Mathematische Modellbildung	170
	15.3 Entdimensionalisierung	172
	15.4 Die Charakteristiken-Methode	173
	15.5 Integrallösungen	177
	15.6 Sprungbedingungen	179
	15.7 Verdünnungswellen	183
	15.8 Entropiebedingungen	184
	15.9 Zusammenfassung	191

III Anhang: Mathematische Werkzeuge 193

16	Lineare Iterationsprozesse	195
	16.1 Allgemeine Lösung und Fundamentalsysteme	195
	16.2 Langzeitverhalten der Lösungen	198
17	Gewöhnliche Differentialgleichungen	200
	17.1 Existenz und Eindeutigkeit von Anfangswertaufgaben	200
	17.2 Attraktivität und Stabilität von Gleichgewichtspunkten	201
18	Hopf-Verzweigung	204

Literaturverzeichnis 207

Sachverzeichnis 213

Was ist mathematische Modellierung?

1 Zur Entwicklung des Modellbegriffs

Ganz grob gesagt besteht *Mathematische Modellierung* oder auch *Mathematische Modellbildung* darin, reale Fragestellungen mit mathematischen Mitteln zu bearbeiten und sie auf diesem Wege zumindest teilweise zu beantworten. Um besser verstehen zu können, warum und inwieweit das möglich ist, kann ein kurzer Blick auf die historischen Ursprünge dieses Vorgehens von Nutzen sein.

1.1 Die mathematisch-naturwissenschaftliche Methode

Auch wenn der *Begriff* des mathematischen Modells sich erst Anfang des 20. Jahrhunderts verfestigte, so verdankt sich der damit verbundene mathematische Blick auf die Welt doch ohne Zweifel der bereits 300 Jahre vorher statt gefundenen wissenschaftlichen Revolution, mit der gewissermaßen die Neuzeit eingeläutet wurde. Zu nennen ist hier insbesondere Galileo Galilei, über den der Wissenschaftshistoriker Alexandre Koyré ([Koy98, S. 73]) schreibt:

> *Wir kennen die grundlegenden Auffassungen und Prinzipien zu gut, oder richtiger, wir sind zu sehr an sie gewöhnt, um die Hürden, die es zu ihrer Formulierung zu überwinden galt, richtig abschätzen zu können. Galileis Begriff der Bewegung (und auch der des Raumes) erscheint uns so „natürlich", daß wir vermeinen, ihn selbst aus Erfahrung und Beobachtung abgeleitet zu haben. Wenngleich wohl noch keinem von uns ein gleichförmig verharrender oder sich bewegender Körper je untergekommen ist – und dies schlicht deshalb, weil so etwas ganz und gar unmöglich ist. Ebenso geläufig ist uns die Anwendung der Mathematik auf das Studium der Natur, so daß wir kaum die Kühnheit dessen erfassen, der da behauptet: „Das Buch der Natur ist in geometrischen Zeichen geschrieben." Uns entgeht die Waghalsigkeit Galileis, mit der er beschließt, die Mechanik als Zweig der Mathematik zu behandeln, also die wirkliche Welt der täglichen Erfahrung durch eine bloß vorgestellte Wirklichkeit der Geometrie zu ersetzen und das Wirkliche aus dem Unmöglichen zu erklären.*

Die neuzeitliche Naturerkenntnis ist mathematischer Art, das genau war – vor 400 Jahren – an ihr revolutionär. Die Mathematik ist hier kein bloßes Hilfsmittel, auf das zur Not auch verzichtet werden könnte, sondern Mathematik und Physik sind über zwei Jahrhunderte hinweg quasi identisch. Die Grundlagen der modernen Mathematik (Analysis, Differentialgleichungen, Analytische Geometrie), die heute den Inhalt der ersten Semester aller mathematischen und mathematikhaltigen Studiengänge ausmachen, sind im Zusammenhang mit physikalischen Fragestellungen entwickelt worden, sie *sind* diese Fragestellungen zumindest gewesen, auch wenn sich bis heute viele andere Anwendungsfelder gefunden haben.

Die andere große Erfindung der neuzeitlichen Naturwissenschaft, die oft an erster Stelle genannt wird, das *Experiment* also, hängt mit dem mathematischen Zugang zur Welt eng zusammen: Experimente bestehen darin, einen Ausschnitt der Wirklichkeit im Labor an die mathematischen Idealbedingungen anzupassen, diese also *herzustellen* und Abweichungen von ihnen (so genannte Störfaktoren) weitestgehend auszuschalten. Hier liegt ein fundamentaler Unterschied zur einfachen, nicht eingreifenden Beobachtung mit bloßem Auge oder einer statistischen Erhebung. Viele methodische Fehler beim Einsatz von Mathematik in nichtexperimentellen Wissenschaften resultieren daraus, dass dieser Unterschied nicht beachtet wird.

Im Rückblick auf eine fast zweihundertjährige Erfolgsgeschichte fasst Immanuel Kant diesen engen Zusammenhang von Mathematik und exakter Naturwissenschaft in seinem berühmten Diktum ([Kan86, Vorrede]),

> *dass in jeder besonderen Naturlehre nur so viel eigentliche Wissenschaft angetroffen werden werden könne, als darin Mathematik anzutreffen ist,*

zusammen, weshalb für ihn z. B. die Chemie seiner Zeit (noch) nicht zu den „eigentlichen" Wissenschaften gehörte.

1.2 Der Modellbegriff

Im Laufe des 19. Jahrhunderts treten Mathematik und Physik auseinander, an seinem Ende sind sie eigenständige Wissenschaften geworden. Exemplarisch wird zum einen an dem Auftreten nichteuklidischer Geometrien deutlich, dass es sich bei mathematischen Sätzen nicht einfach um wahre Aussagen über die Natur handelt, zum anderen zeigt sich an den verschiedenen möglichen Axiomatisierungen der klassischen Mechanik, dass es für ein und denselben Gegenstandsbereich unterschiedliche und dennoch korrekte mathematische Darstellungen geben kann. In der Einleitung zu seinem letzten, erst nach seinem Tode erschienenen Werk[1] hebt Heinrich Hertz die erkenntnistheoretischen Konsequenzen dieser Entwicklung ins Bewusstsein ([Her94, S. 1 f.]):

> *Wir machen uns innere Scheinbilder oder Symbole der äußeren Gegenstände, und zwar machen wir sie von solcher Art, daß die denknotwendigen Folgen der Bilder stets wieder die Bilder seien von den naturnotwendigen Folgen der abgebildeten Gegenstände. Damit diese Forderung überhaupt erfüllbar sei, müssen gewisse Übereinstimmungen vorhanden sein zwischen der Natur und unserem Geiste. Die Erfahrung lehrt uns, daß die Forderung erfüllbar ist und daß also solche Übereinstimmungen in der Tat bestehen. Ist es uns einmal geglückt, aus der angesammelten bisherigen Erfahrung Bilder von der verlangten Beschaffenheit abzuleiten, so können wir an ihnen, wie an Modellen, in kurzer Zeit die Folgen entwickeln, welche in der äußeren Welt erst in längerer Zeit oder als Folgen unseres eigenen Eingreifens auftreten werden; wir vermögen so den Tatsachen vorauszueilen und können nach der gewonnenen Einsicht unsere gegenwärtigen Entschlüsse richten. Die Bilder, von*

---

[1] *Die Prinzipien der Mechanik in neuem Zusammenhange dargestellt*, das 1894 veröffentlicht wurde. Es handelt sich um eine konsistente Darstellung der Prinzipien der Mechanik, die ohne Kraft als Grundbegriff auskommt.

> *welchen wir reden, sind unsere Vorstellungen von den Dingen; sie haben mit den Dingen die eine wesentliche Übereinstimmung, welche in der Erfüllung der genannten Forderung liegt, aber es ist für ihren Zweck nicht nötig, daß sie irgend eine weitere Übereinstimmung mit den Dingen haben. In der Tat wissen wir auch nicht, und haben auch kein Mittel zu erfahren, ob unsere Vorstellungen von den Dingen mit jenen in irgend etwas anderem übereinstimmen, als allein in eben jener einen fundamentalen Beziehung.*

Hier liegt die Geburtsstunde des Begriffs des mathematischen Modells, auch wenn Hertz ihn natürlich nicht einfach erfunden hat und das Wort selbst nur metaphorisch verwendet. Stattdessen spricht er von „inneren Scheinbildern oder Symbolen" und macht damit deutlich, dass sie nicht zum Bereich der äußeren Gegenstände, sondern zu unseren Vorstellungen von ihm gehören und ihnen daher auch in gewissen Grenzen etwas Willkürliches anhaftet.

Weil es verschiedene Modelle desselben Gegenstands geben kann, können bei ihrer Auswahl weitere Kriterien hinzu treten. Einschließlich der bereits genannten Bedingung nennt Hertz: *Zulässigkeit*, *Richtigkeit* und *Zweckmäßigkeit* ([Her94, S. 2 f.]):

> *Eindeutig sind die Bilder, welche wir uns von den Dingen machen wollen, noch nicht bestimmt durch die Forderung, daß die Folgen der Bilder wieder die Bilder der Folgen seien. Verschiedene Bilder derselben Gegenstände sind möglich und diese Bilder können sich nach verschiedenen Richtungen unterscheiden. Als unzulässig sollten wir von vornherein solche Bilder bezeichnen, welche schon einen Widerspruch gegen die Gesetze unseres Denkens in sich tragen, und wir fordern also zunächst, daß alle Bilder logisch zulässige oder kurz zulässige seien. Unrichtig nennen wir zulässige Bilder dann, wenn ihre wesentlichen Beziehungen den Beziehungen der äußeren Dinge widersprechen, das heißt wenn sie jener ersten Grundforderung nicht genügen. Wir verlangen demnach zweitens, daß unsere Bilder richtig seien. Aber zwei zulässige und richtige Bilder derselben äußeren Gegenstände können sich noch unterscheiden nach der Zweckmäßigkeit. Von zwei Bildern desselben Gegenstandes wird dasjenige das zweckmäßigere sein, welches mehr wesentliche Beziehungen des Gegenstandes widerspiegelt als das andere; welches, wie wir sagen wollen, das deutlichere ist. Bei gleicher Deutlichkeit wird von zwei Bildern dasjenige zweckmäßiger sein, welches neben den wesentlichen Zügen die geringere Zahl überflüssiger oder leerer Beziehungen enthält, welches also das einfachere ist.*

Diese drei Kriterien liegen auf methodisch streng zu unterscheidenden Ebenen:

- *Richtigkeit*: Die Richtigkeit von Modellen lässt sich im mathematischen Sinne nicht beweisen, sondern nur an der Erfahrung überprüfen. Ein Modell ist richtig, solange es bekannten Tatsachen nicht widerspricht. Das kann sich im Laufe der Zeit ändern. Zudem hängt die Frage, wie sich die Richtigkeit eines Modells prüfen lässt, in hohem Maße vom betrachteten Gegenstandsbereich ab.

- *Zulässigkeit*: Ein Modell ist (logisch) zulässig, wenn es auf eindeutige Weise formuliert ist und keine Widersprüche enthält. Das ist eine eher innermathematische Frage, die – von mathematischen Grundlagenproblemen im Zusammenhang mit der Widerspruchsfreiheit einmal abgesehen – sich in jedem Einzelfall abschließend klären lassen sollte.

- *Zweckmäßigkeit*: Ein Modell ist zweckmäßig, wenn es keine für das behandelte Problem überflüssigen Anteile enthält. Ein Modell sollte so einfach wie möglich und so kompliziert wie nötig sein. Welcher Komplexitätsgrad nötig ist, hängt auch davon ab, welche Ziele mit dem Modell erreicht werden sollen. Es ist deshalb klar, dass die Frage nach der Zweckmäßigkeit eines Modells sich oft nicht eindeutig beantworten und Raum für Meinungsverschiedenheiten offen lässt.

Hertz selber hat seine allgemein gehaltenen Formulierungen ausschließlich auf die Physik bezogen, in der eine experimentelle Überprüfung der Richtigkeit von Modellen möglich ist. Über die bereits im 19. Jahrhundert gängige Verwendung mathematischer Modelle in Physik, Chemie und Technikwissenschaften hinaus hat sich die damit verbundene Methode im Laufe des 20. Jahrhunderts auch in den Lebens- und Gesellschaftswissenschaften verbreitet, wenn auch ihre Verwendung dort nicht unstrittig und in nichtexperimentellen Fächern mit besonderen Problemen der Modellvalidierung verbunden ist.

Wenn im Folgenden von realen Fragestellungen die Rede ist, soll darunter aber mehr verstanden werden als bloß durch eine Wissenschaft definierte Probleme. Viele im modernen, von technischen Systemen durchdrungenen und von Geldhandlungen beherrschten Alltag sind einer Behandlung durch mathematische Modellbildung zugänglich, so etwa die folgenden Beispiele:

- Wie viele Liter Farbe braucht ein Maler zum Neuanstrich einer Hausfassade?
- Wie groß muss eine Parklücke beim Einparken sein?
- Wie sollte ein durch die Konkurrenz bedrohter Betreiber eines Internet-Cafes seine Gebühren festlegen?

1.3 Der Modellierungsprozess

Welche Kriterien ein mathematisches Modell erfüllen soll, wurde im letzten Unterabschnitt beschrieben. Damit ist aber überhaupt noch nicht geklärt, wie man von einer gegebenen realen Fragestellung zu einem adäquaten mathematischen Modell kommt. Angesichts des riesigen Spektrums möglicher Gegenstandsbereiche sollte klar sein, dass es hier keine allgemeingültige Methode geben kann. Aber ein paar regelhaft wiederkehrende Gesichtspunkte gibt es doch.

Abbildung 1.1 zeigt ein Diagramm, das in vielen Abhandlungen zur mathematischen Modellierung in ähnlicher Form anzutreffen ist. Es zeigt die Tätigkeiten, die auszuführen sind, um zu einem *fertigen* Modell zu kommen, den *Modellierungsprozess*.

Ausgangspunkt ist ein reales Problem oder auch erklärungsbedürftiges Phänomen. Um es mit mathematischen Methoden bearbeiten zu können, muss es im ersten Schritt, der eigentlichen Modellbildung oder -entwicklung, in ein mathematisches Problem überführt werden. Auf dieser Ebene kann es mit mathematischen Methoden entweder analytisch gelöst oder auf dem Computer simuliert werden. Die gefundene Lösung ist dann hinsichtlich ihrer Bedeutung für die reale Fragestellung zu interpretieren. Ob die so gefundene Antwort für das reale Probleme relevant ist, ist im letzten Schritt zu überprüfen. Fällt die Antwort negativ aus, so beginnt alles von vorn, das Modell wird verbessert und der gesamte Prozess erneut durchlaufen. Man spricht deshalb häufig auch vom *Modellierungskreislauf*.

1 Zur Entwicklung des Modellbegriffs

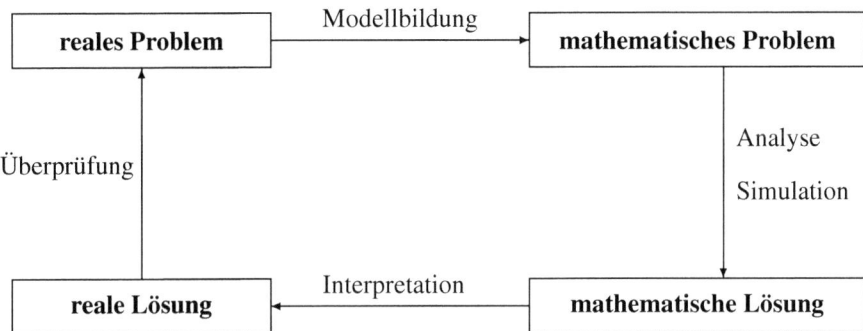

Abbildung 1.1: Schematische Darstellung des Modellierungsprozesses

Es handelt sich bei diesem Schema um alles andere als einen Algorithmus oder Automaten, in den man das reale Problem oben hineinsteckt und das fertige Modell unten herauskommt. Die eigentlichen Schwierigkeiten liegen im Detail. Auf sie soll im nächsten Abschnitt eingegangen werden.

2 Modellierungsrezepte und -instrumente

2.1 Ein paar Grundregeln

Wie schon festgestellt, ist der Modellierungsprozess ein höchst komplexer Vorgang, der wegen der Vielfalt der Gegenstandsbereiche nicht algorithmisiert werden kann. Trotzdem lassen sich ein paar Grundregeln angeben, die besser befolgt, und ebenso ein paar immer wieder auftretende Fehler, die besser vermieden werden sollten. Beides zusammen haben wir hier in die Form einer „Rezeptsammlung" gebracht, die dem Schema der Abbildung 1.1 entsprechend gegliedert ist. Zu beachten ist allerdings, dass nicht jedes dieser Rezepte für jeden Einzelfall von Bedeutung ist.

2.1.1 Modellentwicklung

Präzise Bestimmung des realen Problems: Zunächst muss versucht werden, die reale Fragestellung möglichst präzise herauszuarbeiten. Was ist wesentlich, was unwesentlich? Welche Ziele sollen erreicht werden? Wie genau müssen im Rahmen dieser Ziele die Antworten sein? Oft zeigt sich, dass eine an sich als klar erscheinende Problemstellung alles andere als klar ist. Insbesondere in den „weichen" Wissenschaften ist die Präzisierung der Fragen manchmal schon der wesentliche Nutzen mathematischer Modellierung.

Gesetzmäßigkeiten: Durch welche Gesetzmäßigkeiten ist das reale Problem bestimmt, und wie lassen sie sich in mathematischer Sprache fassen? Sofern das Problem in Zusammenhang mit einer anderen Wissenschaft steht, ist es in der Regel bereits „theoretisch vorbelastet". Welche Vorstellungen hat die Substanzwissenschaft von den zu Grunde liegenden Gesetzmäßigkeiten? Wie weit liegen sie bereits in mathematisierter Form vor? Was lässt sich davon nutzbar machen?

Übertragen von Ansätzen aus bekannten Modellen: Gibt es bereits mathematische Modelle für ähnliche Probleme? Wurde ein Teilproblem bereits anderswo modelliert? Gibt es strukturelle Analogien zu Fragestellungen aus ganz anderen Wissensbereichen? Lässt sich beispielsweise ein physikalisches oder mechanisches Modell für das Problem formulieren?

Benötigte und überflüssige Informationen: Welche Informationen (Daten) werden benötigt? Welche sind vorhanden, welche davon ggf. überflüssig, welche müssen erst noch beschafft werden? Wie sicher sind diese Informationen? Vor Beginn der Modellierung ist oft gar nicht klar, was wichtig ist und was nicht. Modellierungsprozesse haben manchmal nur die Funktion, empirische Untersuchungen anzuregen, auf die ohne den Versuch der Mathematisierung niemand gekommen wäre.

Modellvariablen und -parameter: Durch welche Variablen soll das Modell beschrieben werden? Welche extern vorgegebenen Parameter gehen in das Problem ein? Welche inhaltliche Bedeutung haben sie? Wie genau lassen sie sich bestimmen? Welche Variationsbreite haben sie? Was sind die Maßeinheiten von Variablen und Parametern? Mit den Maßeinheiten lassen sich die in das Modell eingehenden Terme einer ersten Konsistenzprüfung unterziehen: Ein Term beispielsweise, der aus einer Summe von Größen mit verschiedenen Maßeinheiten besteht, ist sinnlos.

Eindeutige Formulierung des mathematischen Problems: Bevor mathematische Methoden angewandt werden, muss das mathematische Problem präzise formuliert sein. Da das aus der realen Fragestellung meist nicht eindeutig hervorgeht, sind hier Entscheidungen zu treffen, oder es können auch mehrere alternative mathematische Problemformulierungen entwickelt werden, die dann aber klar voneinander zu trennen sind. Dagegen ist es falsch und führt immer zu unzulässigen, in sich widersprüchlichen Modellen, sich fehlender Kriterien wegen gar nicht zu entscheiden.

Einfachheit: Zumindest am Anfang des Modellierungsprozesses sollte im Zweifel von zwei möglichen Modellformulierungen immer die einfachere gewählt werden. Komplizierter kann man ein Modell immer noch machen. Für die reale Fragestellung ist das Modell nur dann von Nutzen, wenn es sich als mathematisches Problem auch mathematisch lösen lässt. An dieser Stelle geht natürlich das eigene mathematische Vorwissen in die Modellierung ebenso ein wie die technische Möglichkeit der Lösung: Die Entwicklung der Computer etwa macht heute ganz andere Modelle sinnvoll als noch vor 40 Jahren.

Bewusstheit des eigenen Vorgehens: Es ist wichtig, sich über die Überlegungen, die zum Modell führten, Rechenschaft zu geben. Das Bewusstsein für die im Modell vorgenommenen Vereinfachungen und die Gründe für sie (Zulässigkeit, Richtigkeit, Zweckmäßigkeit) darf nicht verloren gehen, sonst lässt sich das Modell nicht mehr verbessern.

2.1.2 Analyse und Simulation

Reales Problem als Leitfaden: Für den Weg vom mathematischen Problem zu seiner Lösung stehen natürlich alle mathematischen Werkzeuge zur Verfügung, und es scheint sich hier um ein rein innermathematisches Vorgehen zu handeln. Man sollte dennoch das real zu lösende Problem in Erinnerung behalten, da es auch als Leitfaden für den mathematisch zu beschreitenden Weg dienen kann.

Analytische Lösungen und qualitatives Modellverhalten: Lässt sich das Modellverhalten auf analytischem Weg zumindest qualitativ bestimmen? Gibt es (im regelhaft nicht erreichbaren Idealfall) eine geschlossene Formel für die Lösung?

Spezialfälle, Vereinfachungen, Modellreduktion: Lässt sich eine Lösung zumindest für spezielle Fälle finden? Gibt es einfachere, aber ähnliche Probleme (z.B. mit geringerer Dimension), die sich analytisch lösen lassen? Man sollte stets versuchen, die Anzahl der Modellparameter zu reduzieren, zum Beispiel durch passende Wahl der Maßeinheiten und dimensionslose Schreibweise des Problems.

Computersimulationen und Parameterstudien: Für Computersimulationen ist es nötig, alle Modellparameter mit numerischen Zahlenwerten zu belegen. Sofern diese nicht bekannt sind, müssen sie auf geeignete Weise variiert werden. Das geht nicht für unbegrenzt viele, hier liegt die Bedeutung der vorausgegangenen Reduktion ihrer Anzahl. Darüber hinaus ist es vielleicht möglich, weitere Parameter auf Grund der realen Gegebenheiten festzulegen. Welche der zu variierenden Parameter sind kritisch, d.h. von welchen hängt das Modellverhalten sensitiv ab?

2.1.3 Interpretation und Validierung des Modells

Interpretierbarkeit von Ergebnissen: Lassen sich die gefundenen mathematischen Ergebnisse und die mathematischen Voraussetzungen, unter denen sie gelten, überhaupt real deuten? Sind Ergebnisse und Voraussetzungen realistisch? Liegen die gefundenen Lösungen im interpretierbaren Bereich, werden beispielsweise Bestandsgrößen nicht negativ? Lässt sich das analytisch oder durch eine Computersimulation gefundene Modellverhalten in der Sprache der realen Fragestellung ausdrücken?

Visualisierung der Ergebnisse: Man sollte die Ergebnisse in eine Form bringen, die überblickt und interpretiert werden kann. Bei einer ungeordneten Ansammlung von auch nur 1000 Zahlen ist das unmöglich. Man muss daher die Ergebnisse visualisieren und bedient sich dazu der Möglichkeiten moderner Computer.

Vergleich mit Beobachtungsdaten und Experimenten: Lassen sich die gefundenen Ergebnisse mit Beobachtungsdaten vergleichen? Gibt das Modell Anlass zu Experimenten oder Beobachtungen, die erst noch durchzuführen sind? Stimmen Modellverhalten und Beobachtungsdaten überein, ggf. nach Anpassung der Modellparameter? Im negativen Fall ist zu klären, woher die Diskrepanz kommt und was im Modell daher zu verändern ist.

2.2 Simulationswerkzeuge

Mathematische Modelle sind oft aufgrund ihrer Komplexität analytischen Methoden nur schwer zugänglich. Ein wichtiger Bestandteil des Modellierungsprozesses ist daher die Auswertung eines fertigen mathematischen Modells mit Hilfe von Computersimulationen. Hat man es zudem mit einer großen Datenmenge zu tun, müssen Simulationsergebnisse oder auch Messdaten visualisiert werden.

Grundlage einer Computersimulation ist ein numerisches Verfahren oder ein Algorithmus, der das gegebene mathematische Problem approximativ löst. Sind diese Verfahren komplex und erfordern die Bewältigung großer Datenmengen, so spricht man auch vom *Wissenschaftlichen Rechnen* (engl.: Scientific Computing). Hier werden numerische Algorithmen mit Hilfe höherer Programmiersprachen (wie beispielsweise C++ oder JAVA) in Computerprogramme übersetzt und am Computer implementiert. Eingesetzt werden häufig auch kommerzielle Programmbibliotheken, die bereits fertige Routinen für einzelne numerische Verfahren enthalten, oder fertige Simulationspakete (MATLAB, SIMULINK, MATHEMATICA...), die Module zu verschiedenen numerischen Verfahren und diverse Visualisierungstechniken beinhalten.

3 Klassifikationen mathematischer Modelle

Mathematische Modelle lassen sich unter verschiedenen Aspekten klassifizieren. Ein naheliegender Gesichtspunkt ist der Gegenstandsbereich, also die Wissenschaft oder die Alltagssituation, aus der das reale Problem stammt, ein anderer die Mathematik, die im Modell zum Einsatz kommt. Daneben gibt es aber auch Klassifikationen, die sich am Bereich zwischen dem realen und dem mathematischen Problem orientieren und deswegen für den Modellierungsprozess als solchen eine größere Bedeutung haben. Eine wichtige Klassifikation dieser Art, die sich auf die Qualität der Informationen bezieht, die über den modellierten Gegenstand vorliegen, wird im Folgenden vorgestellt.

Die Sammlung von Fallstudien in diesem Buch ist nach den mathematischen Strukturen gegliedert, die in den Beispielen zum Einsatz kommen. Darauf soll abschließend eingegangen werden.

3.1 Klassifikation nach der Durchsichtigkeit der Modelle

In diesem Abschnitt versuchen wir zunächst eine Klassifikation von Modellen auf einer *Schwarz-Weiß-Skala*. Dieser Sprachgebrauch soll an das Prinzip einer *Blackbox* erinnern, also eines Systems, dessen innere Wirkungsmechanismen wir nicht kennen, dessen Input-Output-Verhalten sich aber erheben lässt. Modelle für Systeme dieser Art werden im Folgenden *Black-Modelle* genannt. Auf der anderen Seite der Skala stehen Modelle, die allein aus bekannten Gesetzmäßigkeiten abgeleitet werden und deshalb völlig durchsichtig sind. Wir bezeichnen sie als *White-Modelle*. Zwischen diesen beiden Extremen existieren beliebig viele Grauschattierungen, die wir als *Grey-Modelle* bezeichnen.

Die hier angedeuteten Unterschiede sollen zunächst an drei Beispielen verdeutlicht werden:

3.1.1 Die geradlinige Bewegung mit konstanter Beschleunigung

Auf einer reibungsfreien Fahrbahn wird ein Wagen der Masse m mit Hilfe einer konstanten Kraft F angetrieben. Bestimmt werden sollen die Weg-Zeit- und Geschwindigkeits-Zeit-Diagramme des Problems. Aus den Newtonschen Gesetzen der klassischen Mechanik ergeben sich die folgenden Beziehungen:

Startet der Wagen zur Zeit $t = 0$ am Ort $x_0 = 0$, so ergeben sich die Gleichungen

$$x(t) = \frac{1}{2}at^2, \qquad v(t) = at,$$

wobei $x(t)$ und $v(t)$ den Ort bzw. die Geschwindigkeit des Wagens zur Zeit t bezeichnet und die Beschleunigung a durch das Gesetz $F = m \cdot a$ gegeben ist.

Aus Sicht der Differentialrechnung lassen sich diese Gleichungen auch in der differentiellen Form

$$\frac{dx(t)}{dt} = v(t), \qquad \frac{dv(t)}{dt} = a$$

schreiben, also in Form eines (linearen) Systems von Differentialgleichungen. Die beiden Darstellungen sind aber nur dann äquivalent, wenn bei der differentiellen Darstellung zusätzlich die beiden *Anfangsbedingungen* $x(0) = 0$ und $v(0) = 0$ gefordert werden.

3.1.2 Die Eutrophierung von Gewässern

Unter dem Begriff Eutrophierung versteht man die Erhöhung der Nährstoffgehalte in einem Gewässer, vor allem an Phosphor und Stickstoffverbindungen. Die wichtigste Folge der Eutrophierung ist die Zunahme des Pflanzenwachstums im Gewässer. Aus der Tagespresse ist das Problem der *Killer–Alge* (Fachterminologie: Caulerpa taxifolia) bekannt, die in den zurückliegenden Jahren regelmäßig das Ökosystem Mittelmeer aus dem Gleichgewicht gebracht hat und dem Tourismus an einigen Küstenstreifen erheblichen finanziellen Schaden zufügte.

Das Aufstellen eines vollständigen mathematischen Modells erfordert eine Modellierung des Ökosystems und lässt sich mit einfachen Methoden nicht durchführen. Zu Beginn der 1980er Jahre wurde von Guidorzi [Gui03] ein so genanntes Input-Output-Modell angegeben, das die Eutrophierung des Mittelmeers für die Jahre 1968 bis 1972 beschreibt, in dem die Modellparameter anhand von Messdaten *identifiziert* werden (man bezeichnet dies als *Systemidentifikation*; zugehörige Methoden als *Identifikationsalgorithmen*).

Guidorzi verwendet dabei monatlich gemittelte Messdaten für die folgenden typischen Werte für einen spezifischen Küstenstreifen am Mittelmeer: Algenkonzentration, gelöster Sauerstoff, Wassertemperatur und -durchfluss, Alkalinität und NO_3-Gehalt des Wassers sowie die Wasserhärte.

Als mathematisches Modell wählt Guidorzi ein diskretes, lineares Zustandsraummodell der Form
$$x(t+1) = Ax(t) + Bu(t), \quad y(t) = Cx(t), \quad t = 0, 1, 2, \ldots$$

Die Werte $u(t) \in \mathbb{R}^r$ bilden die Eingangsdaten, mit denen das Modell gespeist wird, $y(t) \in \mathbb{R}^m$ sind die beobachteten Ausgangsdaten und die $x(t) \in \mathbb{R}^n$ sind die inneren Zustände des Systems. Die Parameter dieses Zustandsraummodells sind die Einträge in den Systemmatrizen A, B und C.

Ziel der Systemidentifikation ist es nun, die Modellparameter so zu bestimmen, dass das durch die Messdaten gegebene Input-Output-Verhalten durch das Modell rekonstruiert wird. Wählt man als Eingangsdaten Wassertemperatur und -durchfluss, Alkalinität und NO_3-Gehalt des Wassers sowie die Wasserhärte als Ausgangsdaten die Algenkonzentration und den Anteil gelösten Sauerstoff, können in der Tat Systemmatrizen angegeben werden, die die Messdaten in der angegebenen Zeit von März 1968 bis November 1972 hinreichend genau reproduzieren.

Welchen Nutzen kann man aus einer solchen Art der Modellbildung ziehen? Hat man ein solches Modell anhand vorhandener Messdaten nur genügend *trainiert*, so kann man mit Hilfe des Modells *Zukunftsprognosen* erstellen, in dem man das Modell mit aktuellen Eingangsdaten *füttert*. Diese erstmals in den 1960er Jahren aufgetretene Form der Modellierung ist heute ein wesentlichen Bestandteil der *System- und Kontrolltheorie* und hat letztendlich zu dem Begriff der *Neuronalen Netze* geführt.

3.1.3 Follow-the-Leader Modelle für den Straßenverkehr

Aufgrund des steigenden Verkehrsaufkommens begannen Mitte des letzten Jahrhunderts Wissenschaftler damit, mathematische Modelle für den Straßenverkehr aufzustellen. Bei den so genannten *Follow-the-Leader-Modellen* beschreibt man den Straßenverkehr mit Hilfe einer endlichen Anzahl von Fahrzeugen, die sich zur Zeit t am Ort $x_i(t)$ befinden und sich mit der Geschwindigkeit $v_i(t)$ bewegen. Da die Ableitung des Orts $x_i(t)$ nach der Zeit t gerade die Geschwindigkeit $v_i(t)$ ist, erhalten wir zunächst für $i = 1,\ldots,n$ die Differentialgleichungen

$$\frac{dx_i(t)}{dt} = v_i(t).$$

Diese Beziehungen folgen analog zu den Gleichungen im ersten Beispiel einer physikalischen Gesetzmäßigkeit und sind daher unter dem gegebenen Modellansatz fest vorgegeben. Nun wissen wir, dass Fahrzeuge auf Autobahnen nicht dem Gesetz der geradlinigen Bewegung mit konstanter Beschleunigung unterliegen, d.h. die Beziehung $v(t) = at$ kann für des Verkehrsflussmodell nicht übernommen werden.

Der wesentliche Teil des Modellierungsprozesses besteht deshalb darin, eine Bestimmungsgleichung für die Änderungen der Fahrzeuggeschwindigkeiten anzugeben. Ist man als Autofahrer im Straßenverkehr unterwegs, kann man sich selbst fragen, nach welchen Gesetzmäßigkeiten man seine Fahrgeschwindigkeit verändert. Fährt man alleine auf einer großzügig ausgebauten Autobahn, so hat vielleicht jeder Autofahrer eine typische Wunschgeschwindigkeit (zum Beispiel die Richtgeschwindigkeit von 130 km/h auf deutschen Autobahnen). Fährt man auf ein langsameres Fahrzeug auf, so bremst man automatisch ab, wenn ein Überholvorgang unmöglich ist. Typischerweise beschleunigen Autofahrer, wenn sie aus einem Stau oder einer Baustelle mit Geschwindigkeitsbegrenzung herausfahren.

Das in Kapitel 14 genauer dargestellte Modell, das einen Teil der oben angeführten Aspekte berücksichtigen soll, ist in der nachfolgenden Gleichung für die Geschwindigkeitsänderung angegeben:

$$\frac{dv_i(t)}{dt} = \frac{1}{\tau_i}\left(V_i\Big(x_{i+1}(t) - x_i(t)\Big) - v_i(t)\right), \quad i = 1,\ldots,n.$$

Man nimmt dabei an, dass sich die n Fahrzeuge auf einem geschlossenen Kreisverkehr der Länge L bewegen und setzt damit $x_{n+1}(t) = x_1(t) + L$. Der Parameter τ_i modelliert eine *individuelle Reaktionszeit* eines Fahrers, die Funktion V_i beschreibt so etwas wie eine *individuelle Wunschgeschwindigkeit*, die bei diesem Ansatz allein vom Abstand zum vorausfahrenden Fahrzeug abhängt.

Zur Bestimmung der Funktion $V(x)$ kann man Beobachtungsdaten verwenden und diese zeigen, dass die folgenden Annahmen an die Funktion $V(x)$ sinnvoll sind:

a) Die Funktion ist positiv und monoton wachsend.

b) Es gilt
$$V(0) = 0, \quad \lim_{x \to \infty} V(x) = V_{\max},$$
wobei $V_{\max}$ die Höchstgeschwindigkeit des zugehörigen Fahrzeuges ist.

3.1.4 Vergleich und Einordnung der Beispiele

In welchem Zusammenhang stehen nun die angeführten drei Beispiele zur Klassifikation mathematischer Modelle auf einer Skala von *Schwarz nach Weiß*?

1. Im ersten Beispiel – der geradlinigen Bewegung mit konstanter Beschleunigung – steht uns eine *physikalische Gesetzmäßigkeit* zur Verfügung. Modellparameter ist allein die *Beschleunigung*. Dieses Modell, das alleine aus bekannten Gesetzmäßigkeiten abgeleitet wird, ist daher ein White-Modell.

2. Zur Beschreibung der Eutrophierung des Mittelmeers haben wir dagegen ein Modell vorgestellt, das auf keinen gegebenen (physikalischen) Gesetzmäßigkeiten beruht, sondern einen nicht weiter begründeten linearen Ansatz macht und dann versucht, die zugehörigen Modellparameter so zu bestimmen, dass das resultierende Modell die gegebenen Beobachtungsdaten *hinreichend genau* reproduziert. Ob der lineare Ansatz tatsächlich geeignet ist, kann sich erst im Nachherein zeigen. Aber selbst im Falle des Erfolges sagt er nichts über die inneren Wirkungsmechanismen des realen Systems aus. Das ist die typische Situation eines Black-Modells.

3. Unser drittes Beispiel ist ein typisches Grey-Modell: die Ableitung der Ortskoordinate $x_i(t)$ nach der Zeit ist die Geschwindigkeit $v_i(t)$ eines Fahrzeuges. Der eigentliche Modellierungsprozess, für den uns keine bekannten Gesetzmäßigkeiten zur Verfügung stehen, ist die Vorgabe einer Geschwindigkeitsänderung der individuellen Fahrzeuge. Im Prinzip ist dies eine *Spielwiese* des Modellierers, der je nach Kenntnisstand, eigenen Erfahrungen, in der Regel aber auf Grund vorhandener Beobachtungsdaten oder Plausibilitätsbetrachtungen ein bestimmtes Veränderungsgesetz angibt und damit ein fertiges mathematisches Modell erstellt.

3.2 Klassifikation nach der eingesetzten Mathematik

Mit welchen mathematischen Objekten eine reale Fragestellung modelliert wird, ist von dieser nicht automatisch vorgegeben. Oft sind verschiedene Ansätze möglich, manchmal ergibt sich die Wahl einer bestimmten mathematischen Struktur aber auch geradezu zwingend aus dem realen Problem und dem Modellzweck. Wir stellen hier eine Reihe der auf dieser Ebene zu treffenden Entscheidungen in Form von Alternativen gegenüber:

3.2.1 Statische und dynamische Modelle

Dynamik ist ein anderes Wort für zeitliche Entwicklung, und ein *dynamisches* Modell beschreibt daher immer die Veränderung eines realen Systems in der Zeit. Die mathematischen Instrumente, mit denen solche Vorgänge in der Regel modelliert werden, sind Differentialgleichungen und diskrete dynamische Systeme.

Statische Modelle abstrahieren dagegen von der Zeit oder beziehen sich auf in gewisser Weise zeitlose Objekte, wie etwa Pläne oder Gütekriterien, die nur einmal aufzustellen, oder Entscheidungen, die nur einmal zu treffen sind. Problematisch können statische Modelle dann werden, wenn sie sich auf einen dynamischen Gegenstandsbereich beziehen. So sind etwa die in den gängigen Büchern zur Volkswirtschaftslehre zu findenden Modelle in aller Regel statisch, obwohl sie den Anspruch erheben, die kapitalistische Wirtschaftsdynamik zu beschreiben.

3.2.2 Deterministische und stochastische Modelle

Bei vielen Fragestellungen sind die Ergebnisse in gewissem Sinne *durch den Zufall* bestimmt. Typische Beispiele sind die wöchentlichen Ziehungen der Lottozahlen, die Auswahl der Spielpaarungen im DFB-Pokal, aber auch Gesellschaftsspiele, wie etwa das bekannte *Mensch-ärgere-Dich-nicht!*-Spiel. Will man für dieses Spiel ein mathematisches Modell für eine erfolgreiche Spieltaktik aufstellen, kommt man nicht umhin, zufällige Ereignisse zu modellieren.

In der mathematischen Sprache werden sie mit Hilfe der *Stochastik* beschrieben, die als Sammelbegriff für die beiden Gebiete *Wahrscheinlichkeitstheorie* und *Statistik* steht. Wird ein Modell (teilweise) in der Sprache der Stochastik formuliert, so spricht man von einem *stochastischen* Modell. In den Fallstudien dieses Buches wird nur einmal ein stochstisches Modell entwickelt, nämlich für den Verdrängungswettbewerb der Eichhörnchen in Kapitel 10.

Von einem *deterministischen* Modell spricht man dagegen, wenn der Zufall außer Betracht bleibt und daher unter Vorgabe der zugehörigen Modellparameter und dem Anfangszustand des Systems der Ausgang eines Modellexperimentes eindeutig bestimmt ist.

Auch solche realen Systeme, die „eigentlich" dem Zufall ausgesetzt sind, lassen sich deterministisch modellieren, wie etwa im Altersstruktur-Modell in Kapitel 9 geschehen: Dort wird etwa die mittlere Anzahl von Kindern, die 30-jährige Frauen in Deutschland bekommen, als feste Größe ins Modell eingebaut, d. h. es wird *angenommen*, dass in jedem Jahr des Prognosezeitraums exakt dieser Wert tatsächlich eintritt, obwohl die wirklichen Werte natürlich schwanken. Es handelt sich hier um eine Modellannahme, die der Vereinfachung dienen soll: Deterministische Modelle sind in der Regel leichter zu behandeln als stochastische.

Ebenso handelt es bei dem in 3.1.3 betrachteten Modell zum Kreisverkehr um ein deterministisches Modell – solange die Funktionen V_i zur Bestimmung der Wunschgeschwindigkeiten und die Reaktionszeiten τ_i keine zufälligen Parameter enthalten, die einzelnen Fahrer sich also immer gleich verhalten. Will man nun z. B. die Vermutung überprüfen, dass Staus durch zufällige Störungen und Abweichungen vom normalen Verhalten entstehen könnten, so ist das Modell in der vorliegenden Form dafür ungeeignet, man müsste vielmehr noch stochastische Elemente einbauen.

3.2.3 Kontinuierliche und diskrete Modelle

Der Unterschied zwischen „diskret" und „kontinuierlich" ist im Wesentlichen der zwischen den ganzen und den reellen Zahlen. Ein Modell heißt *diskret*, wenn die zulässigen Modellvariablen nur ganzzahlige Werte annehmen oder jedenfalls durch ganze Zahlen beschrieben werden können, wie es immer der Fall ist, wenn überhaupt nur endlich viele Werte angenommen werden dürfen. Können die Modellvariablen dagegen – ggf. innerhalb gewisser Grenzen – beliebige reelle Werte annehmen, so heißt das Modell *kontinuierlich*.

Im Falle eines dynamischen Modells orientiert sich die Unterscheidung nach diskret oder kontinuierlich an der Zeitvariablen t: In der klassischen Physik und auch in unserer alltäglichen Vorstellung wird die Zeit als eine kontinuierlich fließende Größe aufgefasst: $t \in \mathbb{R}$ oder $t \in \mathbb{R}_+ = [0, \infty)$. Mit dieser Zeitauffassung sind die *kontinuierlichen dynamischen Systeme* verbunden, deren Entwicklungsgesetz oft in Form eines Systems von Differentialgleichungen

$$\dot{x} = \frac{dx}{dt} = f(x)$$

beschrieben wird. Dagegen wird insbesondere bei biologischen oder ökonomischen Fragestellungen die Zeit in Perioden gleicher Länge (z. B. ein Jahr) aufgeteilt und das System nur zu diskreten Zeitpunkten $t = 0, 1, 2, \ldots$ betrachtet, was auf *diskrete dynamische Systemen* führt, deren Entwicklungsgesetz oft die Form eines Iterationsprozesses

$$x(t+1) = F(x(t))$$

hat.

Der Vektor $x(t)$ beschreibt dabei in beiden Fällen den Zustand des Systems zum Zeitpunkt t und besitzt in allen in diesem Buch betrachteten Beispielen kontinuierliche Komponenten. Darüber hinaus gibt es Modelle, in denen auch x nur abzählbar oder gar endlich viele Werte annehmen kann. Ist dann auch noch die Zeit diskret (getaktet), so liegt die Struktur eines (endlichen) *Automaten* vor, die für die theoretische Informatik eine wichtige Rolle spielt, in diesem Buch aber nicht behandelt wird.

3.2.4 Mikroskopische und Makroskopische Modelle

Ein mathematisches Modell, das ein reales Problem mit Hilfe diskreter Zustände beschreibt, kann unter Umständen durch den Übergang auf eine kontinuierliche Darstellung der Zustände vereinfacht werden. Man spricht dann von der (physikalischen) *Kontinuumshypothese*.[2]

> Beispiel: *Unter Standardbedingungen besteht Luft aus einer Vielzahl von individuellen Gasmolekülen, ein typischer Richtwert sind 10^{23} Teilchen pro Kubikmeter. Selbst wenn sich Luft unter diesen Bedingungen in Ruhe befindet, bewegen sich die einzelnen Moleküle aufgrund thermischer Fluktuationen, und diese Bewegungen lassen sich mit Hilfe stochastischer Gesetze auch mathematisch beschreiben.*

Ein mögliches mathematisches Modell zur Beschreibung von Luftströmungen wäre also die Verwendung von *stochastischen Teilchensystemen*, wobei man allerdings – wie oben angegeben – etwa 10^{23} Teilchen pro Kubikmeter benötigen würde. Man nennt dies eine *mikroskopische Beschreibung*.

Unter der Kontinuumshypothese versteht man den Übergang von einzelnen Molekülen zu sowohl räumlich als auch zeitlich berechneten Mittelwerten.[3] Dies führt letztendlich auf ein mathematisches Modell, das eine Luftströmung allein durch die Berechnung der Massendichte, der Geschwindigkeit und des Drucks beschreibt. Man spricht dann auch von einer *makroskopischen Beschreibung*.

Vorgestellt werden diese beiden Ansätze in den Verkehrsflussmodellen der Kapitel 14 und 15.

3.2.5 Kombinierte Modelle

Die hier vorgestellten Alternativen sind theoretischer Natur und dienen vor allem dazu, sich das eigene Vorgehen klar zu machen. Bei der praktischen Entwicklung eines konkreten Modells wird

---

[2] Nicht zu verwechseln mit der Cantorschen Kontinuumshypothese, der zufolge es keine Menge gibt, die mächtiger als die Menge der natürlichen und weniger mächtig als die Menge der reellen Zahlen ist.

[3] Die *Hypothese* liegt in der Annahme, dass die wirklichen Verhältnisse auch nach diesem Übergang noch adäquat beschrieben werden.

3 Klassifikationen mathematischer Modelle 15

man sich aber nicht immer ganz eindeutig auf je eine der der beiden Seiten schlagen können. Ein Modell kann sowohl statische als auch dynamische Anteile haben, es kann sowohl mit kontinuierlichen als auch mit diskreten Variablen (z. B. elektrische Spannungen und Schalterstellungen) operieren usw. Es ist also keineswegs verboten, sondern manchmal von der Sache her sogar zwingend erforderlich, mit in diesem Sinne *kombinierten Modellen* zu arbeiten.

Es gibt noch eine weitere Problemebene, die vielleicht bei der Unterscheidung von mikroskopischen und makroskopischen Modellen bereits deutlich geworden ist: Die Entscheidung, die hier zu treffen ist, ist von der Sache – hier also der Thermodynamik bzw. dem Straßenverkehr – nicht vorgegeben, sondern eine Frage der Zweckmäßigkeit im Sinne des Hertz'schen Kriteriums. Ähnlich verhält es sich bei Entscheidungen, ob wir etwa die Zeit als kontinuierlich oder diskret auffassen, ob wir deterministische oder stochastische Wirkungsmechanismen unterstellen usw. Es kann also zu ein und derselben realen Problemstellung mehr als nur ein plausibles mathematisches Modell geben. Daraus resultiert nun aber eine ebenso interessante wie schwer zu beantwortende theoretische Frage: In welcher Beziehung stehen verschiedene Modelle desselben realen Sachverhalts zueinander? Liefern sie gleiche oder zumindest ähnliche Ergebnisse? Widersprechen sie einander? Sind sie überhaupt zueinander in Beziehung zu setzen?

Wir müssen im Modellierungsprozess notgedrungen Entscheidungen treffen, die uns niemand abnimmt, die aber möglicherweise auf die erzielten Resultate ganz entscheidenden Einfluss haben. In dieser Situation ist es sinnvoll, mathematische Modelle noch in einem anderen Sinne zu kombinieren, indem man sie nämlich in ihren verschiedenen Varianten nebeneinander stellt und hinsichtlich ihrer Resultate miteinander vergleicht.

Teil I

Statische Modelle

Diskrete Strukturen

Den Begriff der „Diskreten Struktur" bzw. der „Diskreten Mathematik" gab es vor dem 2. Weltkrieg noch nicht, er hat sich erst im Laufe der 50er Jahre des letzten Jahrhunderts herausgebildet, vor allem im Zusammenhang mit digitalen Automaten, aber auch unabhängig davon mit Fragestellungen des Operations Research und der Entscheidungstheorie. Als Modelle treten solche Strukturen immer dann auf, wenn es um die beste Wahl zwischen endlich vielen Möglichkeiten geht. Die dabei zum Einsatz kommende Mathematik ist in der Regel elementar, selbst wenn die zur Lösung anstehenden mathematischen Probleme beliebig schwierig werden können. Die folgenden drei Kapitel jedenfalls sollten auf der Basis elementarer mathematischer Grundkenntnisse nachvollziehbar sein.

4 Erstellung von Ligaplänen

In der deutschen Fußball-Bundesliga spielen die 18 Mannschaften gegen jede der 17 anderen pro Saison zweimal, einmal auswärts und einmal daheim. Insgesamt sind das

$$18 \cdot 17 = 306 \quad \text{Spiele},$$

die auf 34 Spieltage zu je 9 Spielen verteilt sind. Vor Saisonbeginn ist ein Spielplan zu erstellen, der festlegt, welche Mannschaft gegen welche andere an welchem Spieltag spielt und wer dabei das Heimrecht hat. Für die Bundesligasaison 2006/2007 etwa wurde er Ende Juni 2006 veröffentlicht. Ein Auszug hieraus ist in der Tabelle 4.1 dargestellt.

Im Folgenden soll die Frage untersucht werden, wie sich ein solcher Bundesliga-Spielplan konstruieren lässt.

Aufgabe: Erstellung eines Bundesliga-Spielplans

Das gleiche Problem stellt sich in anderen Ligen, die sich hinsichtlich des Spielplans von der Bundesliga nur darin unterscheiden, dass die Anzahl n der beteiligten Mannschaften eventuell von 18 verschieden ist. In der Regionalliga Nord beispielsweise ist $n = 19$, im Jugendfußball werden oft kleinere Ligen z.B. mit $n = 10$ oder $n = 12$ gebildet, in der englischen, italienischen und spanischen Liga sind es 20 Vereine. Auch die deutsche Fußball-Bundesliga spielte übrigens nicht immer mit 18 Mannschaften: Bei ihrer Gründung 1963 waren es nur 16. Auf 18 Mannschaften wurde sie nach der Saison 1964/1965 aufgestockt, als zwei Mannschaften, die absteigen sollten, dagegen protestierten und Recht bekamen. In der Saison 1991/1992 bestand die Bundesliga aus 20 Mannschaften, weil sie mit zwei Mannschaften aus der aufgelösten DDR-Oberliga aufgestockt wurde. Nach der Saison stiegen vier Mannschaften ab, um die ursprüngliche Größe von 18 Mannschaften wieder herzustellen.

Für alle diese Fälle sind Spielpläne zu erstellen, so dass das Problem in allgemeiner Form zu lösen ist:

Tabelle 4.1: Auszug aus dem Bundesliga-Spielplan 2006/2007

Datum	Spieltag	Nr.	Heimverein	Gastverein
⋮	⋮	⋮		
22.-24.09.2006	5	37	FC Bayern München	TSV Alemannia Aachen
22.-24.09.2006	5	38	Hamburger SV	Werder Bremen
22.-24.09.2006	5	39	FC Schalke 04	VfL Wolfsburg
22.-24.09.2006	5	40	VfB Stuttgart	Eintracht Frankfurt
22.-24.09.2006	5	41	Borussia Mönchengladbach	Borussia Dortmund
22.-24.09.2006	5	42	1. FSV Mainz 05	Hertha BSC Berlin
22.-24.09.2006	5	43	Hannover 96	Bayer 04 Leverkusen
22.-24.09.2006	5	44	VfL Bochum	DSC Arminia Bielefeld
22.-24.09.2006	5	45	FC Energie Cottbus	1. FC Nürnberg
29.09.-01.10.2006	6	46	Werder Bremen	Borussia Mönchengladbach
29.09.-01.10.2006	6	47	Bayer 04 Leverkusen	FC Schalke 04
29.09.-01.10.2006	6	48	Hertha BSC Berlin	VfB Stuttgart
29.09.-01.10.2006	6	49	Borussia Dortmund	Hannover 96
29.09.-01.10.2006	6	50	1. FC Nürnberg	1. FSV Mainz 05
29.09.-01.10.2006	6	51	DSC Arminia Bielefeld	FC Energie Cottbus
29.09.-01.10.2006	6	52	Eintracht Frankfurt	Hamburger SV
29.09.-01.10.2006	6	53	VfL Wolfsburg	FC Bayern München
29.09.-01.10.2006	6	54	TSV Alemannia Aachen	VfL Bochum
⋮	⋮	⋮		

Aufgabe: Erstellung eines Spielplans für eine Liga mit n Mannschaften

Hier ist eine Fallunterscheidung zu treffen: Ist n ungerade, so muss an jedem Spieltag eine Mannschaft pausieren, während bei geradem n an jedem Spieltag jede Mannschaft spielt. Für die Anzahl der Spiele und Spieltage ergibt sich damit

- bei geradem n : $n \cdot (n-1)$ Spiele an $2 \cdot (n-1)$ Spieltagen mit je $n/2$ Spielen,
- bei ungeradem n : $n \cdot (n-1)$ Spiele an $2 \cdot n$ Spieltagen mit je $(n-1)/2$ Spielen.

4.1 Anforderungen an Spielpläne

Nicht jeder Spielplan würde bei den Vereinen oder in der Öffentlichkeit auf Akzeptanz stoßen. Müsste z. B. eine Mannschaft in der gesamten Hinrunde auswärts antreten, so würde das sicher die Proteste des betroffenen Vereins und seiner Fans hervorrufen. Bevor wir mit der Konstruktion von Spielplänen beginnen, sollen daher möglichst genaue Anforderungen an sie formuliert werden. Dabei ist darauf zu achten, dass sich diese nicht gegenseitig widersprechen.

4.1.1 Grundanforderungen

Die folgende Anforderung wird in allen Ligen beachtet:

> **Anforderung 1**: Die Saison teilt sich in eine Hin- und eine Rückrunde. In beiden spielt jeder Verein gegen jeden anderen genau einmal. Dabei wechselt von der Hin- zur Rückrunde das jeweilige Heimrecht.

Die nächste Anforderung ist zumindest in den nationalen Ligen erfüllt:

> **Anforderung 2**: In der Hin- und Rückrunde finden die Spielpaarungen in der gleichen Reihenfolge (mit vertauschtem Heimrecht) statt.

Dieser Anforderung genügt die Gruppenphase der Champions League ($n = 4$) nicht. Dort stimmen vielmehr die Spielpaarungen des letzten Hin- mit dem des ersten Rückrunden-Spieltages überein, bei jeweils vertauschten Heimrecht. Der Grund liegt darin, dass für $n = 4$ die Anforderung 2 mit anderen wünschenswerten Anforderungen in Widerspruch gerät, wie wir noch sehen werden.

Wir werden uns im Folgenden aber an den nationalen Ligen orientieren und nur solche Spielpläne erlauben, die den Anforderungen 1 und 2 (Grundanforderungen) genügen.

4.1.2 Der HA-Rhythmus

Ein Spielplan definiert für jede Mannschaft einen bestimmten Wechsel von Heim- und Auswärtsspielen, der sich bei n Mannschaften als eine aus den Symbolen H und A bestehende Folge der Länge $2(n-1)$ beschreiben lässt, im Falle $n = 8$ also z. B. durch

$$HAAAHHAAHHHAAH.$$

Wenn die Grundanforderungen 1 und 2 erfüllt sind, ergibt sich die zweite Hälfte dieser Folge aus der ersten dadurch, dass H und A einfach vertauscht werden. Es ist nun klar, dass nicht jede solche HA-Folge akzeptabel wäre. Längere Teile, die nur aus A bestehen, würden Vereine und Fans verärgern. Die im Folgenden formulierten Anforderungen an Spielpläne beziehen sich auf die Gestalt dieser HA-Folgen.

Ideal wäre es natürlich, wenn ein konsequenter HAHA... (bzw. AHAH...) - Rhythmus die gesamte Saison hindurch durchgehalten werden könnte:

> **Anforderung 3a**: Für keine Mannschaft wird der HA-Rhythmus gewechselt, d. h. jede Mannschaft bestreitet Heim- und Auswärtsspiele immer abwechselnd.

Leider ist diese Anforderung jedoch nicht zu erfüllen, wie dem folgenden Satz zu entnehmen ist.

Satz 4.1
　Für $n > 2$ ist Anforderung 3a mit den Grundanforderungen 1 und 2 nicht kompatibel.

Beweis:
Zwei Mannschaften, die am ersten Spieltag Heimrecht haben, kämen beide in den Rhythmus HAHA... hinein und könnten daher bei geradem n nie gegeneinander spielen, im Widerspruch zu Anforderung 1. Bei ungeradem n trifft dieses Argument wegen der Spielpausen an unterschiedlichen Spieltagen nicht zu. Hier hat aber jede Mannschaft nach Ende der Hinrunde $n-1$ Spiele absolviert, also eine gerade Anzahl, und müsste daher bei durchgehaltenem HA-Rhythmus zu Beginn der Rückrunde nicht nur gegen denselben Gegner, sondern auch auf demselben Platz wie zu Beginn der Hinrunde spielen, im Widerspruch zu Anforderung 2. □

Wir versuchen jetzt, die Anforderung 3a langsam abzuschwächen mit dem Ziel, eine zu den Grundanforderungen kompatible Anforderung zu finden:

Anforderung 3b: Die Zahl der bereits absolvierten Heimspiele einer jeden Mannschaft darf zu keinem Zeitpunkt von der Zahl ihrer absolvierten Auswärtsspiele um mehr als 1 abweichen.

Das bedeutet, dass eine Mannschaft nach einer geraden Anzahl von Spielen genauso viele Heim- wie Auswärtsspiele absolviert hat. Möglich wäre also eine Abfolge AHHAHAAH... . Das heißt aber, dass an jedem geraden Spieltag in Bezug auf A oder H immer das Gegenteil des vorherigen Spieltags passieren muss. Bei geradem n stößt auch das auf Probleme:

Satz 4.2
    Für gerade $n > 2$ ist Anforderung 3b mit den Grundanforderungen 1 und 2 nicht kompatibel.

Beweis:
Innerhalb jedes der Spieltag-Paare

$$(1,2),(3,4),\ldots,(n-3,n-2),(n-1,n),(n+1,n+2),\ldots,(2n-3,2n-2)$$

müsste laut Anforderung 3b für eine Mannschaft genau einmal H und genau einmal A vorkommen. Nach Anforderung 2 gilt das ebenso für die Spieltag-Paare

$$(1,n),(2,n+1),\ldots,(n-1,2n-2).$$

Beides zusammen ist aber nur möglich, wenn die Mannschaft ihren HA-Rhythmus nicht wechseln muss: Da in den Spieltag-Paaren

$$(n+1,n+2),(2,n+1),(3,n+2)$$

H und A jeweils genau einmal vorkommt, gilt das auch für das Spieltag-Paar $(2,3)$ und entsprechend für alle Spieltag-Paare

$$(i,i+1) \text{ für } i=1,\ldots,2n-3.$$

Anforderung 3b impliziert daher zusammen mit Anforderung 2 die Anforderung 3a, die mit den Grundanforderungen aber nicht kompatibel ist. □

4 Erstellung von Ligaplänen

Zumindest für gerade n ist also die Anforderung 3b weiter abzuschwächen:

> **Anforderung 3c**: Die Zahl der bereits absolvierten Heimspiele einer jeden Mannschaft darf zu keinem Zeitpunkt von der Zahl ihrer absolvierten Auswärtsspiele um mehr als 2 abweichen.

Diese Anforderung wäre allerdings damit vereinbar, dass eine Mannschaft 3 oder sogar 4 Heim- oder Auswärtsspiele nacheinander hat. Das soll ausgeschlossen sein:

> **Anforderung 3d**: Keine Mannschaft hat mehr als 2 Heim- oder Auswärtsspiele nacheinander.

Saisonauftakt und -ende spielen eine besondere Rolle. Wenn es endlich los geht, möchten die Fans ihre Mannschaft ebenso zu Hause sehen wie bei der Entscheidung um Meisterschaft oder Abstieg. Daraus resultiert

> **Anforderung 3e**: In den ersten beiden und den letzten beiden Spielen hat jede Mannschaft je ein Heim- und ein Auswärtsspiel.

Aufgabe 4.1
Zeigen Sie, dass es für $n = 4$ keinen Spielplan gibt, der die Anforderungen 1, 2 und 3e erfüllt. Darin liegt eine Erklärung dafür, dass in der Gruppenphase der Champions League die Anforderung 2 verletzt wird, um nämlich der Anforderung 3e genügen zu können.

Wir werden im Folgenden Spielpläne konstruieren, die den Anforderungen 1, 2, 3c, 3d und 3e genügen. Dabei ist es möglich, eine weitere Anforderung, die als Abschwächung der Anforderung 3a gedeutet werden kann, zu beachten:

> **Anforderung 3f**: Der HA-Rhythmus soll möglichst wenig gewechselt werden, d. h. es sollen möglichst selten zwei Heim- oder zwei Auswärtsspiele direkt aufeinander folgen.

Es handelt sich hier um keine präzise Anforderung, sondern sie lässt sich vielmehr auf verschiedene Weise präzisieren:

- So könnte man etwa verlangen, dass die Anzahl aller AA- oder HH-Folgen über alle Mannschaften hinweg möglichst gering ist.
- Oder man verlangt, dass die maximale Anzahl der AA- oder HH-Folgen einer Mannschaft über alle Mannschaften hinweg möglichst gering ist.

Erst mit einer solchen Präzisierung läge eine (kombinatorische) Optimierungsaufgabe vor.

4.2 Darstellung von Spielplänen

Die Darstellung von Spielplänen kann je nach dem damit verfolgten Zweck variieren:

- Darstellung nach Spieltagen: Diese Darstellung ist die in den Sportteilen der Tageszeitungen übliche. Für jeden Spieltag wird angegeben, welche Spielpaarungen stattfinden, wobei die jeweils erstgenannte Mannschaft Heimrecht hat, vgl. Tabelle 4.1.

- Darstellung aus Sicht der Mannschaften: Für jede Mannschaft werden ihre Gegner in der Reihenfolge der Spieltage angegeben, ferner, ob es sich dabei um ein Heimspiel (H) oder ein Auswärtsspiel (A) handelt.

- Matrixdarstellung: Die Mannschaften werden den Zeilen und entsprechenden Spalten einer Matrix zugeordnet. Der Eintrag $s(i,j)$ in der i-ten Zeile und j-ten Spalte gibt an, wann Mannschaft i daheim gegen Mannschaft j spielt.

Tabelle 4.2: Spielplan in Matrixdarstellung für 8 Mannschaften

	A	B	C	D	E	F	G	H
A	■							
B		■						
C			■			3		
D				■				
E					■			
F						■		
G							■	
H								■

Zum Zwecke der Konstruktion von Spielplänen ist die letzte Darstellung die geeignetste und wird deshalb im Folgenden verwendet. Zur Erläuterung ist in Tabelle 4.2 ein Beispiel für n = 8 angegeben:

Der Eintrag $s(C,F) = 3$ bedeutet, dass Mannschaft C gegen Mannschaft F am 3. Spieltag spielt, mit Heimrecht für C. Ein Spielplan besteht in der kompletten Ausfüllung der Tabelle unter Beachtung der Anforderungen an Spielpläne. Nur die Diagonaleinträge $s(i,i)$ bleiben frei.

4.3 Konstruktion einfacher Spielpläne

Ein „einfacher Spielplan" ist ein Spielplan, in dem jede Mannschaft gegen jede andere genau einmal spielt und zwischen Heim- und Auswärtsspiel nicht unterschieden wird. In der Matrixdarstellung ist dann $s(i,j) = s(j,i)$, d. h. die Matrix ist symmetrisch.

4.3.1 Ein einfacher Spielplan für eine ungerade Anzahl von Mannschaften

Ist n ungerade, so erhält man einen einfachen Spielplan, indem man die Mannschaften von 1 bis n durchnummeriert und die Additionstabelle modulo n bildet:

$$s(i,j) := \begin{cases} i+j & \text{, falls } i+j \leq n \\ i+j-n & \text{, falls } i+j > n \end{cases}.$$

Tabelle 4.3: Einfacher Spielplan für 7 Mannschaften

	1	2	3	4	5	6	7
1	2	3	4	5	6	7	1
2	3	4	5	6	7	1	2
3	4	5	6	7	1	2	3
4	5	6	7	1	2	3	4
5	6	7	1	2	3	4	5
6	7	1	2	3	4	5	6
7	1	2	3	4	5	6	7

In Tabelle 4.3 ist der Fall $n = 7$ dargestellt. Die Einträge in der Diagonale geben an, wann eine Mannschaft aussetzt: $s(5,5) = 3$ besagt also, dass Mannschaft 5 am 3. Spieltag nicht spielt.

4.3.2 Ein einfacher Spielplan für eine gerade Anzahl von Mannschaften

Ist n gerade, so funktioniert diese Modulo-Rechnung nicht: Zwar gibt es an ungeraden Spieltagen eine eindeutige Zuordnung der Spielpaarungen, aber an geraden Spieltagen gibt es immer zwei Mannschaften, die gegen sich selbst spielen müssten. Die nahe liegende Idee, diese beiden Mannschaften an diesem Spieltag gegeneinander spielen zu lassen, gerät in Konflikt mit dem anderen Spieltag, an dem sie „eigentlich" gegeneinander spielen müssten. Wir machen daher eine andere Konstruktion:

Aus den n Mannschaften wird ein „Joker" J ausgewählt. Die übrigen $n-1$ Mannschaften spielen nach dem einfachen Spielplan für ungerade Anzahlen gegeneinander. J spielt immer gegen diejenige Mannschaft, die dabei aussetzen müsste. Das Ergebnis für den Fall $n = 8$ ist in Tabelle 4.4 dargestellt.

4.4 Konstruktion kompletter Spielpläne

Um einen kompletten Spielplan einschließlich der Festlegung der Heim- und Auswärtsspiele aufzustellen, genügt es, die Hinrunde zu definieren, da wegen der Anforderung 2 die Rückrunde damit festliegt.

Zur Konstruktion eines Hinrunden-Plans gehen wir vom einfachen Spielplan aus und löschen diejenigen Spiele, die erst in der Rückrunde stattfinden sollen. Für jedes Paar $s(i,j)$ und $s(j,i)$ muss dazu jeweils genau Eintrag gelöscht und der andere stehen gelassen werden.

Tabelle 4.4: Einfacher Spielplan für 8 Mannschaften

	1	2	3	4	5	6	7	J
1	■	3	4	5	6	7	1	2
2	3	■	5	6	7	1	2	4
3	4	5	■	7	1	2	3	6
4	5	6	7	■	2	3	4	1
5	6	7	1	2	■	4	5	3
6	7	1	2	3	4	■	6	5
7	1	2	3	4	5	6	■	7
J	2	4	6	1	3	5	7	■

4.4.1 Ein kompletter Spielplan für eine ungerade Anzahl von Mannschaften

Ausgehend vom oben konstruierten einfachen Spielplan für ungerades n legen wir ein schachbrettartiges Muster darauf, das aber in der linken unteren und der rechten oberen Hälfte komplementär ist. In Tabelle 4.5 ist das Ergebnis für $n = 7$ dargestellt. Es ist zu erkennen, dass der

Tabelle 4.5: Hinrunde eines kompletten Spielplans für 7 Mannschaften

	1	2	3	4	5	6	7
1	2	3		5		7	
2		4	5		7		2
3	4		6	7		2	
4		6		1	2		4
5	6		1		3	4	
6		1		3		5	6
7	1		3		5		7

HA-Rhythmus für alle Mannschaften durchgehalten und nur einmal beim Übergang von der Hin- zur Rückrunde unterbrochen wird.

4.4.2 Ein kompletter Spielplan für eine gerade Anzahl von Mannschaften

Bei geradem n verwenden wir für die ersten $n-1$ Mannschaften das Schema für die ungerade Anzahl. Der Joker J ist gesondert zu behandeln. Mit der in Tabelle 4.6 getroffenen Festlegung ist der erste Teil von Anforderung 3e, dass nämlich jede Mannschaft in den ersten beiden Spieltagen ein Heim- und ein Auswärtsspiel hat, erfüllt. Probleme gibt es aber an den letzten beiden Spieltagen und auch im Übergang von der Hin- zur Rückrunde: Mannschaft 3 hat am 6., 7. und 8. Spieltag drei Heim-, Mannschaft 7 an denselben Spieltagen drei Auswärtsspiele hintereinander.

Tabelle 4.6: Hinrunde eines kompletten Spielplans für 8 Mannschaften. 1. Versuch

	1	2	3	4	5	6	7	J	HA-Folge
1	■	3		5		7		2	AHHAHAH HAAHAHA
2		■	5		7		2	4	AHAHHAH HAHAAHA
3	4		■	7		2		6	AHAHAHH HAHAHAA
4		6		■	2		4		AHAHAHA HAHAHAH
5	6		1		■	4			HAAHAHA AHHAHAH
6		1		3		■	6		HAHAAHA AHAHHAH
7	1		3		5		■		HAHAHAA AHAHAHH
J			1	3	5	7		■	HAHAHAH AHAHAHA

Tabelle 4.7: Hinrunde eines kompletten Spielplans für 8 Mannschaften. 2. Versuch

	1	2	3	4	5	6	7	J	HA-Folge
1	■	3		5		7		2	AHHAHAH HAAHAHA
2		■	5		7		2	4	AHAHHAH HAHAAHA
3	4		■	7		2			AHAHAAH HAHAHHA
4		6		■	2		4		AHAHAHA HAHAHAH
5	6		1		■	4			HAAHAHA AHHAHAH
6		1		3		■	6		HAHAAHA AHAHHAH
7	1		3		5		■	7	HAHAHAH AHAHAHA
J			6	1	3	5		■	HAHAHHA AHAHAAH

Dieses Problem lässt sich lösen, indem man das Heimrecht des Jokers an den Spieltagen $n-2$ und $n-1$ vertauscht. Das Ergebnis für $n=8$ ist in Tabelle 4.7 dargestellt.

Eine instruktivere Darstellung desselben Spielplans entsteht, wenn man der Mannschaft $n-1$ die Nummer 0 gibt (was an der Additionstabelle modulo $n-1$ nichts ändert). Im Falle $n=8$ entsteht Tabelle 4.8

4.4.3 Probleme für kleine Anzahlen von Mannschaften

Die besondere, durch Anforderung 3e festgelegte Rolle der ersten beiden und der letzten beiden Spieltage begrenzt die Möglichkeit der hier angegebenen Konstruktion für gerade n nach unten: Für kleine n kommen sich diese Spieltagspaare zu nahe oder überlappen sich sogar.

Aufgabe 4.2

Zeigen Sie, dass die angegebene Konstruktion für $n=4$ nicht zum Ziel führt (vgl. Aufgabe 4.1), für $n=6$ aber bereits einen Spielplan liefert, der den Anforderderungen 1, 2, 3c, 3d und 3e genügt.

Tabelle 4.8: Spielplan aus Tabelle 4.7 nach Umnummerierung

	0	1	2	3	4	5	6	J
0	■	1		3		5		7
1		■	3		5		7	2
2	2		■	5		7		4
3		4		■	7		2	
4	4		6		■	2		
5		6		1		■	4	
6	6		1		3		■	
J				6	1	3	5	■

4.4.4 Eigenschaften der konstruierten Spielpläne

Außer für den Fall $n = 4$ liefert die hier angegebene Konstruktion Spielpläne, die den Anforderungen 1, 2, 3c, 3d und 3e genügen. Darüber hinaus ist auch die Optimalitäts-Anforderung 3f in gewissem Sinne erfüllt:

- Für ungerade n bleibt jede Mannschaft während der Hin- und damit auch der Rückrunde im HA-Rhythmus. Ein Wechsel findet nur beim Übergang von der Hin- zur Rückrunde statt. Das ist aber wegen Anforderung 2 unvermeidlich, da jede Mannschaft in der Hinrunde eine gerade Anzahl von Spielen hat.

- Für gerade $n \geq 6$ gibt es genau zwei Mannschaften, die den HA- bzw. AH-Rhythmus über die gesamte Saison durchhalten, und mehr kann es wegen Anforderung 1 auch nicht geben. Alle anderen Mannschaften wechseln ihren HA-Rhythmus genau dreimal, nämlich während der Hinrunde, entsprechend während der Rückrunde und beim Übergang von der Hin- zur Rückrunde. Auch hierbei handelt es sich um das unvermeidliche Minimum.

4.4.5 Bundesliga-Spielpläne

In der Saison 2005/2006 wurde der Bundesliga-Spielplan entsprechend dem hier angegebenen Schema konstruiert. Die Hinrunde ist in Tabelle 4.9 dargestellt. Die Rückrunde erhält man, indem man in jedem leeren Feld $s(i,j) := s(j,i) + 17$ einträgt. Wir haben das hier nicht durchgeführt, weil die Tabelle 4.9 in der vorliegenden Form übersichtlicher erscheint.

Um zu erkennen, ob ein dem Internet oder den Zeitungen entnommener Spielplan nach dem hier angegebenen Schema konstruiert ist, muss man die Mannschaften den Symbolen

$$0, 1, 2, \ldots, n-2 \text{ und } J$$

zuordnen. Die passende Zuordnung lässt sich dadurch finden, dass man zunächst die HA-Folgen aller Mannschaften ermittelt, die für alle Mannschaften verschieden sind.

Die hier angegebene Konstruktion von Spielplänen ist nur eine von vielen Möglichkeiten. Tatsächlich wurden die Spielpläne der nachfolgenden Saisons 2006/2007 und 2007/2008 nicht nach

4 Erstellung von Ligaplänen

Tabelle 4.9: Spielplan der Fußball-Bundesliga, Hinrunde 2005/2006 mit der Zuordnung **0** Werder Bremen, **1** Arminia Bielefeld, **2** FSV Mainz 05, **3** VfB Stuttgart, **4** 1. FC Kaiserslautern, **5** Borussia Dortmund, **6** Borussia Mönchengladbach, **7** Bayer Leverkusen, **8** Hertha BSC Berlin, **9** 1. FC Nürnberg, **10** Hannover 96, **11** Eintracht Frankfurt, **12** Bayern München, **13** VfL Wolfsburg, **14** FC Schalke 04, **15** MSV Duisburg, **16** 1. FC Köln, **J** Hamburger SV

	0	1	2	3	4	5	6	7	8	9	10	11	12	13	14	15	16	J
0	■	1		3		5		7		9		11		13		15		17
1		■	3		5		7		9		11		13		15		17	2
2	2		■	5		7		9		11		13		15		17		4
3		4		■	7		9		11		13		15		17		2	6
4	4		6		■	9		11		13		15		17		2		8
5		6		8		■	11		13		15		17		2		4	10
6	6		8		10		■	13		15		17		2		4		12
7		8		10		12		■	15		17		2		4		6	14
8	8		10		12		14		■	17		2		4		6		
9		10		12		14		16		■	2		4		6		8	
10	10		12		14		16		1		■	4		6		8		
11		12		14		16		1		3		■	6		8		10	
12	12		14		16		1		3		5		■	8		10		
13		14		16		1		3		5		7		■	10		12	
14	14		16		1		3		5		7		9		■	12		
15		16		1		3		5		7		9		11		■	14	
16	16		1		3		5		7		9		11		13		■	
J									16	1	3	5	7	9	11	13	15	■

dem hier entwickelten Schema konstruiert. Bereits der zugehörige einfache Spielplan unterscheidet sich von dem in Abschnitt 4.3.2 angegebenen:

Aufgabe 4.3

Zu einem gegebenen einfachen Spielplan mit einer geraden Anzahl von Mannschaften mache man die folgende Konstruktion: Man verstehe die Mannschaften als Ecken eines Graphen und verbinde je zwei von ihnen, wenn sie an einem der ersten beiden Spieltage gegeneinander spielen. Zeigen Sie, dass für den einfachen Spielplan nach Unterabschnitt 4.3.2 der entstehende Graph ein Kreis ist.

Macht man nun für einen der Bundesliga-Spielpläne 2006/2007 oder 2007/2008 die gleiche Konstruktion, so ist der entstehende Graph kein Kreis, sondern besteht vielmehr aus mehreren Kreisen. Diese Spielpläne können daher nicht nach dem hier angegebenen Schema konstruiert worden sein.

4.5 Zusammenfassung

Für die zu erstellenden Ligapläne werden zunächst Anforderungen formuliert, wie sie sich aus der Praxis ergeben. Diese Anforderungen müssen zunächst so weit abgeschwächt werden, dass sie einander nicht widersprechen. Dann lassen sich Spielpläne konstruieren, die diesen Anforderungen genügen und in Hinblick auf den Wechsel von Heim- und Auswärtsspielen optimal sind. Dabei sind die Fälle einer ungeraden bzw. geraden Anzahl von Mannschaften zu unterscheiden.

4.6 Lösungen der Aufgaben

Aufgabe 4.1

Im Falle $n = 4$ mit den Mannschaften A, B, C, D gibt es 6 Spieltage, je 3 pro Hin- und Rückrunde. Spielen

- an Spieltag 1 A gegen B und C gegen D, so müssen wegen Anforderung 3e
- an Spieltag 2 B gegen C und D gegen A, und daher wegen Anforderung 2
- an Spieltag 4 B gegen A und D gegen C,
- an Spieltag 5 C gegen B und A gegen D spielen.

Damit ergibt sich aber an Spieltag 6, an dem A gegen C oder C gegen A spielen muss, ein Widerspruch zu Anforderung 3e.

Aufgabe 4.2

Aus Aufgabe 4.1 folgt bereits, dass die angegebene Konstuktion für $n = 4$ nicht zum Ziel führen kann. Für 6 Mannschaften ergibt sich dagegen der Spielplan aus Tabelle 4.10, der alle gewünsch-

Tabelle 4.10: Spielplan für 6 Mannschaften

	0	1	2	3	4	J
0	■	1		3		5
1		■	3		5	2
2	2		■	5		
3		4		■	2	
4	4		1		■	
J			4	1	3	■

ten Eigenschaften hat.

Aufgabe 4.3

Der Kreis durchläuft die mit $0, 1, 2, \ldots, n-2$ und J bezeichneten Mannschaften in der Reihenfolge

$$2, n-2, 3, n-3, \ldots, \frac{n}{2}-1, \frac{n}{2}+1, \frac{n}{2}, J, 1, 0, 2 \,.$$

5 Mathematische Gesetzmäßigkeiten in der Blattstellungslehre

5.1 Einführung

Die Natur erzeugt eine nahezu unbeschränkte Vielfalt an Formen und Farben, allein die Vielgestaltigkeit der Pflanzen erscheint unermesslich. Einige charakteristische Muster jedoch scheinen in der Natur wiederzukehren.

Beispielsweise wird die scheinbar wahllose Verteilung von Einzelblüten in dem Blütenstand einer Sonnenblume vom Auge als Anordnung von links- bzw. rechtsdrehenden Spiralen erkannt. Ähnliche Spiralbildungen finden sich nicht nur in den Blütenständen einer Großzahl anderer Blumen, sondern auch in dem Arrangement von Fruchtblättern eines Kiefernzapfens oder einer Ananasfrucht oder an den Laubblättern einer Sprossachse.

Untersuchen wir die Anordnungen der Blattansätze auf mathematische Regelmäßigkeiten, so führen uns unsere Beobachtungen zur Theorie der Fibonaccizahlen und über diese zum Goldenen Schnitt. Im Folgenden wollen wir die Zusammenhänge zwischen Blatt- bzw. Blütenwachstum, Fibonaccizahlen und Goldenem Schnitt näher betrachten und auf dieser Grundlage ein Modell aufstellen, welches in der Lage ist, die Anordnung der Blüten zu simulieren.

Während diese Modelle recht einfacher Natur sind und die Simulationsergebnisse sehr gute Übereinstimmungen mit den beobachteten Motiven bieten, ist eine Erklärung für die phänomenologischen Zusammenhänge nicht offensichtlich. Abschließend wollen wir daher einige Theorien diskutieren, die Erklärungsversuche für diese Zusammenhänge bieten.

5.1.1 Phyllotaxis

Bei der Betrachtung eines Blumenstängels fällt auf, dass die Blätter nicht wahllos verteilt sind, sondern einer gewissen Ordnung genügen. Die Lehre von der Anordnung der Blätter heißt *Phyllotaxis*. Dabei kann es sich bei den Blättern auch um die Verteilung der Blütenblätter in der Blüte handeln.

Unter den Blattstellungen werden zwei Haupttypen unterschieden:

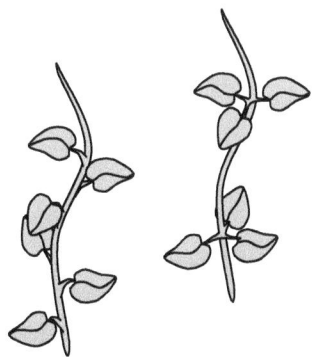

Abbildung 5.1: Blattstellungen

1. Jedem Knoten des Stängels kann genau ein Blatt entspringen (vgl. Abbildung 5.1 links) oder

2. an jedem Knoten des Stängels entwickeln sich mehrere Blätter (vgl. Abbildung 5.1 rechts). In diesem Fall ist die Anzahl der Blätter an jedem Knoten gleich.

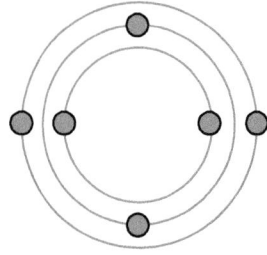

Zur Erkennung eines Musters werden die Blätter, Knospen oder Samen in ein Diagramm gezeichnet. Das Blattstellungsdiagramm (vgl. Abbildung 5.2) entspricht konzentrischen Kreisen, auf welchen symbolisierte Blätter eingezeichnet werden. Jedem Kreis entspricht dabei ein Knoten.

Abbildung 5.2: Das Blattstellungsdiagramm

5.1.2 Gegenständige, wirtelige und zerstreute Blattstellungen

Entwickeln sich zwei Blätter an jedem Knoten, so stehen sich diese beiden gegenüber. Die Anordnung wird *gegenständig* oder *decussiert* genannt (vgl. Universität Koblenz[4] oder [Nul96, Wei08, Nab07]). Das Blattpaar, welches sich am nächstfolgenden Knoten bildet, steht im rechten Winkel zum ersten Paar. Beim Eintrag in das Blattstellungsdiagramm werden radiale (d.h. strahlenförmige) Geraden erkennbar, so genannte *Orthostichen*.

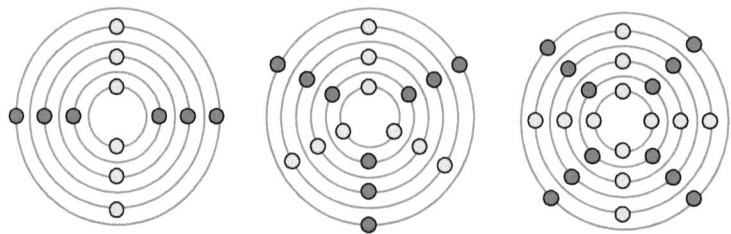

Abbildung 5.3: Orthostichen. Die verschiedenen Graustufen der einzelnen symbolisierten Blätter dienen ausschließlich der besseren Unterscheidbarkeit der von den Knoten ausgehenden Blätter.

Ein Beispiel für vier Orthostichen, wie sie in Abbildung 5.3 links dargestellt sind, finden wir beim Flieder.

Auch bei einer *wirteligen* Anordnung, bei der drei oder mehr Blätter an jedem Knoten entstehen (vgl. Abbildung 5.3 mitte und rechts), bilden sich die Blattgruppen von Knoten zu Knoten versetzt.

Eine *zerstreute Blattstellung* liegt vor, wenn an jedem Knoten nur ein Blatt wächst. In diesem Fall stehen niemals zwei Blätter auf gleicher Stängelhöhe. Im folgenden sollen nur Pflanzen mit zerstreuter Blattstellung betrachtet werden.

---

[4]Quelle: www.uni-koblenz.de/~odsgroe/wwwha/spiralen/www-phyllotaxis/3.1.phyllo.phaenomen.html (28.08.08)

5.1.3 Divergenz

Bei einer zerstreuten Blattstellung wächst an jedem Knoten genau ein Blatt. Werden in dem Blattstellungsdiagramm die Blattsymbole in der Entstehungsreihenfolge durch eine Linie verbunden, so entsteht eine gewundene Form, die *genetische Spirale*.

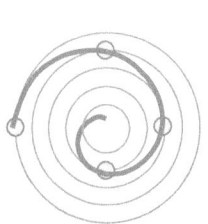 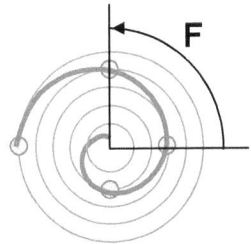

Abbildung 5.4: Divergenzwinkel

Ein Blick von oben auf die Pflanze zeigt, dass zwischen dem ersten und zweiten Blatt ein gewisser Winkel besteht, d.h. die Blätter wachsen nicht direkt übereinander (vgl. Abbildung 5.4). Dieser Winkel entspricht genau dem Winkel zwischen dem zweiten und dem dritten Blatt, und ebenso dem Winkel zwischen dem dritten und vierten Blatt usw.

Der Winkel zwischen zwei aufeinander folgenden Blättern wird als *Divergenzwinkel F* bezeichnet. Der Divergenzwinkel F wird im *mathematisch positiven Sinne*, d.h. entgegen dem Uhrzeigersinn, abgelesen und es gilt $0 < F < 360°$. Im Allgemeinen wird der Divergenzwinkel durch ein Vielfaches von 360° angegeben, wobei der Faktor eine zwischen Null und Eins liegende reelle Zahl ist und kurz *Divergenz* genannt wird. Ist die Divergenz eine rationale Zahl

$$q = \frac{z}{n} \qquad \text{mit } z, n \in \mathbb{N},$$

so gibt der Zähler z die Anzahl der Spiralwindungen an und der Nenner n die Anzahl der Blätter auf diesen Spiralwindungen, bevor zwei Blätter wieder genau übereinander stehen.

Ein einfaches Beispiel zeigt der Baum der Reisenden (Ravenala Madagascariensis). Ein Foto[5] in Abbildung 5.5 links zeigt die Pflanze, deren Laubblätter sich nur in Ost-West-Richtung entfalten. Sie besitzt das in Abbildung 5.5 rechts dargestellte Blattstellungsdiagramm: Es gibt zwei Blätter ($n = 2$) auf einer Spirallinie ($z = 1$), bevor Blatt Nummer 3 direkt über Blatt Nummer 1 wächst. Also ist die Divergenz 1/2.

---

[5] Bildquelle: www.reneschumacher.com (13.10.08), entnommen mit freundlicher Genehmigung des Autors René Schumacher, vielen Dank

Abbildung 5.5: Der Baum der Reisenden, Blattstellungsdiagramm und Divergenzwinkel

$$F = \frac{1}{2} \cdot 360°.$$

Aufgabe 5.1

Ordnen Sie den folgenden Blattstellungsdiagrammen den Divergenzwinkel und die Divergenz zu.

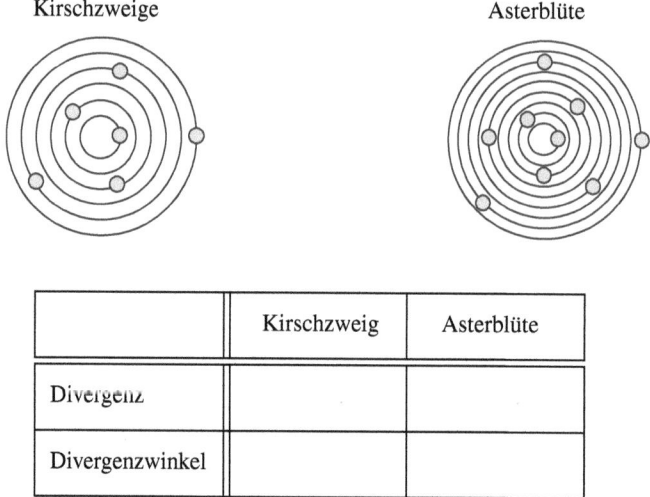

	Kirschzweig	Asterblüte
Divergenz		
Divergenzwinkel		

5.2 Fibonaccizahlen und Goldener Winkel

Für die mathematische Beschreibung von Blattstellungen benötigen wir zwei in der Mathematik wohlbekannte Begriffe, den Begriff der Fibonaccizahlen und den des Goldenen Schnittes. Beide wollen wir hier kurz in Erinnerung rufen.

5.2.1 Goldener Schnitt und Goldener Winkel

Die *proportio divina*, die göttliche Teilung, ist das Verhältnis zweier Zahlen, im allgemeinen Strecken. Sie wird vom Menschen als besonders harmonisch oder ästhetisch empfunden, weshalb sie für Kunst und Architektur von besonderer Bedeutung ist (vgl. [Wal93, Beu88, Hau01]).

Zwei Strecken a und b, $a > b$ stehen im Verhältnis des Goldenen Schnittes, wenn sich die Summe $a+b$ zu der größeren Seite a so verhält, wie a zu b:

$$\frac{a+b}{a} = \frac{a}{b}$$

Daraus ergibt sich die Goldene-Schnitt-Zahl $\quad \Phi := \dfrac{a}{b} = \dfrac{1+\sqrt{5}}{2} \approx 1{,}6180.$

Beweis:

$$\frac{a+b}{a} = \frac{a}{b} \Leftrightarrow (a+b) \cdot b = a^2 \Leftrightarrow a^2 - ab - b^2 = 0 \Leftrightarrow \left(\frac{a}{b}\right)^2 - \left(\frac{a}{b}\right) - 1 = 0$$

$$\Leftrightarrow \frac{a}{b} = \frac{1}{2} \pm \sqrt{\left(\frac{1}{2}\right)^2 + 1} = \frac{1}{2} \pm \sqrt{\frac{5}{4}} = \frac{1}{2} \pm \frac{\sqrt{5}}{2} = \frac{1 \pm \sqrt{5}}{2},$$

wobei nur $\Phi = \dfrac{1+\sqrt{5}}{2} \approx 1{,}6180$ größer als Null ist. □

Teilen zwei Winkel Θ und Ψ einen Kreis im Verhältnis des Goldenen Schnittes (vgl. Abbildung 5.6),

$$\frac{360°}{\Theta} = \frac{\Theta}{\Psi} \quad \Rightarrow \quad \Psi \approx 137{,}5078°$$

so wird meist der kleinere der beiden, Ψ, als Goldener Winkel bezeichnet.

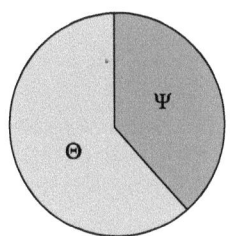

Abbildung 5.6: Goldener Winkel

Beweis:

$$\frac{360°}{\Theta} = \frac{\Theta}{\Psi} \Leftrightarrow 360° \cdot \Psi = \Theta^2 = (360° - \Psi)^2 = (360°)^2 - 2 \cdot 360° \cdot \Psi + \Psi$$

$$\Leftrightarrow \left(\frac{\Psi}{360°}\right)^2 - 3\frac{\Psi}{360°} + 1 = 0 \Leftrightarrow \Psi = \left(\frac{3}{2} \pm \sqrt{\frac{9}{4} - 1}\right) \cdot 360° = \left(\frac{3 \pm \sqrt{5}}{2}\right) \cdot 360°,$$

wobei nur $\Psi = \left(\dfrac{3 - \sqrt{5}}{2}\right) \cdot 360° \approx 137{,}5078°$ kleiner als $360°$ ist.

□

5.2.2 Fibonaccizahlen

Die Fibonacci-Folge (f_k) ist eine rekursive Folge, die definiert wird durch

$$f_1 = 1, \quad f_2 = 1, \quad f_n = f_{n-2} + f_{n-1} \text{ für } n \geq 3.$$

In Worten bedeutet dies: Jede Zahl ist die Summe der beiden vorhergehenden Zahlen. Die Folge besitzt daher die Glieder

$$(f_k)_{k \in \mathbb{N}} := (1, 1, 2, 3, 5, 8, 13, 21, 34, 55, 89, 144, 233, 377, 610, \ldots).$$

Damit ist die Fibonacci-Folge ein Spezialfall der Lucasfolgen, die einem ähnlichen Rekursionsgesetz genügen, jedoch auch andere Anfangswerte zulassen:

$$L_n = p L_{n-2} + q L_{n-1} \quad \text{für } n \geq 2 \quad \text{mit } L_0, L_1 \in \mathbb{Z}.$$

Dabei sind p, q ganzzahlige Faktoren mit $ggT(p, q) = 1$, im einfachsten Fall gilt $p = q = 1$. Für $L_0 = L_1 = 1$ ergibt sich dann die Fibonacci-Folge, für $L_0 = 2, L_1 = 1$ die so genannte abnormale Fibonacci- oder Lamé'sche Folge:

$$(L_k)_{k \in \mathbb{N}} := (2, 1, 3, 4, 7, 11, 18, 29, 47, \ldots).$$

5.3 Modellierung der Spiralbildung
5.3.1 Der Limitkonvergenzwinkel

Ist die Divergenz eine rationale Zahl $q = z/n$, so wächst automatisch das (n+1)te Blatt genau über dem ersten Blatt.

Tabelle 5.1: Hauptreihe der Blattstellungen

q_k	F_k
1/2	180°
1/3	120°
2/5	144°
3/8	135°
5/13	138,46°
8/21	137,14°
13/34	137,65°
21/55	137,45°
⋮	⋮

Die Blattstellungslehre wurde Anfang des 19. Jahrhunderts von Schimper und Braun begründet. Carl Friedrich Schimper untersuchte weit mehr als 20000 Pflanzen und beschrieb die beobachteten Regelmäßigkeiten. Die Tabelle der am häufigsten vorkommenden Divergenzzahlen bzw. ihrer Divergenzwinkel wird daher *Schimper-Braunsche Hauptreihe der Blattstellungen* genannt.(vgl. 5.1)

Sowohl die Zähler als auch die Nenner der Divergenzfolge q_k bilden eine Fibonacci-Folge

$$(f_k) := (1, 1, 2, 3, 5, 8, 13, 21, 34, 55, \ldots).$$

Ist f_k die Fibonacci-Folge, so ist $z_k = f_k$ und $n_k = f_{k+2}$.

Die Folge der Divergenzwinkel

$$F_k = q_k \cdot 360° = \frac{f_k}{f_{k+2}} \cdot 360°$$

konvergiert gegen den so genannten *Limitkonvergenzwinkel*. Dieser entspricht dem (kleinen) Goldenen Winkel Ψ und teilt daher den Kreisbogen nach den Proportionen des Goldenen Schnittes.

Der Divergenzwinkel einer Pflanze wird nicht nur an den Stamm-Blättern beobachtet. Auch Blütenblätter, Kiefernnadeln oder die Stachelbildung eines Kaktus' zeigen ein regelmäßiges Schema. Für diese und viele weitere gilt eine der beiden folgenden Aussagen.

Entweder:
- Zwei aufeinander folgende Blätter einer Pflanze besitzen einen Divergenzwinkel, der ein rationales Vielfaches von 360° ist, dann stehen irgendwann zwei Blätter genau übereinander. Meistens ist die Divergenz ein Quotient zweier Fibonaccizahlen.

Oder:
- Der Divergenzwinkel ist ein irrationales Vielfaches von 360°. Dann ist der häufig zu beobachtende Divergenzwinkel der Goldene Winkel $\Psi \approx 137,51°$.

5.3.2 Spiralbildung

Im Folgenden werden nur noch Pflanzen mit irrationaler Divergenz betrachtet. Offensichtlich ist es nicht möglich, dass eine derartige Pflanze Orthostichen ausbildet, da niemals zwei Blätter direkt übereinander stehen werden. Stattdessen zeigt die Verteilung der Blätter eine optimale Ausnutzung des Raumes in Bezug auf die Lichtausbeute.

Abbildung 5.7 zeigt die Reihenfolge, in der die Blätter wachsen, wenn der Divergenzwinkel dem Goldenen Winkel entspricht.

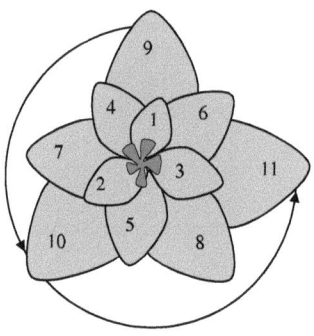

Abbildung 5.7: Blattreihenfolge

Strukturen, die nach dem Goldenen Schnitt organisiert sind, finden sich beispielsweise in den Samen einer Sonnenblume, den Blättern an vielen Palmen und Yucca-Arten, den Schuppen eines Nadelzapfens, dem Blütenstand einer Ananaspflanze, den Blättern eines Kohlkopfes oder den Blütenblättern von Rosen. Bei all diesen Pflanzen beträgt der Divergenzwinkel $\Psi \approx 137{,}51°$.

Die einzelnen Blätter (im weiteren Sinne) sind derart verteilt, dass das Auge schräg hintereinander liegende Blätter als Spiralen - die so genannten *Fibonacci-Spiralen* - wahrnimmt. Beeindruckend sind diese besonders bei flachen Blütenständen, wie beispielsweise Sonnenblumen (vgl. Abbildung 5.8) oder Gänseblümchen.

Abbildung 5.8: Spiralbildung bei der Sonnenblume

Aufgabe 5.2

Versuchen Sie, in der Sonnenblume in Abbildung 5.8[6] die linksläufigen und die rechtsläufigen Spiralen zu zählen.

Warum werden diese Spiralen Fibonacci-Spiralen genannt?

5.3.3 Parastichen

Die deutlich erkennbaren Spiralen, die in der Sonnenblume mühelos sichtbar sind, werden *Parastichen* genannt. Im Allgemeinen sind zwei gegenläufige Parastichenserien erkennbar. Die Beobachtungen zeigen, dass die Anzahlen von Parastichen, die in die eine und die andere Richtung gezählt werden, konsekutiven Fibonaccizahlen entsprechen.

Zwei auf einem Spiralarm nebeneinander liegende Blätter sind nicht direkt nacheinander gewachsen, sondern wurden im Abstand von n Blättern gebildet, wobei $n = f_k$ eine Fibonaccizahl ist[7]. Da der Goldene Winkel den Limes der (reell vorkommenden) rationalen Divergenzwinkel darstellt (vgl. Seite 37) ist das n−fache des Goldenen Winkels ungefähr ein Vielfaches des Gesamtkreises

$$n\Psi \approx f_k \frac{f_{k-2}}{f_k} 360° = f_{k-2} 360°,$$

wobei das „ungefähr" dazu führt, dass sich diese Blätter in unmittelbarere Nachbarschaft befinden und nicht direkt übereinander. Die Winkel des ersten Blattes und des $(n+1)$-ten Blattes differieren ungefähr um ein Vielfaches von $360°$, liegen also praktisch übereinander und werden daher vom Auge als zusammengehörig, d.h. zu einer Spirale gehörend, empfunden. Jedes Blatt zwischen diesen beiden Blättern gehört zu einer anderen Spirale, weswegen n Parastichen gezählt werden.

5.3.4 Modellierung der genetischen Spirale

Wie wir gesehen haben, gibt es also häufig mehr als zwei Spiralserien. Dadurch bedingt, dass unser Auge jedoch zwei direkte Nachbarn eher einer Spirale zuordnet als zwei weiter entfernt liegende, gibt es im Allgemeinen je eine dominante links- und rechtsläufige Spiralserie, deren Drehsinn rein zufällig ist, sie treten beide mit der gleichen Häufigkeit auf.

Soll bei einer Blüte die Anzahl dieser Parastichenserien konstant bleiben, so muss die Blattgröße mit dem Abstand zur Mitte anwachsen, da die Entfernung zwischen benachbarten Spiralarmen radial wächst. Eine andere Möglichkeit zeigen uns Ananasfrucht oder Nadelgehölzzapfen, die räumlich wachsen. Dadurch bleibt der Radius konstant oder wächst nur langsam. Die Blüte einer Sonnenblume jedoch ist eben und ein Anwachsen der Samen ist auch nicht zu beobachten. Dies lässt nur den Schluss zu, dass die Anzahl der Parastichen nicht konstant ist, d.h. wie viele

---

[6]Bildquelle: www.alfredhoehn.ch/Phyll_Index.htm (28.08.08), entnommen mit freundlicher Genehmigung des Autors Alfred Hoehn, vielen Dank

[7]Wir sehen an Abbildung 5.7, dass das erste Blatt die Blätter 4, 6 und 9 berührt. Die Abstände $(4-1 = 3, 6-1 = 5$ und $9-1 = 8)$ sind Fibonaccizahlen.

Parastichen wir bei einer derartigen Blüte ermitteln, hängt davon ab, in welcher Entfernung zum Mittelpunkt wir zählen.

Um diese drei Varianten zu simulieren, werden verschiedene Funktionen für den radialen Abstand des Blattes genutzt. Wie bei Polarkoordinaten üblich, wird dabei der Radius r als Funktion des Winkels φ definiert. Zur Erinnerung werden die Polarkoordinaten und die wichtigsten Kurven *archimedische, logarithmische und Fermat - Spirale* in Abschnitt 5.3.7 noch einmal vorgestellt. Die Bilder, Simulationen und Theorien stammen von dem Illustrator Uwe Alfer[8].

Typ 1: Bei der in Abbildung 5.9 vorliegenden Pflanze gibt es konstant fünf Parastichen in die eine und acht Parastichen in die andere Richtung, d.h. Blatt Nummer n berührt die Blätter $n+5$ und $n+8$. Nach außen werden die Blätter immer größer, so dass die genetische Spirale stärker wächst, als dies bei einer archimedischen Spirale der Fall wäre. Die Simulation hier wurde mit der logarithmischen Spirale $r = a \cdot e^{k\varphi}$ durchgeführt.

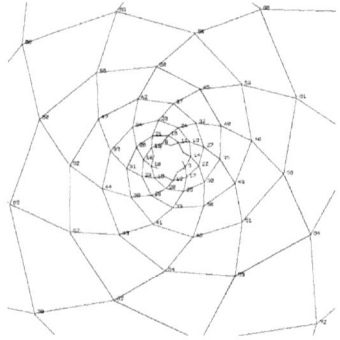

Abbildung 5.9: Simulation mithilfe der logarithmischen Spirale

---

[8]Quelle: www.uwe-alfer.de/privat/privat_fib010.html (28.08.08), entnommen mit freundlicher Genehmigung des Autors Uwe Alfer, vielen Dank

5 Mathematische Gesetzmäßigkeiten in der Blattstellungslehre

Typ 2: Bleiben die Blätter in ihrer Größe gleich, so wird am ehesten eine archimedische Spirale $r = a \cdot \varphi$ gewählt, um die Steigung der genetischen Kurve konstant zu halten. Dadurch verzerren sich die Blätter in ihren Proportionen jedoch (vgl. Abbildung 5.10).

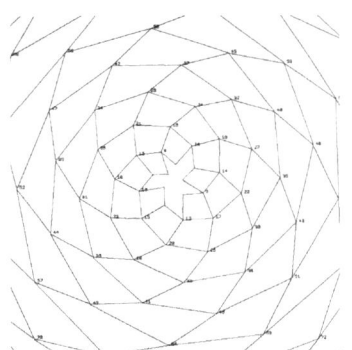

Abbildung 5.10: Simulation mithilfe der archimedischen Spirale

Typ 3: Den meisten Pflanzen mit einem flachen Blütenstand (wie z.B. der Sonnenblume) liegt jedoch eine genetische Spirale zugrunde, die nach außen hin enger wird, modelliert hier durch die Fermatspirale $r = a \cdot \sqrt{\varphi}$. Bleiben Blattgröße und Proportion erhalten, so bilden sich automatisch Umschaltpunkte aus, an denen die Anzahl der Parastichen von 5 und 8 auf 8 und 13 und weiter auf 13 und 21 anwächst, u.s.w. (vgl. Abbildung 5.11).

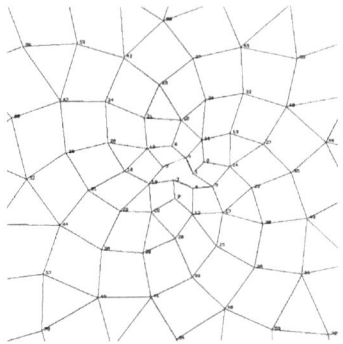

Abbildung 5.11: Simulation mithilfe der Fermatspirale

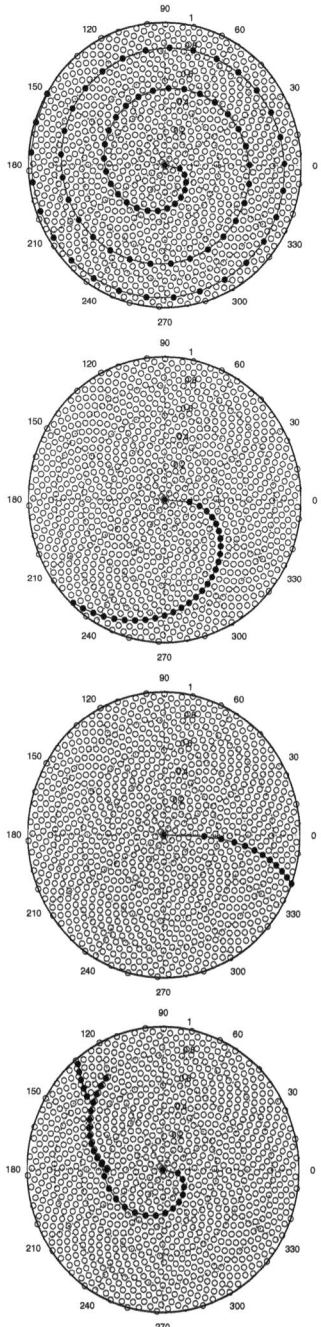

In Abbildung 5.12 oben wurde jede 13te Einzelblüte markiert, im Inneren wird die Spiralstruktur damit gut wiedergegeben. Der Abstand zwischen den Spiralarmen wächst jedoch, unser Auge nimmt die Spiralstruktur daher nicht mehr wahr.

Das zweite Bild in Abbildung 5.12 zeigt jede 34ste Einzelblüte, dies sind die vom Betrachter als dominant wahrgenommenen Spiralen, da sie einen großen Bereich der Fläche abdecken.

Die Spiralen, die durch Markieren jeder 89sten Einzelblüte entstehen, beginnen für unser Auge erst weiter außen. Wäre die Blüte größer, so würde diese Struktur stärker auffallen (vgl. Abbildung 5.12, Bild 3).

In Abbildung 5.12 unten wurden in jedem Bereich die am stärksten hervortretenden Spiralarme markiert. Deutlich sichtbar werden dadurch die Umschaltpunkte.

Abbildung 5.12: Spiralarme unterschiedlicher Fibonaccizahlen

5.3.5 Lucasfolgen

Bei Pflanzen mit irrationaler Divergenz ist der Divergenzwinkel vorzugsweise der Goldene Winkel. In diesem Fall bildet sich eine optimale Verteilung aller Blätter aus, d.h. dass eine maximale Ausnutzung des Sonnenlichtes ermöglicht wird. Was für eine Verteilung beobachten wir in den übrigen Fällen? Die Antwort darauf finden wir bei Alfred Hoehn, einem schweizer Architekten und Maler[9].

Anfang der ersten Hälfte des 19. Jahrhunderts untersuchten die Gebrüder Bravais Blattstellungen, Blütenstände und Spiralbildungen. Sie fanden neben dem Goldenen Winkel weitere in der Natur vorkommende irrationale Divergenzwinkel, beispielsweise $99,50°$, $77,96°$ oder $151,14°$ (gerundet). Der Versuch, diese mit dem Goldenen Schnitt in Verbindung zu bringen, führte zu folgenden Darstellungen:

$$\frac{360°}{\Phi+1} = \Psi \approx 137,5078°$$

$$\frac{360°}{\Phi+2} \approx 99,5016°$$

$$\frac{360°}{\Phi+3} \approx 77,9552°$$

$$\frac{360°}{\Upsilon^2+2} \approx 151,1357°,$$

wobei Φ die Goldene-Schnitt-Zahl ist und $\Upsilon = 1 - \Phi$.

Tabelle 5.2: Divergenzwinkel und Lukasfolgen

F										
$137,5078°$	1	1	2	3	5	8	13	21	34	55	...
$99,5016°$	2	1	3	4	7	11	18	29	47	76	...
$77,9552°$	3	1	4	5	9	14	23	37	60	97	...
$151,1357°$	3	2	5	7	12	19	31	50	81	131	...

Auch diese Winkel führen zu einer optimalen Blattverteilung und Spiralbildung. Allerdings ist die Anzahl der Parastichen nun keine Fibonaccizahl mehr. Für vier verschiedene Divergenzwinkel F ist die Anzahl der gezählten Spiralarme in Tabelle 5.2 beschrieben.

---
[9] Quelle: www.alfredhoehn.ch/Text%20Phyllotaxis.pdf (28.08.08), entnommen mit freundlicher Genehmigung des Autors Alfred Hoehn, vielen Dank

Ein mit dem Goldenen Winkel verwandter Divergenzwinkel führt somit zu einer Lukasfolge.

5.3.6 Ursachen

Der Zusammenhang zwischen Phyllotaxis, dem Goldenen Winkel und Fibonacci- bzw. Lucasfolgen ist somit gut sichtbar. Es bleiben zwei Fragen:

- Ist es Zufall, dass wir den Goldenen Winkel bei der Phyllotaxis wiederfinden?
- Woher „weiß" die Pflanze, wo das nächste Blatt wachsen soll?

Der Goldene Winkel und die verwandten Divergenzwinkel sorgen für die ökonomischste Platzausnutzung. Schon Leonardo da Vinci vermutete, dass durch diese Anordnung das Sonnenlicht optimal genutzt werden könne. Ein weiterer Grund könnte der besonders effektive Transport von Zuckerlösung sein, die durch Photosynthese entsteht und die durch die Leitbündel von den Blättern in die Wurzeln befördert wird.

Wie kommt es nun zu dem Wachstum nach einem bestimmten Winkel? Vermutet wird, dass jedes Blatt einen bestimmten Hemmstoff (den so genannten *Inhibitor*) produziert. Dieser diffundiert von der Blattwurzel in den Stamm (die Blüte etc.), wodurch ein Konzentrationsgefälle entsteht. Beim Wachstum des Folgeblattes überlagern sich die beiden Hemmstoffverteilungen. Das dritte Blatt wächst an der Stelle minimaler Inhibitorkonzentration. Bei einer rationalen Divergenz z/n würden sich das n-te Blatt direkt oberhalb des ersten bilden, obwohl dieses dort eine maximale Hemmstoffkonzentration besitzt. Der Goldene Winkel, basierend auf der „irrationalsten" aller Zahlen, ist daher die optimale Lösung.

Nach einer weiteren Theorie basiert die Blattverteilung auf einem Zusammenspiel von Zug- und Druckspannungen[10], so dass mechanische Ursachen zugrunde liegen.

5.3.7 Anhang: Polarkoordinaten und Spiralen

Ein Punkt P in der Gaußschen Zahlebene, d.h. im ebenen zweidimensionalen Raum, kann dargestellt werden in kartesischen Koordinaten mit den Komponenten P= (x, y) oder in Polarkoordinaten mit dem Radius r und dem Winkel φ zwischen dem Radiusvektor und der positiven x-Achse.

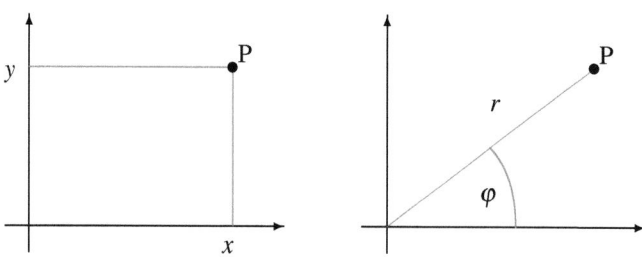

---

[10]Quelle: www.uni-koblenz.de/~odsgroe/wwwha/spiralen/www-phyllotaxis/4.2.phyllo.kausale.modelle.html (28.08.08)

5 Mathematische Gesetzmäßigkeiten in der Blattstellungslehre 45

Die Umrechnung erfolgt mithilfe der Koordinatentransformation

$$x = r\sin\varphi \qquad \text{bzw.} \qquad r = \sqrt{x^2 + y^2}$$
$$y = r\cos\varphi \qquad\qquad \varphi = \arctan\tfrac{y}{x}.$$

Im Allgemeinen wird der Radius als Funktion des Winkels verstanden: $r = r(\varphi)$.

Für alle hier vorgestellten Spiralen ist φ ein nicht negativer Winkel, der für die Zeichnungen eingeschränkt wurde auf $[0, 5\pi]$. Der Radius r ist eine Funktion des Winkels $r = r(\varphi)$.

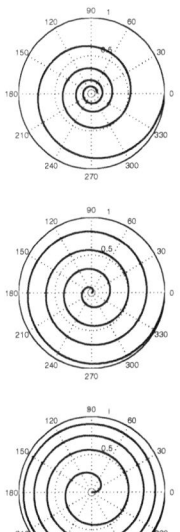

Die **logarithmische Spirale**
ist definiert durch die Gleichung $r(\varphi) = a \cdot e^{k\varphi}$, wobei a und k Konstanten sind. Da die Exponentialfunktion eine streng konvexe Funktion ist, d.h. die Ableitung streng monoton ist, wächst die Spirale nach außen immer schneller.

Die **archimedische Spirale**
besitzt mit $r(\varphi) = a \cdot \varphi$ (a konstant) einen linearen Verlauf. Diese Spirale entspricht dem Querschnitt einer Tapetenrolle, da die Tapete überall gleich dick ist.

Die **Fermatsche Spirale**
wird dargestellt durch $r(\varphi) = a \cdot \sqrt{\varphi}$ (a konstant). Die Wurzelfunktion ist streng konkav, d.h. die Steigung ist streng monoton fallend, die Spiralwindungen kommen sich daher immer näher.

5.4 Zusammenfassung

Auch wenn das Wachstum von Pflanzen in einer unermesslichen Vielfalt abläuft, lassen sich doch bestimmte Strukturen erkennen. Die Phyllotaxis, die Lehre der Blattstellungen einer Pflanze, unterscheidet verschiedene Ansätze. Insbesondere wird unterschieden, ob die Divergenz, der Faktor im Divergenzwinkel, rational oder irrational ist. Ist er rational, so stehen nach n Blättern zwei genau übereinander.

Viele Pflanzen besitzen jedoch in ihrer Blattstellung, dem Aufbau der Blüte oder der Verteilung ihrer Samen keine rationalen Divergenzen. Stattdessen zeigt sich ein Winkel zwischen zwei aufeinander folgenden Blättern, der dem Goldenen Winkel entspricht, also ungefähr $137,51°$. Dieser führt dazu, dass in der Verteilung der Blätter Spiralen, so genannte Parastichen, sichtbar werden. Die Anzahl der links- und rechtsläufigen Parastichen entspricht dabei zwei aufeinander folgenden Fibonaccizahlen. Auch Winkel, die dem Goldenen Winkel verwandt sind, treten in der Natur auf, sie führen zu der größeren Klasse der Lucasfolgen.

Der Grund für den Zusammenhang von Phyllotaxis und Goldenem Schnitt wird in der sogenannten Inhibitionsformel gesehen. Danach bilden sich neue Blätter dort, wo der Blattbildungshemmstoff der vorangegangenen Blätter minimal wird. Durch den Status der Goldenen-Schnitt-Zahl als „irrationalste" aller Zahlen ist die Verteilung der Blätter im Goldenen Winkel optimal.

5.5 Lösungen der Aufgaben

Aufgabe 5.1

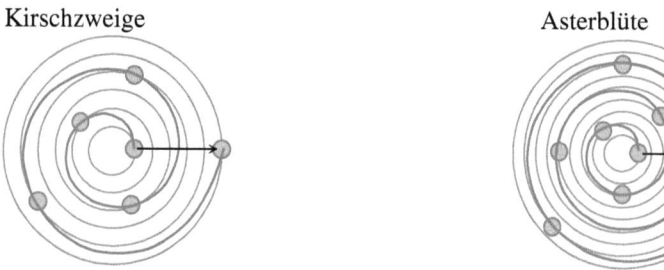

Bei dem Kirschzweig zählen wir fünf Blätter in zwei Umläufen, daher ist die Divergenz $2/5$ und der Divergenzwinkel $2/5 \cdot 360° = 144°$. Die Asternblüte zeigt hingegen auf drei Umläufen acht Blätter, daher ist die Divergenz $3/8$ und der Divergenzwinkel $3/8 \cdot 360° = 135°$.

	Kirschzweig	Asterblüte
Divergenz	2/5	3/8
Divergenzwinkel	144°	135°

Aufgabe 5.2

Es gibt 34 rechtsläufige und 21 linksläufige Spiralen in der in Abbildung 5.8 dargestellten Sonnenblume. Die Anzahl der Spiralen (hier 21 und 34) ist immer eine Fibonaccizahl, woraus sich ihr Name „Fibonacci-Spiralen" erklärt.

Dies sind die *vorherrschenden* Spiralen, die das Bild der Sonnenblume prägen. Zählen wir die Anzahl der Spiralen am äußeren Rand, so erhalten wir 34 und 55 Spiralen (vgl. Abbildung 5.12).

6 Optimale Routenplanung bei der Müllabfuhr

6.1 Einführung

Im Jahr 2005 wurden in Hamburg 753.990 t Müll aus privaten Haushalten und Geschäften durch die Stadtreinigung Hamburg entsorgt. Dies entspricht einer Menge von ca. 587 kg pro Einwohner und Jahr, oder auch ca. 2.066 t täglich im gesamten Stadtgebiet[11].

Die Kosten für die Müllabfuhr und Müllfahrzeuge steigen stetig an. Durch eine Optimierung der Fahrtrouten für die Müllautos wird sowohl Zeit als auch Treibstoff eingespart. So kann zumindest ein Teil der Kosten minimiert werden.

Aber was ist eine optimale Route und wie lässt sie sich mathematisch bestimmen? Dieser Frage wollen wir im Folgenden nachgehen. Das mathematische Modell wurde von Brigitte Lutz-Westphal pädagogisch aufgearbeitet und in [Hus07] veröffentlicht.[12]

Bei der Organisation der Müllabfuhr in einer Stadt oder einem Stadtteil soll die Fahrstrecke der Müllfahrzeuge minimiert werden. Bei der Routenplanung müssen verschiedene Kriterien berücksichtigt werden (vgl. Abbildung 6.1), so müssen beispielsweise alle Straßen (mindestens) einmal befahren werden. Außerdem ist in Einbahnstraßen die Fahrtrichtung vorgegeben, während in Sackgassen beide Richtungen befahren werden müssen. Als Letztes fordern wir, dass Anfangs- und Endpunkt der Route übereinstimmen sollen.

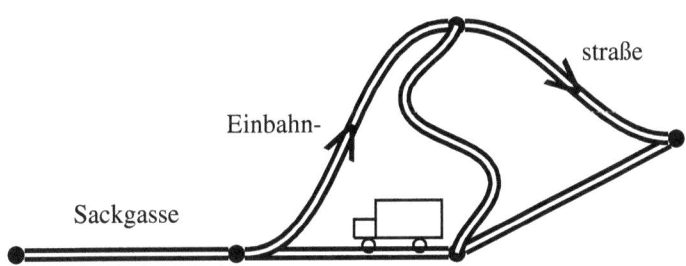

Abbildung 6.1: Schematische Darstellung einer Fahrtroute

Bekannt geworden ist das Problem der optimalen Route Anfang der 60er Jahre durch den chinesischen Mathematiker Mei Go Guan. Seine Intention war die Optimierung der Fahrtwege chinesischer Postzusteller, weshalb die Fragestellung in die Literatur als „Chinesisches-Postboten-Problem" eingegangen ist.

Obwohl die Aufgaben – Optimierung der Fahrtrouten von Postzustellern oder Müllfahrzeugen – auf den ersten Blick gleich klingen, gibt es auch Unterschiede: Während ein Müllfahrzeug in der Regel die Abfallbehälter beider Straßenseiten auf einmal einsammelt, wird der Postbote mit seinem Rad erst die eine Straßenseite beliefern und dann auf der anderen Seite in die entgegengesetzte Richtung fahren. Auch Einbahnstraßen sind für den radelnden Postzusteller kein Hindernis.

---

[11] Quelle: Geschäftsbericht der Stadtreinigung Hamburg, 2005,
www.srhh.de/srhh/export/sites/srhh/images/kontakt/publikation/download/SRH_G_2005.pdf (28.08.08)

[12] In diesem schönen Buch werden Probleme der kombinatorischen Optimierung auf elementare Weise an Fragestellungen des modernen Alltags dargestellt.

6.2 Modellierung als graphentheoretisches Problem

Um eine mathematische Beschreibung des Weges zu ermöglichen, den das Müllfahrzeug zurücklegen muss, wird aus dem Straßennetz des zu betrachtenden Gebietes ein *Graph* erstellt. Mathematisch gesehen besteht ein Graph aus einer Menge von Knoten, einer Menge von Kanten und einer Zuordnung, die jeder *Kante* ein *Knotenpaar* zuweist. In Bezug auf das Straßennetz bedeutet dies: Jede Kreuzung oder das Ende einer Sackgasse stellt einen Knoten dar, jede Straße eine Kante (vgl. Abbildung 6.2).

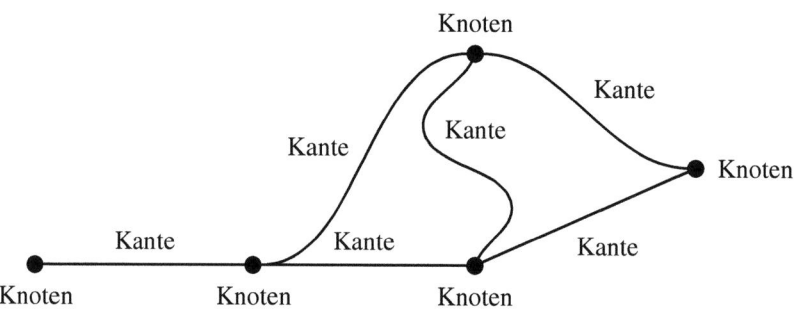

Abbildung 6.2: Graph der in Abbildung 6.1 dargestellten Fahrtroute

Bei der Transformation eines Stadtplanes in einen Graphen werden die Straßen als gerade Kanten mit Gewichten dargestellt. Dabei können die Kantengewichte verschiedene Parameter darstellen, so etwa die Weglänge, die Durchfahrtszeit oder die Bearbeitungszeit zur Müllentsorgung. Letztere sind allerdings für die Bestimmung einer optimalen Route irrelevant, da alle Routen darin übereinstimmen, dass jede Straße genau einmal zum Zwecke der Müllentsorgung durchfahren wird. Verschiedene mögliche Routen unterscheiden sich also nur hinsichtlich der Straßen, die zusätzlich ein weiteres Mal durchfahren werden müssen. Je nachdem, ob die Fahrzeit oder die Weglänge möglichst klein werden soll, sind also die Kanten mit entsprechenden Gewichten zu versehen.

Dadurch vereinfacht sich der aus dem Stadtplan gewonnene Graph beispielsweise zu einem gewichteten Graphen der in Abbildung 6.3 dargestellten Form.
Die Längen der Strecken sind hierbei unerheblich, da die Durchfahrtszeiten für alle Straßen an den Gewichten ablesbar sind. Beispielsweise benötigt das Müllfahrzeug von der nördlichsten Kreuzung zwölf bzw. sieben bzw. neun Zeiteinheiten zu den benachbarten südlichen Kreuzungen.

Auch Richtungsprobleme können bedacht werden, wenn beispielsweise eine Einbahnstraße vorliegt oder die Straße einen begrünten Mittelstreifen besitzt, so dass das Müllfahrzeug diese Straße zweimal - einmal in jede Richtung - durchfahren muss. Dieses Problem zu modellieren ist mit den bisher definierten Graphen nicht möglich. Daher führen wir einen *Bogen* ein als eine Kante, die eine Richtung besitzt und die zwei Knoten miteinander verbindet, welche nicht

6 Optimale Routenplanung bei der Müllabfuhr

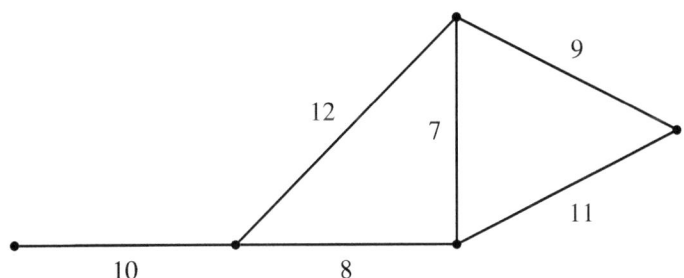

Abbildung 6.3: Gewichteter Graph der in Abbildung 6.1 dargestellten Fahrtroute

notwendigerweise verschieden sein müssen. Während ein *gerichteter Graph* nur aus Knoten und Bögen besteht, kann ein *gemischter Graph* sowohl Kanten als auch Bögen besitzen. Da wir uns jedoch im Folgenden auf ein einfaches Modell beschränken wollen, werden wir auf die Betrachtung gerichteter oder gemischter Graphen verzichten.

Wir gehen von der Existenz eines einzelnen Müllfahrzeugs aus, welches alle Wege durchfahren muss, so dass der Graph, der das Wegenetz modelliert, *zusammenhängend* sein muss, d.h. von einem beliebigen Knoten aus muss jeder andere Knoten über die Kanten erreichbar sein. Ein geschlossener Weg mit mindestens einer Kante, der keine Kante mehrfach durchläuft, definiert einen *Kreis*, unabhängig von seiner Form und unabhängig davon, ob er einzelne Knoten einfach oder mehrfach besucht.

Ein Weg, der durch jede Kante eines *zusammenhängenden Graphen* genau einmal führt, heißt *Eulerweg*. Ein bekanntes Beispiel hierfür ist das Haus vom Nikolaus, bei dem das Problem gerade darin besteht, dass jede Kante nur einmal besucht werden darf. Allerdings unterscheiden sich in diesem Graphen der Anfangs- und Endpunkt des Eulerwegs. Wollen wir stattdessen eine Rundtour durch den Graphen entwerfen, die durch jede Kante eines zusammenhängenden Graphen genau einmal führt, so wird diese *Eulertour* genannt. Ein Graph, der eine Eulertour enthält, heißt *Eulergraph*.

Die Namen Eulertour, Eulerweg und Eulergraph gehen auf den Mathematiker Leonhard Euler zurück. Er schrieb 1736 eine Abhandlung über das so genannte Königsberger Brückenproblem[13].

6.3 Konstruktion von Eulergraphen und -touren

Wir wissen nun, wie wir aus unserem Stadtplan einen Graphen konstruieren können, nämlich indem wir die Kreuzungen als Knoten betrachten und die Straßen und Wege als gradlinige Kanten zwischen den Knoten abstrahieren. In Abschnitt 6.6 werden diese Schritte für eine imaginäre Stadt durchgeführt. Die Abbildungen 6.5 und 6.6 zeigen dabei diese ersten Konstruktionsschritte.

Gesucht ist nun eine optimale Tour, wobei optimal bedeutet, die Summe der Gewichte auf dem Weg zu minimieren. Sind die Gewichte die Zeiteinheiten, die geschätzt oder empirisch gewonnen

---
[13] vgl. z.B. MathePrisma: www.matheprisma.de/Module/Koenigsb/index.htm (28.08.08)

werden müssen, so benötigt ein Fahrzeug auf einer optimalen Tour weniger Zeit als auf einer anderen Route.

Können wir eine Eulertour in unserem Graphen konstruieren, so haben wir eine optimale Lösung für unser Problem gefunden.

Wie aber lässt sich eine solche Tour in einem beliebigen Graphen konstruieren, und für welche Graphen ist das überhaupt möglich?

Zunächst ist es sinnvoll, alle Sackgassen wegzulassen. Denn diese müssen zweimal befahren werden und hier ist keine Optimierung möglich.

Definieren wir die Anzahl der Kantenenden an einem Knoten als *Grad* des Knotens, so liefert uns die Graphentheorie den folgenden Satz:

Satz 6.3

> Gibt es eine Eulertour, so haben alle Knoten geraden Grad. Ebenso gilt: Ist ein Graph zusammenhängend und haben alle Knoten geraden Grad, so ist der Graph ein Eulergraph.

Dies ist plausibel, denn das Besondere an einer Eulertour ist die Eigenschaft, dass jede Kante nur genau einmal besucht wird. Wesentlich hierbei ist es, nie in einem Knoten stecken zu bleiben. Wenn der Knotengrad gerade ist, kann man immer auf einer Kante hinein- und auf einer anderen hinauswandern, bis alle Kanten besucht wurden. Dies ist aber bei ungeradem Knotengrad nicht möglich: Wenn wir z. B. als Knotengrad 3 wählen, dann kann man einmal in den Knoten hinein und wieder heraus, aber auf der dritten abzweigenden Kante kommen wir wieder in den Knoten herein und haben keine Möglichkeit mehr, aus dem Knoten herauszukommen, ohne eine bereits besuchte Kante erneut zu befahren.

6.4 Algorithmen zur Bestimmung von Eulertouren in Eulergraphen

Wir wissen nun, dass ein Graph zusammenhängend sein muss und ausschließlich aus Knoten mit geradem Knotengrad bestehen darf, damit er ein Eulergraph ist.

Zur geschickten Konstruktion von Eulertouren in Graphen, die diese Eigenschaften besitzen, gibt es zwei verschiedene Algorithmen, den Zwiebelschalen-Algorithmus (Hierholzer-Algorithmus) und Fleurys Algorithmus.

6.4.1 Der Zwiebelschalen-Algorithmus

Im Zwiebelschalen-Algorithmus wird der gesamte Graph in verschiedene kreisförmige Graphen zerlegt, die nacheinander abgelaufen werden. Der Algorithmus besteht aus drei Schritten:

1. Wähle im Graphen einen Startknoten.

2. Gehe von hier aus auf unmarkierten Kanten. Markiere jede Kante, die besucht wurde, bis der Ausgangsknoten wieder erreicht ist und von diesem keine unmarkierte Kante mehr ausgeht.
   Überprüfe, ob bereits alle Kanten des Graphen markiert wurden. Wenn nicht:
   Suche einen Knoten, der noch unmarkierte Kanten besitzt und wiederhole Schritt 2.
   Wenn alle Kanten des Graphen markiert sind, gehe zu Schritt 3.

 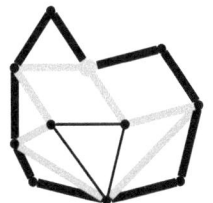 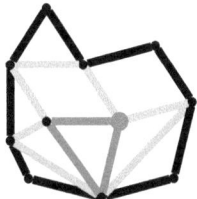

3. Aus den so entstandenen Kreisen lässt sich folgendermaßen eine Eulertour herstellen:
   Gehe entlang des ersten Kreises, bis er einen weiteren Kreis berührt. Gehe dann weiter auf dem neuen Kreis, bis dieser wieder auf einen neuen Kreis trifft, usw.

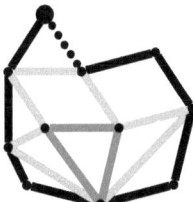 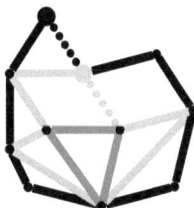

Wenn es keinen neu beginnenden Kreis mehr gibt, dann gehe den zuletzt begonnenen Kreis zu Ende und dann wieder in die vorherigen hinein, bis alle Kanten besucht wurden.

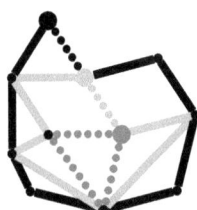 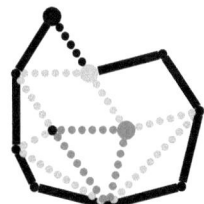 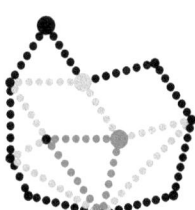

6.4.2 Fleurys Algorithmus

Fleurys Algorithmus nutzt den Begriff der *Brücke*, um ein Zerfallen des Graphen in mehrere Zusammenhangskomponenten zu verhindern. Dabei ist eine Brücke eine Kante in einem Graphen, bei deren Wegnahme der Graph in zwei Komponenten zerfallen würde.

1. Beginne mit einer beliebigen Kante.

2. Wähle die nächste Kante so, dass sie in dem Restgraphen, der sich aus allen noch nicht behandelten Kanten ergibt, keine Brücke bildet.

Die Abbildungen zeigen den Graphen nachdem zwei bzw. drei Kanten gewählt wurden.

 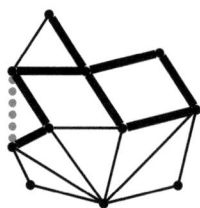

Nach der Wahl der achten Kante hat der Graph die links dargestellte Form. Würden wir jetzt die gepunktete Kante (in der Abbildung rechts) wählen, so zerfiele der Restgraph, der aus allen nicht fett gedruckten Kanten besteht, in zwei unzusammenhängende Graphen. Daher ist dieser Weg eine Brücke und darf nicht gegangen werden.

3. Die Tour ist fertig, wenn alle Kanten aufgenommen wurden.

Sowohl der Zwiebelschalen-Algorithmus als auch Fleurys Algorithmus liefern also eine konkrete Beschreibung, wie wir aus einem zusammenhängenden Graphen mit geraden Knotengraden eine Eulertour entwickeln können. Diese wird im Allgemeinen nicht eindeutig sein, jedoch ist sie optimal in dem von uns geforderten Sinne.

6.5 Verbindung von ungeraden Knoten

Ist der vorliegende Graph ein Eulergraph, so sind wir also fertig. Was jedoch passiert, wenn ein oder mehrere Knoten einen ungeraden Grad besitzen? Dies wird üblicherweise der Fall sein, wenn man einfach einen Graphen aus einem beliebigen Stadtplanausschnitt entwickelt. Lässt sich in diesem Fall trotzdem ein optimaler Rundweg finden?

Nehmen wir zunächst einmal an, in unserem Graphen gibt es genau zwei ungerade Knotengrade. Dann können wir durch die kürzeste Verbindung (eine Verbindung entlang der vorhandenen Kanten, deren Länge mithilfe der Kantengewichte berechnet wird) dieser beiden Knoten einen Eulergraphen herstellen. Durch diese Verbindung erhöht sich der Knotengrad an den beiden Endknoten jeweils um Eins. Wenn die Verbindung durch andere Knoten (mit geradem Knotengrad) führt, erhöht sich deren Grad immer um zwei, da die Verbindung hinein- und herausführen muss. Somit haben am Ende alle Knoten einen geraden Knotengrad (vgl. Abbildung 6.4).

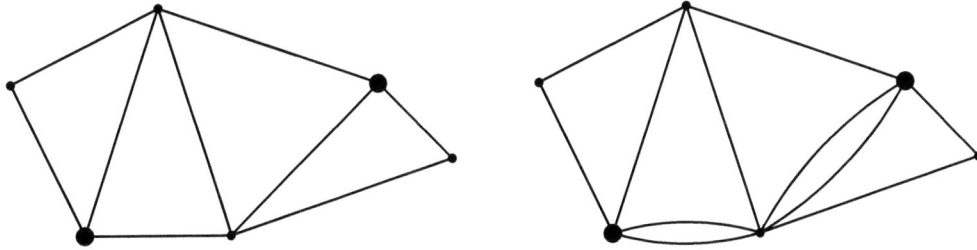

Abbildung 6.4: Verbindung von ungeraden Knoten

Was geschieht jedoch, wenn mehr als zwei Knoten von ungeradem Grad vorliegen? Ist die Anzahl der Knoten mit ungeradem Grad gerade, so können wir wie oben verfahren und je zwei dieser Knoten verbinden. Die so erhaltene Lösung muss nicht optimal sein, ist jedoch ein erster Schritt, um eine Eulertour zu erhalten.

Dies funktioniert allerdings nicht bei einer ungeraden Anzahl von Knoten mit ungeradem Knotengrad - hier zeigt sich jedoch schnell, dass ein derartiger Graph nicht existieren kann. Die Summe aller Knotengrade eines Graphen ist gleich der doppelten Anzahl der Kanten, da jede Kante die Summe aller Knotengrade genau um zwei erhöht (da sie einen Anfangs- und einen Endknoten hat). Daraus folgt sofort der folgende Satz:

Satz 6.4
    In jedem Graphen ist die Anzahl der Knoten mit ungeradem Grad gerade.

Da es immer eine gerade Anzahl von Knoten mit ungeradem Grad gibt, lässt sich aus jedem nicht eulerschen Graphen ein Eulergraph entwickeln, indem je zwei Knoten ungeraden Grades auf kürzestem Weg miteinander verbunden werden.

Welche beiden Knoten jeweils zu einem Paar zusammengefasst werden sollen, wird mithilfe eines *Matching* entschieden. Dabei verstehen wir in der Graphentheorie unter einem Matching oder unter einer *Paarung* einen Teilgraphen, in dem alle Knoten höchstens Grad Eins besitzen. Ein *perfektes Matching* hat nur Knoten vom Grad Eins, es sind hier alle Knoten zu Paaren verbunden. Ein Matching heißt *minimal*, wenn die Summe der Kantengewichte kleiner (oder gleich) der Summe der Kantengewichte bei jedem anderen Matching ist, welches diese Knoten verbindet.

Lösung des Problems

Um eine optimale Rundtour aus einem beliebigen Graphen (der z. B. einem Stadtplan entnommen sein kann) herzustellen, sind also folgende Schritte durchzuführen:

1. Wir betrachten alle Knoten mit ungeradem Knotengrad in einer separaten Abbildung und suchen die kleinste Summe der Kantengewichte.

2. Die Kanten bzw. Kantenzüge dieses minimalen Matchings werden in den ursprünglichen Graphen eingefügt.

3. Die Sackgassen werden mit doppelten Kanten in den Graphen eingefügt (Hinein- und Herausfahren).

So ist ein Eulergraph entstanden und jeder Rundweg, der alle Kanten einmal besucht, ist optimal.
Da es oft viele verschiedene Eulertouren gibt, lassen sich an dieser Stelle noch Nebenbedingungen einführen. Man könnte z. B. große Supermärkte, die viel Müll haben, möglichst am Anfang besuchen, damit der Müll die Passanten nicht stört.

6.6 Eine optimale Route für Modelstown

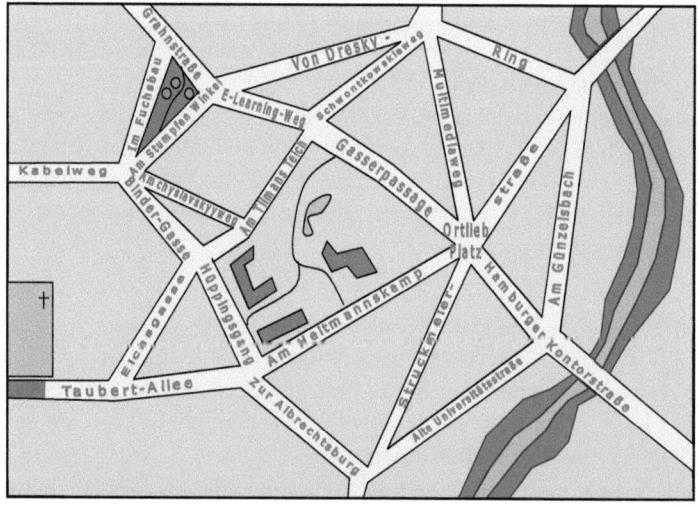

Abbildung 6.5: Ausschnitt eines Stadtplanes

6 Optimale Routenplanung bei der Müllabfuhr

Wir wollen uns nun anhand eines Beispiels die einzelnen Modellierungsschritte verdeutlichen. Ziel ist es, für die Stadt Modelstown eine optimale Fahrtroute zu errechnen, wobei optimal bedeutet, dass der Zeitaufwand für die Müllsammlung minimiert wird.

Als Erstes betrachten wir in unserem Stadtplan nur jenen reduzierten Ausschnitt, in welchem unser Fahrzeug Müll einsammeln soll (vgl. Abbildung 6.5).

In unserer Stadt existieren weder Einbahnstraßen noch Wege mit begrüntem Mittelstreifen, so dass auf gerichtete oder gemischte Graphen verzichtet werden kann.

Im nächsten Schritt transformieren wir das Straßennetz. Jede Kreuzung oder jedes Straßenende wird durch einen Knoten, jede Straße durch eine Kante dargestellt (vgl. Abbildung 6.6). Die hell hinterlegten Kanten sollen für unser Modell keine Bedeutung besitzen.

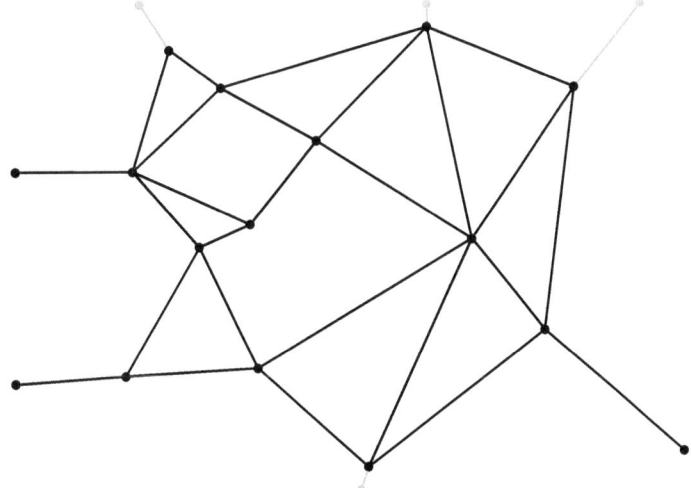

Abbildung 6.6: Vereinfachter Graph

Wir reduzieren den Graphen weiter, indem wir vorerst die Sackgassen außer Acht lassen, da sie keine Möglichkeiten zur Optimierung bieten (vgl. Abbildung 6.7).

Die Kantengewichte, die die Zeiteinheiten für die Bearbeitung einer Straße darstellen, werden aus empirischen Daten gewonnen oder mithilfe der Länge und Befahrbarkeit der Straße abgeschätzt.

Haben alle Knoten einen geraden Grad, so finden wir eine Eulertour. Da in unserer Stadt auch Knoten mit ungeradem Grad vorkommen, müssen wir diese erst in einer separaten Abbildung untersuchen und minimale Matchings erstellen. Dazu heben wir die Knoten mit ungeradem Grad hervor (vgl. Abbildung 6.8).

Beide Matchings sind perfekt, denn alle vier Knoten besitzen Grad 1. Mit den Gewichten aus Abbildung 6.6 erhalten wir für das Matching aus Abbildung 6.8 a die Summe der Kantengewichte 8+7+8+12=35, während das Matching aus Abbildung 6.8 b eine Kantengewichtssumme von 2+6+8+13=29 besitzt. Es gibt noch viele weitere Matchings, doch das in Abbildung 6.8 b gezeigte ist das minimale Matching. Daher werden die Kanten dieses Matchings in den ursprünglichen

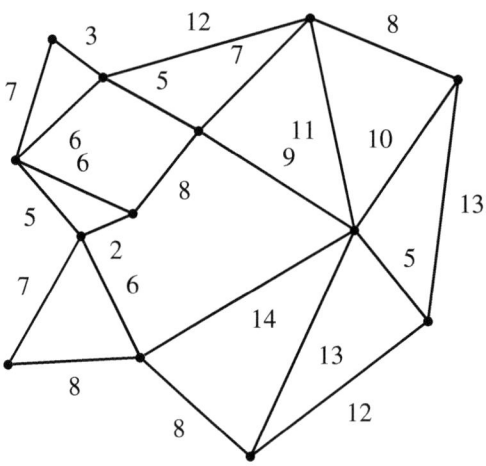

Abbildung 6.7: Reduzierter Graph

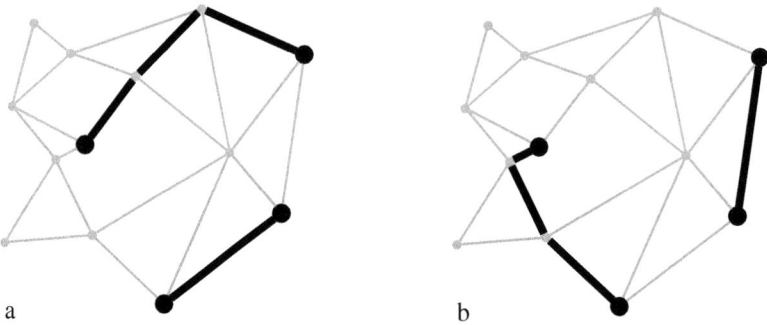

Abbildung 6.8: Zwei mögliche Matchings

Graphen eingefügt (vgl. Abbildung 6.9 oben). Zusätzlich werden auch die Sackgassen wieder aufgenommen und als doppelte Kanten integriert (vgl. Abbildung 6.9 unten).

Nun sind alle Knotengrade gerade, und wir können sowohl den Zwiebelschalen-Algorithmus als auch Fleurys Algorithmus nutzen, um eine Eulertour zu bestimmen. Wir verwenden den Zwiebelschalenalgorithmus und erhalten vier unabhängige Kreise (vgl. Abbildung 6.10).

Eine optimale Route ist dann dadurch gegeben, dass das Müllfahrzeug diese vier Kreise nacheinander abarbeitet, wobei er die gemeinsamen Knoten verschiedener Kreise zum Wechseln von einem Kreis auf den nächsten nutzt.

6 Optimale Routenplanung bei der Müllabfuhr 57

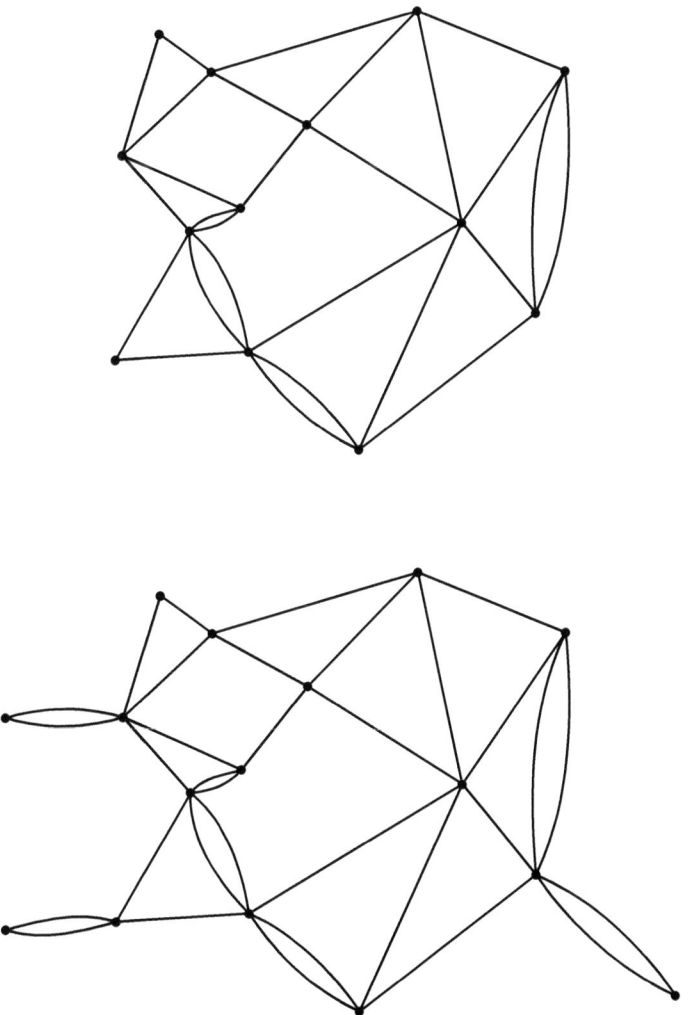

Abbildung 6.9: Graph mit geraden Knotengraden (unten inklusive Sackgassen)

6.7 Zusammenfassung

In diesem Kapitel wird die Frage untersucht, wie die Rundtour eines Müllautos hinsichtlich Fahrzeit oder Weglänge minimiert werden kann.

Hierzu betrachten wir den Bereich, den das Müllfahrzeug abdecken soll, auf einem Stadtplan und heben das Straßennetz hervor. Dieses wird dann durch einen Graphen mit Knoten (Kreuzungen) und Kanten (Straßen und Wege) in abstrakter Form dargestellt.

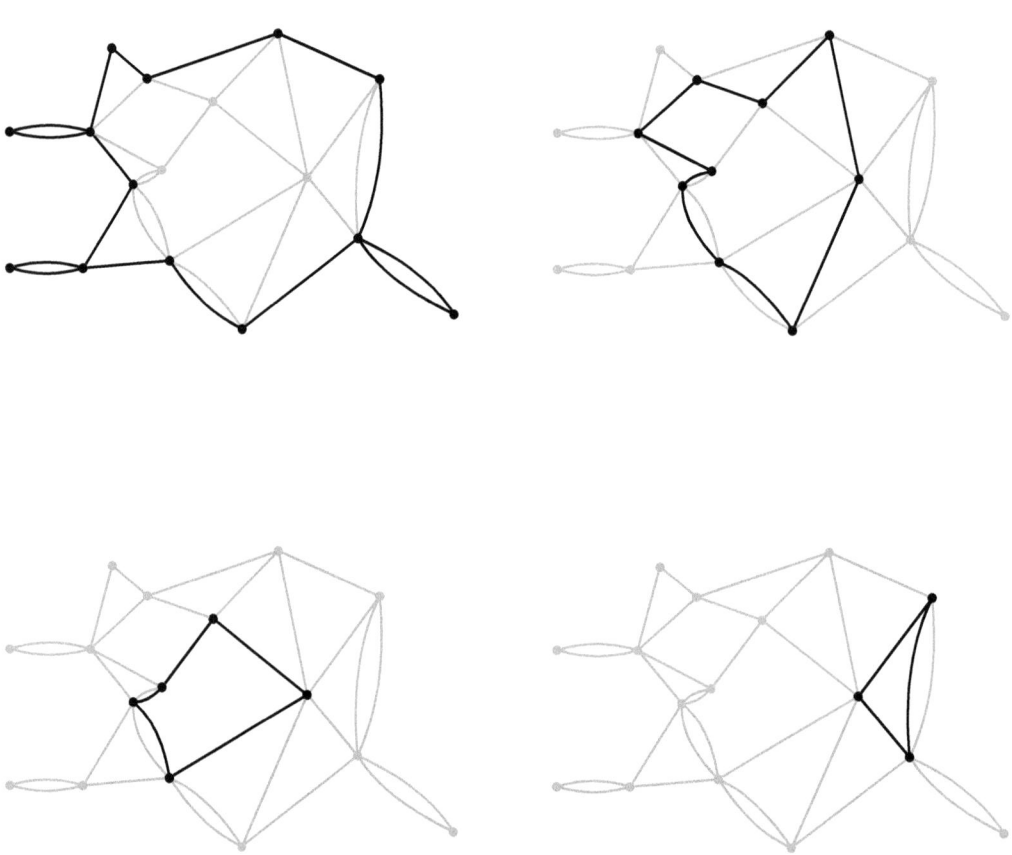

Abbildung 6.10: Zerlegung des Graphen in vier unabhängige Kreise

Indem durch Einführung zusätzlicher Kanten beliebige Graphen in Eulergraphen verwandelt werden, ergibt sich ein Verfahren, mit dem für jeden Graphen mindestens eine minimale Rundtour bestimmt werden kann.

Die Lösung des Problems kann außer auf Mülltouren auch auf andere Bereiche ausgedehnt werden. Eine weitere Anwendung ist die Optimierung der Weglänge für Postboten. Auch Speditionen sind an der Minimierung von Fahrtwegen interessiert. In Museen kommt es nicht auf die Geschwindigkeit an, doch auch hier ist es praktisch, einen Rundweg zu bestimmen, auf dem alle Bilder oder Exponate einmal betrachtet werden können. So ergibt sich ein breites Anwendungsspektrum für die oben betrachtete Fragestellung.

Bewertungs- und Zielfunktionen

Eine Gemeinsamkeit der in den beiden folgenden Kapiteln behandelten, aus ganz verschiedenen Gegenstandsbereichen stammenden Fragestellungen liegt darin, dass komplexe Gegebenheiten bewertet werden sollen. Im einen Fall geht es um die Güte von Vlies-Stoffen bzw. der durch physikalische Messungen gewonnenen Bilder von ihnen, im anderen um die Eignung von Hubschrauberstandorten für den Zweck, Unfallopfern möglichst schnelle Hilfe zu gewähren.

Die eigentliche mathematische Modellbildung besteht hier darin, eine adäquate mathematische Funktion zu entwickeln, die die vorgefundenen oder potentiellen Gegebenheiten bewertet, um sie entweder – wie bei den Vlies-Stoffen in Kapitel 7 – in bessere und schlechtere zu unterscheiden, oder um – wie bei den Rettungshubschraubern in Kapitel 8 – die bestmögliche Wahl auf mathematischem Wege ermitteln zu können.

7 Qualitätsprüfung nicht gewebter Vliesstoffe

7.1 Einführung

7.1.1 Allgemeine Informationen

Für eine Vielzahl industrieller Erzeugnisse, von Möbelpolstern bis zu Babywindeln, verwendet man synthetisch erzeugte Stoffe. Dabei werden hauptsächlich nichtgewebte Stoffe und thermisch erzeugte Verklumpungen von Plastik-Fasern benutzt, die *Vliese* genannt werden. Zur Herstellung von nichtgewebten Vliesen benutzt man Polymere und Pigmente (z. B. Farben), die man vor der Verarbeitung gut durchmischt. Im Extruder werden die Kunststoffe geschmolzen und im flüssigen Zustand noch einmal vermischt. Der flüssige Kunststoff wird durch Düsen gepresst und bildet so lange Fasern, die auf dem Fliesband abkühlen, dabei miteinander verkleben und so ein Vlies bilden. Die visuellen und mechanischen Eigenschaften dieser Vliese hängen von der Gleichmäßigkeit der Fasern in Bezug auf die lokale Faser-Dichte und die Gleichmäßigkeit in Bezug auf die Faser-Richtungen ab.

Wenn es in den Vliesen Bereiche von unterschiedlicher Dichte gibt, dann sehen diese wie dunkle oder helle Wölkchen aus; der Defekt durch ungleichförmige Faserdichte wird deswegen *Bewölkung* genannt. Wenn viele parallele Fasern zusammenkleben, zeigt der Stoff anisotrope (ungleichförmige) Eigenschaften, die *Schiffe* genannt werden. Wolken und Schiffe reduzieren die Qualität eines nicht gewebten Stoffes. Die herkömmliche Qualitätskontrolle von Vliesen erfolgte bisher durch visuelle Überprüfung seitens erfahrener Fachleute, die die Vliese während der Produktion begutachten und sie in verschiedene Qualitätsstufen einordnen.

Aufgrund weiterer Produktionssteigerungen und neuer gesetzlicher Auflagen soll die Qualitätssicherung bei der Vliesproduktion vollständig automatisiert werden. In der Fabrik werden schon während der Produktion ca. 1 m breite Vlies-Stücke mit einem Laser durchleuchtet. Aus den daraus resultierenden Graustufenbildern soll die Vlies-Qualität vollautomatisch und noch während der Produktion beurteilt werden, um die Fertigungstechnik automatisch zu verändern oder die ganze Produktion sofort zu stoppen, falls es zu einer Qualitätsverschlechterung kommt.

Um automatisch ein Urteil fällen zu können, benötigt man ein Maß für die Ungleichförmigkeit bzw. für die Abweichung von der gewünschten Dicke des Vlieses. Die Herausforderung besteht in der Entwicklung eines mathematischen Modells, das die Qualität aufgrund der Vlies-Abbildungen genauso einschätzt, dass das Ergebnis dem Urteil von erfahrenen Fachleuten entspricht.[14]

7.1.2 Die Fragestellung

Am Ende eines Produktionsprozesses wird ein Stück des Vlies-Stoffes von einem Laser durchleuchtet, wobei ein Sensor auf der anderen Seite punktweise die Lichtstärke und damit die Durchlässigkeit des Stoffes misst. Der Durchmesser eines jeden Punktes (Pixel genannt) entspricht hierbei der Dicke des Laserstrahls.

Die einzelnen zu bewertenden, rechteckigen Abschnitte heißen *Bilder* und bestehen aus

$$N = N_1 \cdot N_2$$

Pixeln, wobei N_1 die Anzahl der Pixel in die eine Richtung und N_2 die Anzahl der Pixel in die andere Richtung des Bildes wiedergibt. In der Regel wird eine Bildgröße von ungefähr $N = 5000$ Pixeln gewählt. Zu jedem Pixel gehört einer von 256 möglichen Grauwerten entsprechend seiner Helligkeit am Sensor.

Wir bezeichnen für $i = 1, \ldots, N_1$, $j = 1, \ldots, N_2$ mit

$$\mu_{ij} \geq 0$$

den Grauwert des Punktes (i, j) in dem betrachteten Bild. Ein Bild ist also durch die aus diesen Werten bestehende $N_1 \times N_2$-Matrix $\mathbf{M} = (\mu_{ij})$ gegeben.

Damit zwei Bilder dieser Art miteinander verglichen werden können, muss der potentielle Wertebereich der μ_{ij}, der die Grauwerte definiert, derselbe sein. Üblich sind ganzzahlige Werte zwischen 0 (schwarz) und 255 (weiß) oder auch kontinuierliche Werte zwischen 0 (schwarz) und 1 (weiß). Wir wollen uns hier nicht auf die eine oder andere Skala festlegen, nur sollte in Erinnerung behalten werden, dass man sich beim Vergleich von Bildern auf eine Skala festlegen muss.

Vorgegeben sei ein *Referenzwert* $m > 0$, der die Dicke des idealen Vlies-Stoffes repräsentiert. Das dazu gehörige *ideale Bild* wäre also

$$\bar{\mathbf{M}} = (\bar{\mu}_{ij}) \text{ mit } \bar{\mu}_{ij} = m \text{ für } i = 1, \ldots, N_1, j = 1, \ldots, N_2 .$$

Gesucht ist also ein möglichst geeignetes Maß

$$F = F(\mathbf{M}, m)$$

für die Abweichung des Bildes M vom idealen Bild $\bar{\mathbf{M}}$.

---

[14] Auf das hier behandelte Problem wurden wir durch [Neu00, S. 27 ff.] aufmerksam, dem wir auch etliche Anregungen zu seiner Behandlung verdanken. Die Schwerpunktsetzung bei der Auswahl der vielfältigen Ansätze weicht aber von [Neu00] erheblich ab.

7 Qualitätsprüfung nicht gewebter Vliesstoffe

Wenn es dabei, wie in [Neu00] unterstellt, nur um die Gleichförmigkeit des Vlies-Stoffes gehen, seine absolute Dicke dagegen keine Rolle spielen soll, wäre bei gegebenem M

$$m := \frac{1}{N} \sum_{i,j} \mu_{ij}$$

zu wählen, und

$$f(\mathrm{M}) = F\left(\mathrm{M}, \frac{1}{N} \sum_{i,j} \mu_{ij}\right)$$

wäre ein Maß für die Güte des Vliesstoffes.

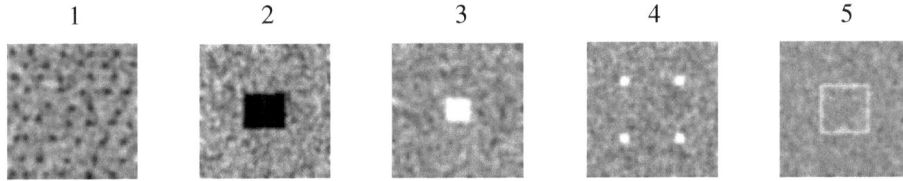

Abbildung 7.1: Beispiele für Vlies-Bilder

Die Problematik der hier betrachteten Fragestellung wird in den konstruierten Beispielbildern der Abbildung 7.1 deutlich: Es kommt hier nicht allein auf die Menge der auftretenden Abstände $|\mu_{ij} - m|$ an, sondern auch darauf, *wo* sie auftreten: Starke Klumpungen von Abweichungen nach oben oder unten wie in den Vliesbildern 2 oder 3 der Abbildung 7.1 gelten als kritischer als das verteilte Auftreten derselben Abweichungen wie in den Vliesbildern 1 oder 4 der Abbildung 7.1 (schwierig einzuschätzen ist Bild 5 der Abbildung 7.1).

Es soll im Folgenden zunächst deutlich gemacht werden, warum die gängigen Abstandsmaße für den hier verfolgten Zweck nicht taugen, bevor wir dann versuchen, geeignetere Abstandsmaße $F(\mu, m)$ zu finden.

7.2 Verwendung konventioneller Abstandsmaße

Die hier betrachteten Matrizen M lassen sich als N-dimensionale Vektoren, also Elemente des $\mathbb{R}^N$ auffassen. Es liegt daher nahe, die dort eingeführten Abstandsbegriffe zu verwenden, also irgendeine *Norm* in $\mathbb{R}^N$ zu benutzen. Hieraus resultieren die folgenden Ansätze für das gesuchte Gütemaß F:

$$F_\infty(\mathrm{M}, m) := \|\mathrm{M} - \bar{\mathrm{M}}\|_\infty = \max_{i,j} |\mu_{ij} - m|$$

bzw.

$$F_p(\mathrm{M}, m) := \|\mathrm{M} - \bar{\mathrm{M}}\|_p = \left(\sum_{i,j} |\mu_{ij} - m|^p\right)^{\frac{1}{p}} \quad (1 \leq p < \infty),$$

wobei insbesondere

$$F_1(\mathrm{M},m) := \sum_{i,j} |\mu_{ij} - m|$$

und

$$F_2(\mathrm{M},m) := \sqrt{\sum_{i,j} |\mu_{ij} - m|^2}$$

gebräuchlich sind.

7.2.1 Ein Test

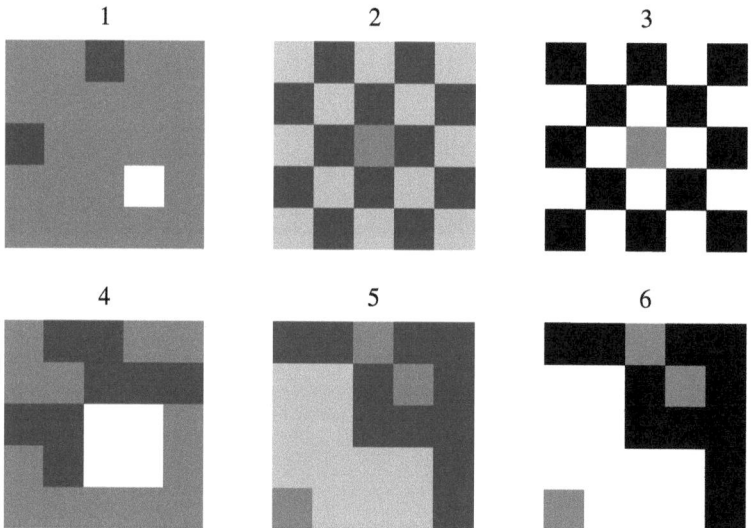

Abbildung 7.2: Sechs Test-Bilder

Abbildung 7.2 enthält sechs Abbildungen mit den fünf Grauwerten schwarz (0), dunkelgrau (1), mittelgrau (2), hellgrau (3) und weiß (4). Die zugehörigen Matrizen

$$\mathrm{M}_1 = \begin{pmatrix} 2 & 2 & 1 & 2 & 2 \\ 2 & 2 & 2 & 2 & 2 \\ 1 & 2 & 2 & 2 & 2 \\ 2 & 2 & 2 & 4 & 2 \\ 2 & 2 & 2 & 2 & 2 \end{pmatrix} \quad \mathrm{M}_2 = \begin{pmatrix} 3 & 1 & 3 & 1 & 3 \\ 1 & 3 & 1 & 3 & 1 \\ 3 & 1 & 2 & 1 & 3 \\ 1 & 3 & 1 & 3 & 1 \\ 3 & 1 & 3 & 1 & 3 \end{pmatrix} \quad \mathrm{M}_3 = \begin{pmatrix} 0 & 4 & 0 & 4 & 0 \\ 4 & 0 & 4 & 0 & 4 \\ 0 & 4 & 2 & 4 & 0 \\ 4 & 0 & 4 & 0 & 4 \\ 0 & 4 & 0 & 4 & 0 \end{pmatrix}$$

7 Qualitätsprüfung nicht gewebter Vliesstoffe

$$M_4 = \begin{pmatrix} 2 & 1 & 1 & 2 & 2 \\ 2 & 2 & 1 & 1 & 1 \\ 1 & 1 & 4 & 4 & 2 \\ 2 & 1 & 4 & 4 & 2 \\ 2 & 2 & 2 & 2 & 2 \end{pmatrix} \quad M_5 = \begin{pmatrix} 1 & 1 & 2 & 1 & 1 \\ 3 & 3 & 1 & 2 & 1 \\ 3 & 3 & 1 & 1 & 1 \\ 3 & 3 & 3 & 3 & 1 \\ 2 & 3 & 3 & 3 & 1 \end{pmatrix} \quad M_6 = \begin{pmatrix} 0 & 0 & 2 & 0 & 0 \\ 4 & 4 & 0 & 2 & 0 \\ 4 & 4 & 0 & 0 & 0 \\ 4 & 4 & 4 & 4 & 0 \\ 2 & 4 & 4 & 4 & 0 \end{pmatrix}$$

werden mit den Maßen F_∞, F_1 und F_2 hinsichtlich ihrer Abweichung von der idealen Dicke $m = 2$ bewertet. Die Ergebnisse sind in Tabelle 7.1 zusammengefasst.

Tabelle 7.1: Bewertung der Test-Bilder aus Abbildung 7.2

	M_1	M_2	M_3	M_4	M_5	M_6	induzierte Bewertung
F_∞	2	1	2	2	1	2	$M_2 \cong M_5 \succ M_1 \cong M_3 \cong M_4 \cong M_6$
F_1	4	24	48	16	22	44	$M_1 \succ M_4 \succ M_5 \succ M_2 \succ M_6 \succ M_3$
F_2	$\sqrt{6}$	$\sqrt{24}$	$\sqrt{96}$	$\sqrt{24}$	$\sqrt{22}$	$\sqrt{88}$	$M_1 \succ M_5 \succ M_2 \cong M_4 \succ M_6 \succ M_3$

Für den hier verfolgten Zweck kommt es nicht auf die absoluten Zahlen an, sondern darauf, welche Bilder als besser oder schlechter bewertet werden. Die von den drei Abstandsmaßen induzierten Bewertungen sind in der letzten Spalte von Tabelle 7.1 angegeben. Dabei steht $\succ$ für „besser als" und $\cong$ für „gleichwertig".

Hinsichtlich der Frage, ob die drei hier getesteten Abstandsmaße die Bilder „richtig" beurteilen, lässt sich festhalten:

1. Als völlig ungeeignet erweist sich offenbar das Maß F_∞, weil bereits ein einzelnes Pixel mit einer hohen Abweichung genügt, um ein Vlies als schlecht auszusortieren, wogegen ein Bild mit vielen, aber etwas weniger abweichenden Pixeln besser beurteilt wird. Zudem kann dieses Maß viele Bilder gar nicht mehr voneinander differenzieren, weil es allein auf die maximale Abweichung ankommt und keine Rolle spielt, was darunter passiert.

2. Dieses Problem haben die Maße F_1 und F_2 nicht. Ein Unterschied zwischen ihnen besteht darin, dass F_1 große Abweichungen geringer und kleine Abweichungen stärker „bestraft" als F_2. Das erklärt z. B. die unterschiedlichen Bewertungen von M_4 und M_5: M_4 hat stärkere Abweichungen von weniger Pixeln, M_5 dagegen schwächere Abweichungen von mehr Pixeln. Das führt hier auf die Vergleiche

$$F_1(M_4) < F_1(M_5) \text{ aber } F_2(M_4) > F_2(M_5).$$

3. Sowohl F_1 als auch F_2 hängen nur von den Zahlenwerten $|\mu_{ij} - m|$ ab, aber nicht von den Orten (i, j) ihres Auftretens. F_1 und F_2 sind invariant unter Indexpermutationen. Ob Abweichungen in ein und derselben Richtung in großen zusammenhängenden Flächen oder in unzusammenhängenden Einzelpunkten auftreten, spielt keine Rolle. Das führt hier dazu, dass das eher unproblematische Bild M_3 von beiden Maßen am schlechtesten bewertet wird und M_5 vergleichsweise sehr gut beurteilt wird, obwohl es eine zusammenhängende Fläche von 11 Pixeln enthält, die allesamt zu hell sind.

7.2.2 Warum konventionelle Abstandsmaße ungeeignet sind

Die zuletzt getroffene Feststellung 3. besagt zunächst nur, dass die drei bisher getesteten Maße F_1, F_2, F_∞ für die Beurteilung von Vlies-Stoffen ungeeignet sind und dass der Grund dafür in ihrer Invarianz gegen Indexpermutationen liegt. Diese Eigenschaft haben aber nun die üblicherweise im euklidischen Raum eingesetzten Normen generell, so auch alle anderen der oben eingeführten Maße F_p.

Allerdings ist diese Bestimmung des Grundes für die Nichteignung noch etwas unscharf. Es genügt nämlich keineswegs, diese Invarianz *irgendwie* weg zu bekommen, z. B. indem man verschiedene Gewichte $w_{ij} > 0$ und mit ihnen ein Maß

$$F_{1,w}(M,m) = \sum_{i,j} w_{ij} |\mu_{ij} - m|$$

einführt. Dieses wäre zwar nicht mehr invariant gegen Indexpermutationen, tatsächlich aber noch unsinniger als F_1. Zum einen würden völlig willkürlich Abweichungen in einzelnen Pixeln unterschiedlich gewichtet, zum anderen bliebe das eigentliche Problem bestehen: Zusammenhängende Flächen mit gleichartiger Abweichung würden von vielen Einzelpixeln nicht unterschieden.

Im Folgenden muss es daher um die Entwicklung von Abstandsmaßen gehen, die genau diese Unterscheidung treffen.

7.3 Löcher und Lochmaße

Unter einem *Loch* soll eine zusammenhängende Fläche verstanden werden, in der das Vlies zu dünn oder zu dick ist. Den letzteren Fall würde man wohl eher als Verdickung bezeichnen, da aber hier „zu dünn" oder „zu dick" qualitativ nicht unterschieden werden sollen, verwenden wir das gemeinsame Wort „Loch". Dieses Konzept ist zunächst zu präzisieren, d. h. es ist zu gegebenem Bild M und gegebenem Referenzwert m anzugeben, was ein Loch ist.

7.3.1 Der zugehörige Graph

Zu gegebenem Bild M und gegebenem Referenzwert m definieren wir den *zugehörigen Graphen* $G(E,K)$ durch die Knotenmenge

$$E = \{(i,j) : 1 \leq i \leq N_1, 1 \leq j \leq N_2, \mu_{ij} \neq m\} \tag{7.1}$$

und die Kantenmenge

$$K = \{\{(i_1,j_1),(i_2,j_2)\} : (i_1,j_1),(i_2,j_2) \in E, |i_1-i_2|+|j_1-j_2| = 1, (\mu_{i_1 j_1}-m)(\mu_{i_2 j_2}-m) > 0\}. \tag{7.2}$$

Die Knoten werden also durch diejenigen Pixel gebildet, deren Wert vom Referenzwert abweicht. Eine Kante zwischen zwei verschiedenen solcher Pixel liegt dann vor, wenn

- die Pixel als Quadrate auf dem Schachbrettmuster eine gemeinsame Grenze haben,
- die Werte der Pixel in derselben Richtung von m abweichen.

7 Qualitätsprüfung nicht gewebter Vliesstoffe 65

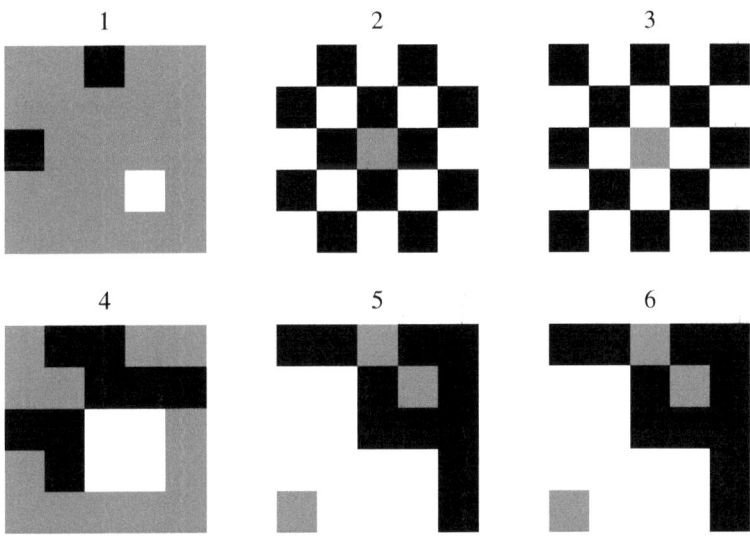

Abbildung 7.3: Darstellung der Graphen der Test-Bilder aus Abbildung 7.2

Graphen werden üblicherweise dadurch visualisiert, dass man die Knoten als Punkte und die Kanten als Verbindungslinien zwischen ihnen zeichnet. Von dieser Konvention abweichend verwenden wir hier eine andere Visualisierung, die dicht an den ursprünglichen Bildern bleibt: Wir färben alle Pixel (i,j)

- grau, wenn $\mu_{ij} = m$,
- schwarz, wenn $\mu_{ij} < m$,
- weiß, wenn $\mu_{ij} > m$.

Die Knoten des Graphen sind dann die weißen und schwarzen Pixel. Eine Kante besteht zwischen allen Pixeln mit gleicher Färbung und gemeinsamer Grenze.

In Abbildung 7.3 ist das Ergebnis für die Bilder aus Abbildung 7.2 angegeben. Es besteht in diesem Falle bloß darin, dass die dunkelgrauen in schwarze und die hellgrauen in weiße Pixel umgefärbt wurden.

7.3.2 Zusammenhang und Löcher

In einem beliebigen Graphen $G(E,K)$ heißt ein Knoten $v \in E$ von einem Knoten $u \in E$ *erreichbar*, wenn es in G einen *Weg* von u nach v gibt, das ist eine Knotenfolge $u_0, \ldots, u_n \in E$ mit

$$u_0 = u, u_n = v \text{ und } \{u_{i-1}, u_i\} \in K \text{ für alle } i = 1, \ldots, n.$$

Offenbar ist Erreichbarkeit eine Äquivalenzrelation auf E ([Aig06]). Die Äquivalenzklassen werden als die *Zusammenhangskomponenten* von G bezeichnet.

Ist $G(E,K)$ der zu einem Bild M und einem Referenzwert m gehörige Graph, so bezeichnen wir seine Zusammenhangskomponenten als *Löcher*. $L(M,m)$ sei die Menge aller zu M und m gehörigen Löcher.

Die Graphen 1, 2 und 3 aus Abbildung 7.3 besitzen offenbar überhaupt keine Kanten, die Löcher bestehen daher allesamt aus einzelnen Pixeln. Anders sieht es bei den Graphen 4, 5 und 6 aus:

- $L(M_4,2)$ enthält drei, aus 3, 4 und 5 Pixeln bestehende Löcher,
- $L(M_5,2) = L(M_6,2)$ enthält drei, aus 2, 9 und 11 Pixeln bestehende Löcher.

7.3.3 Lochmaße

Auftretende Löcher führen zu einer schlechten Beurteilung des Vlies-Stoffes. Maßgebend soll dabei dass größte auftretende Loch sein. Zu klären ist jetzt nur noch die Frage, wie die „Größe" eines Loches gemessen werden soll. Sie kann nicht einfach in der von ihm überdeckten Fläche bestehen, weil natürlich nach wie vor große Abweichungen von m schlechter zu bewerten sind als kleine. Als Maß für die Größe eines Loches greifen wir vielmehr auf die oben eingeführten Abstandsmaße F_1 und F_2 zurück und definieren daran anschließend als *Lochmaße*

$$F_{1,loch}(M,m) := \max_{\ell \in L(M,m)} \sum_{(i,j) \in \ell} |\mu_{ij} - m| \qquad (7.3)$$

und

$$F_{2,loch}(M,m) := \max_{\ell \in L(M,m)} \sqrt{\sum_{(i,j) \in \ell} |\mu_{ij} - m|^2}. \qquad (7.4)$$

Tabelle 7.2: Bewertung der Test-Bilder aus Abbildung 7.2

	M_1	M_2	M_3	M_4	M_5	M_6	induzierte Bewertung
$F_{1,loch}$	2	1	2	8	11	22	$M_2 \succ M_1 \cong M_3 \succ M_4 \succ M_5 \succ M_6$
$F_{2,loch}$	2	1	2	4	$\sqrt{11}$	$\sqrt{44}$	$M_2 \succ M_1 \cong M_3 \cong M_5 \succ M_4 \succ M_6$

In Tabelle 7.2 sind die Bewertungen der Testbilder aus Abbildung 7.2 durch diese beiden Maße angegeben. Einige von deren Eigenschaften werden dadurch deutlich:

1. Die gleichwertige Beurteilung von M_1 und M_3 verweist darauf, dass die Lochmaße eine Vielzahl kleinflächiger Abweichungen nicht schlechter beurteilen als eine einzige. Sie gelten als unproblematisch.

2. Beide Lochmaße bewerten M_6 am schlechtesten und unterscheiden sich darin von F_1 und F_2 (vgl. Tabelle 7.1). Der Grund liegt in dem in M_6 enthaltenen großflächigen und tiefen Loch.

7 Qualitätsprüfung nicht gewebter Vliesstoffe 67

3. Der Vergleich von M_4 und M_5 fällt bei den beiden Lochmaßen verschieden aus. $F_{1,loch}$ bewertet das tiefere, aber eine kleinere Fläche überdeckende Loch in M_4 weniger kritisch als das flachere, aber eine größere Fläche überdeckende Loch in M_5. Bei $F_{2,loch}$ ist es umgekehrt, weil hier doppelt so tiefe Abweichungen von m mit dem Faktor 4 – und nicht wie bei $F_{1,loch}$ nur mit dem Faktor 2 – zu Buche schlagen.

7.3.4 Zur Berechnung der Lochmaße

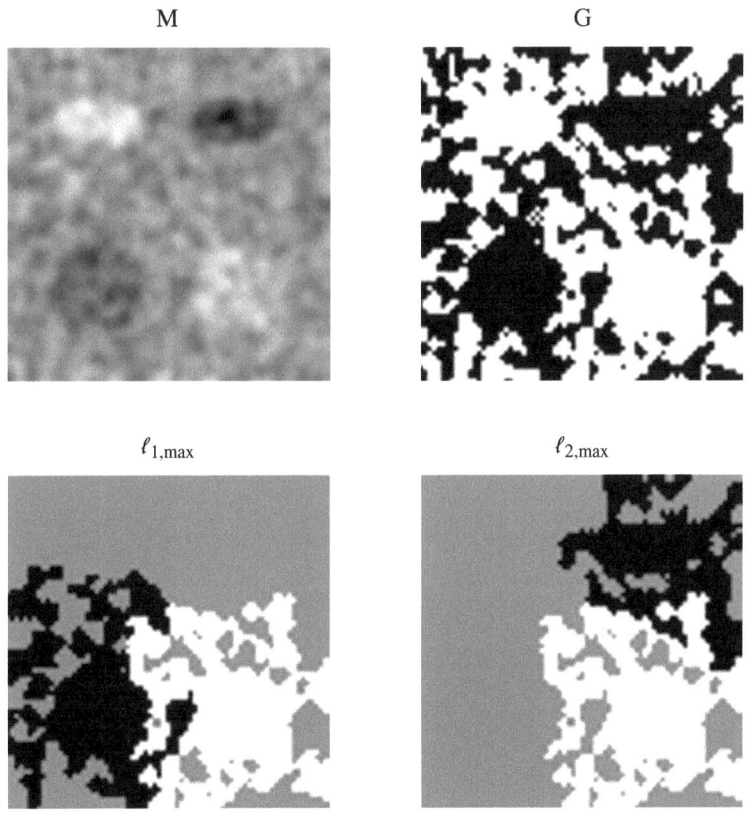

Abbildung 7.4: Beispiel zur Berechnung der Lochmaße

In Abbildung 7.4 ist noch einmal an einem komplexeren Beispiel die Berechnung der Lochmaße visualisiert. Bei dem Bild M (links oben) handelt es sich um eine 72×72-Matrix mit kontinuierlichen Grauwerten zwischen 0 (schwarz) und 1 (weiß). Der Referenzwert $m = 0.5$ wird an keiner Stelle exakt angenommen. Der zugehörige Graph G (rechts oben) enthält daher sämtliche 5184 Pixel als Knoten.

Der erste Schritt besteht nun in der Zerlegung der Knotenmenge in die Zusammenhangskomponenten. Für alle Komponenten werden dann ihr Maße entsprechend (7.3) bzw. (7.4) berechnet und das größte davon bestimmt. Im unteren Teil von Abbildung 7.4 sind für beide Lochmaße die Komponenten mit der größten Abweichung nach unten (schwarz) und oben (weiß) hervorgehoben. Für die beiden Lochmaße können die Ergebnisse verschieden sein.

Die eigentliche Schwierigkeit und der größte Rechenaufwand bei der Berechnung der Lochmaße steckt in der Zerlegung der Knotenmenge in die Zusammenhangskomponenten. Es kann hier durchaus lohnend sein, den Programmieraufwand zu erhöhen, um damit Rechenzeit einzusparen. Effektive Algorithmen zur Bestimmung der Zusammenhangskomponenten in beliebigen Graphen findet man beispielsweise in [Sed92, S. 498]. Darüberhinaus kann es sinnvoll sein, die spezielle Struktur der hier vorliegenden Graphen auszunutzen, deren Knoten auf einem rechteckigen Gitter in Zeilen und Spalten angeordnet sind und deren Kanten nur innerhalb derselben Zeile zwischen benachbarten Spalten oder innerhalb derselben Spalte zwischen benachbarten Zeilen liegen können. Wir führen diesen Ansatz hier nicht weiter aus.

7.3.5 Lochmaße mit Toleranz

Tests mit zufällig erzeugten Bildern ergeben sehr häufig einzelne, sehr große Zusammenhangskomponenten, die sich in „Fäden" über das ganze Bild erstrecken können. Andeutungsweise ist das in Abbildung 7.4 zu erkennen. Damit können sich für die Lochmaße selbst dann große Werte ergeben, wenn eigentlich gar kein großes Loch zu erkennen ist. Der Grund liegt darin, dass alle Pixel vom Referenzwert m abweichen, und dass die geringste Abweichung genügt, Zusammenhangskomponenten zu kreieren, auch wenn sie an sich völlig unkritisch ist. Diese Beobachtung legt nahe, Abweichungen vom Referenzwert nur dann zu berücksichtigen, wenn sie eine gewisse Toleranz ε überschreiten.

Das führt auf die folgende Variante der eben definierten Lochmaße: Zu gegebenem Bild M und Referenzwert m und zu einer vorgegebenen *Toleranz* $\varepsilon \geq 0$ definieren wir die Knotenmenge E des zugehörigen Graphen abweichend von (7.1) durch

$$E = \{(i,j) : 1 \leq i \leq N_1, 1 \leq j \leq N_2, |\mu_{ij} - m| > \varepsilon\}, \qquad (7.5)$$

und gehen ansonsten genauso vor wie in (7.2), (7.3), (7.4). Das Ergebnis bezeichnen wir mit

$$F_{1,loch}(M, m, \varepsilon) \text{ bzw. } F_{2,loch}(M, m, \varepsilon).$$

Offenbar ist

$$F_{1,loch}(M, m) = F_{1,loch}(M, m, 0) \text{ und } F_{2,loch}(M, m) = F_{2,loch}(M, m, 0).$$

In Abbildung 7.5 wird dasselbe Bild wie in 7.4 verarbeitet, hier allerdings mit einer Toleranz $\varepsilon = 0.1$. Das Resultat ist ein veränderter Graph G im Bild oben rechts, zu dem die dort grau gefärbten Pixel nun nicht mehr gehören, da für sie $|\mu_{ij} - m| \leq \varepsilon$ gilt. Die Zusammenhangskomponenten sind hier weniger zerklüftet als in Abbildung 7.4, und diejenigen mit maximaler Abweichung liegen jetzt teilweise an anderer Stelle.

7 Qualitätsprüfung nicht gewebter Vliesstoffe

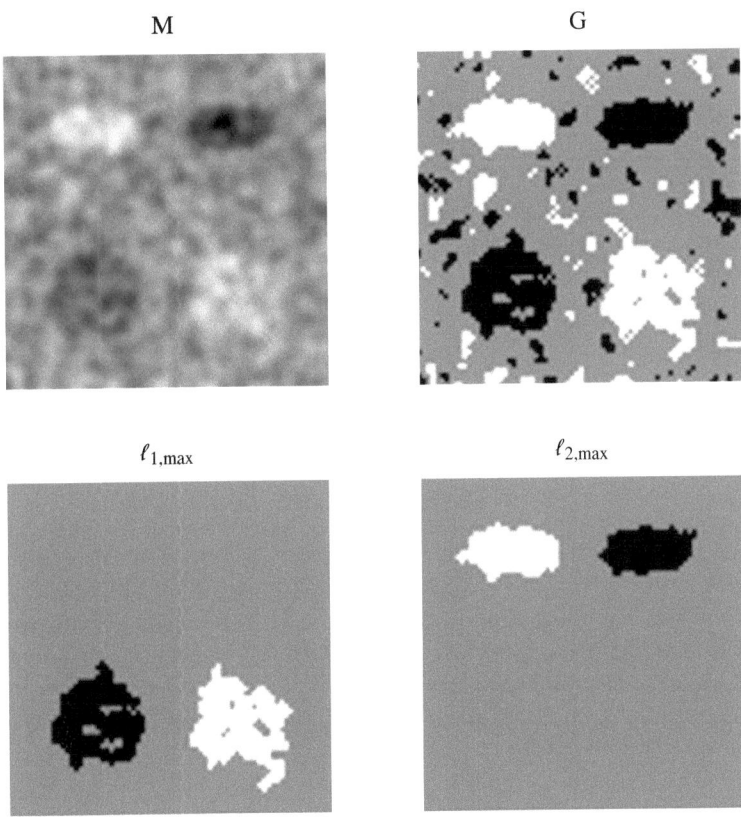

Abbildung 7.5: Beispiel zur Berechnung der Lochmaße mit Toleranz

7.4 Weitere Maße zur Beurteilung von Vliesen

In [Neu00] wird das hier mit $F_{1,loch}$ bezeichnete Lochmaß eingeführt, aber nicht weiter untersucht, sondern sogleich in zwei Schritten „vereinfacht", was zu den folgenden Varianten der hier definierten Lochmaße führt[15]:

7.4.1 Größte Variation auf zusammenhängenden Teilmengen

Anstelle von Löchern werden alle zusammenhängenden Teilmengen in dem großen, zusammenhängenden Graphen $G(E,K)$ mit der Knotenmenge

$$E = \{(i,j) : 1 \leq i \leq N_1, 1 \leq j \leq N_2\}$$

---

[15]Weitere, von den bisherigen Überlegungen komplett abweichende Konzepte zur Beurteilung der Vliesqualität finden sich ebenfalls in [Neu00].

und der Kantenmenge

$$K = \{\{(i_1,j_1),(i_2,j_2)\} : (i_1,j_1),(i_2,j_2) \in E, |i_1-i_2|+|j_1-j_2| = 1\},$$

der von M und m nicht abhängt, betrachtet: Alle Pixel sind hier Knoten, und zwischen je zwei verschiedenen Pixeln mit gemeinsamer Grenze gibt es eine Kante. Eine Teilmenge $\Omega \subseteq E$ heißt *zusammenhängend* (zush), wenn jeder Knoten $v \in \Omega$ von jedem Knoten $u \in \Omega$ durch einen ganz in Ω verlaufenden Weg erreichbar ist. Damit wird nun das *Maß der größten Variation auf zusammenhängenden Pixelmengen*

$$F_{zush}(M,m) := \max_{\Omega \subseteq E \text{ zush}} \left| \sum_{(i,j) \in \Omega} (\mu_{ij} - m) \right|$$

definiert. Da jedes Loch eine zusammenhängende Teilmenge auch in dem größeren Graphen ist, wird hier über eine größere Menge von Pixelmengen maximiert als in $F_{1,loch}$. Daher ist

$$F_{1,loch}(M,m) \leq F_{zush}(M,m)$$

für alle Bilder M und alle Referenzwerte m. F_{zush} liefert insbesondere dann größere Werte als $F_{1,loch}$, wenn M zwei Löcher enthält, die in gleicher Richtung von m abweichen und nur durch ein dünnes Band von Pixeln mit Abweichung in der anderen Richtung getrennt sind. In der Tat wären solche Konstellationen kritisch und würden durch F_{zsh} besser erfasst als durch $F_{1,loch}$.

Allerdings hat F_{zush} einen schwerwiegenden Nachteil, und zwar den zu seiner Berechnung erforderlichen Aufwand: es müssten alle zusammenhängenden Pixelmengen zunächst bestimmt und dann noch ausgewertet werden.

7.4.2 Größte Variation auf Rechtecken

Wegen dieses Aufwands schlägt [Neu00] vor, sich auf rechteckige Mengen Ω zu beschränken. Das führt auf das *Maß der größten Variation auf Rechtecken*

$$F_{rec}(M,m) := \max_{i_0,i_1,j_0,j_1} \left| \sum_{i=i_0}^{i_1} \sum_{j=j_0}^{j_1} (\mu_{ij} - m) \right|.$$

Da Rechtecke zusammenhängend sind, gilt

$$F_{rec}(M,m) \leq F_{zush}(M,m)$$

für alle Bilder M und alle Referenzwerte m. Dieses Maß hat den Nachteil, dass es diagonal liegende, schmale Löcher nicht erfassen kann. Zudem ist der Rechenaufwand immer noch erheblich.

7.5 Zusammenfassung

Die Qualität eines Vlieses wurde bisher durch visuelle Begutachtung eingeordnet. Um die Beurteilung der Qualität eines Vlieses zu automatisieren, werden die Vliese schon während der Produktion mit einem Laser durchleuchtet, so dass ein Graustufenbild erzeugt wird. Jedem Bild

7 Qualitätsprüfung nicht gewebter Vliesstoffe 71

wird eine sogenannte Graustufenmatrix mit skalierten Werten zugeordnet. Das ideale Bild entspricht der Matrix, für die alle Einträge gleich einem vorgegebenen Referenzwert sind.

Als Maß für die Qualität eines Stoffes wird der Abstand der Grauwertmatrix von der idealen Matrix definiert. In diesem Kapitel werden verschiedene Abstandsmaße verglichen. Dabei ergibt sich, dass konventionelle Abstandsmaße (Normen) sich nicht eignen, weil sie invariant unter Indexpermutationen sind. Als besser geeignet erscheinen Lochmaße, mit denen zusammenhängende gleichartige Abweichungen vom Idealwert bestimmt und bewertet werden. Auf verschiedene Varianten dieser Lochmaße wird hingewiesen.

Die mathematischen Überlegungen in diesem Kapitel können nur Hinweise geben, welche Ansätze schlechter oder besser geeignet sein können als andere. Für eine definitive Entscheidung für das eine oder andere Beurteilungskriterium werden aber empirische Untersuchungen an wirklichen Vliesen erforderlich sein, die den Rahmen des vorliegenden Buches sprengen würden.

8 Optimale Stationierung von Rettungshubschraubern

8.1 Einführung

8.1.1 Versorgung von Skiunfällen in Südtirol

Zur Versorgung der Opfer von Skiunfällen in Südtirol (Provincia autonoma Bolzano – Alto Adige) stehen der Rettungsorganisation „Weißes Kreuz" drei Rettungshubschrauber zur Verfügung. Wo sollten diese Hubschrauber stationiert werden, um eine optimale Versorgung der Unfallopfer zu gewährleisten?

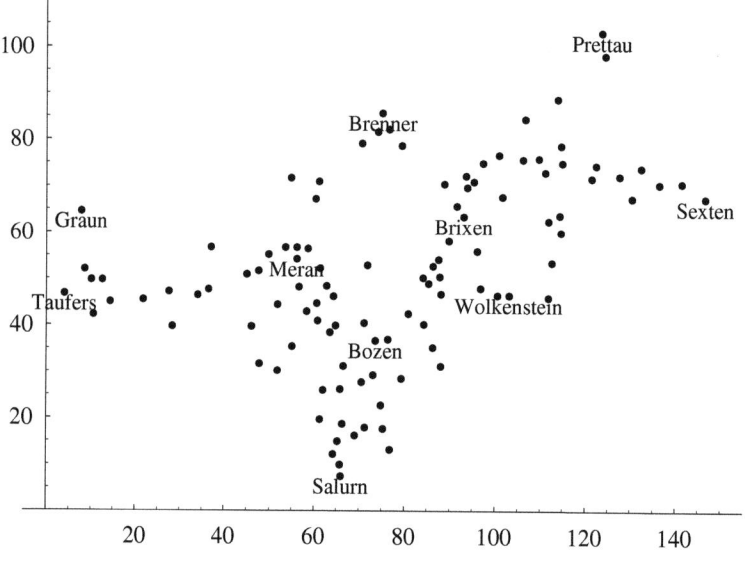

Abbildung 8.1: Skigebiete in Südtirol

Die 109 Skigebiete Südtirols liegen in einem Gebiet mit einer Ausdehnung von etwa 150 km in Ost-West- und etwa 100 km in Nord-Süd-Richtung. Ihre Verteilung ist in Abbildung 8.1 dargestellt. In den Tabellen 8.1 und 8.2 sind die Hauptorte der Skigebiete als Punkte in einem kartesischen Koordinatensystem angegeben, außerdem für eine Referenzsaison die Anzahlen von Unfällen[16], die den Einsatz eines Rettungshubschraubers erforderlich machten. Ein Hubschrauber fliegt mit einer Geschwindigkeit von etwa 200 km/h, für einen Überflug über das gesamte Gebiet in Ost-West-Richtung würde er also etwa 45 Minuten benötigen. Es ist klar, dass von der Stationierung des nächstgelegenen Rettungshubschraubers entscheidend abhängt, wie lange das Opfer eines Skiunfalls bis zu seinem Eintreffen auf die Erstversorgung warten muss.

---

[16]Die Unfallhäufigkeiten haben wir im Jahr 2001 dem Internet entnommen. Die Quelle ist inzwischen nicht mehr zugänglich. Die Daten sollten daher nicht allzu wörtlich genommen, sondern als typischer Ausgangspunkt für den nachfolgenden Modellierungsprozess gesehen werden.

8 Optimale Stationierung von Rettungshubschraubern

Tabelle 8.1: Skigebiete in Südtirol, Lage und Unfallhäufigkeit, Teil 1

	Orte	x	y	w		Orte	x	y	w
1	Abtei	112,50	53,50	53	2	Ahrntal	124,25	98,25	26
3	Aldein	74,75	22,75	12	4	Algund	53,50	56,75	3
5	Altrei	76,75	13,25	4	6	Andrian	63,50	38,50	2
7	Auer	61,25	19,75	15	8	Barbian	84,00	50,25	8
9	Bozen	73,50	36,75	96	10	Branzoll	62,00	26,00	4
11	Brenner	75,00	85,75	10	12	Brixen	93,00	63,50	81
13	Bruneck	114,75	75,00	78	14	Corvara	111,75	46,00	62
15	Deutschnofen	79,25	28,50	53	16	Enneberg	114,25	63,75	19
17	Eppan	66,50	31,25	7	18	Feldthurns	89,75	58,25	8
19	Franzensfeste	88,75	70,50	3	20	Freienfeld	79,25	78,75	4
21	Gais	114,50	78,75	2	22	Gargazon	60,50	44,75	5
23	Glurns	10,00	49,75	2	24	Graun	7,75	64,50	19
25	Gsies	132,25	74,00	5	26	Hafling	61,25	52,25	21
27	Innichen	141,25	70,75	13	28	Jenesien	71,00	40,50	20
29	Kaltern	65,75	26,25	30	30	Karneid	76,25	37,00	12
31	Kastelbell	36,50	47,75	3	32	Kastelruth	88,00	46,75	76
33	Kiens	106,00	75,75	5	34	Klausen	87,50	54,25	22
35	Kurtatsch	65,25	15,00	4	36	Kurtinig	65,75	10,00	1
37	Laas	21,75	45,50	1	38	Lajen	87,75	50,50	11
39	Lana	56,50	48,25	4	40	Latsch	34,00	46,50	8
41	Laurein	51,75	30,25	1	42	Leifers	73,00	29,25	5
43	Lüsen	101,50	67,75	11	44	Mals	8,50	52,00	20
45	Margreid	64,25	12,25	7	46	Martell	28,25	39,75	7
47	Meran	56,00	54,25	32	48	Mölten	64,25	46,25	14
49	Montan	71,25	18,00	4	50	Moos	54,75	71,75	15
51	Mühlbach	93,50	72,25	51	52	Mühlwald	106,50	84,50	3
53	Nals	60,75	41,00	5	54	Naturns	45,00	51,00	9

Für diese Frage nach den besten Standorten für die Rettungshubschrauber sollen im Folgenden mathematische Modelle in Form von Optimierungsaufgaben entwickelt und diese nach Möglichkeit gelöst werden. Bei der Modellierung ist vor allem zu klären, was genau „optimal" heißen soll. Das ist nämlich keineswegs klar, weil die Annäherung eines Hubschrauberstandorts an das eine Skigebiet eine Entfernung von dem anderen bedeuten kann.

8.1.2 Ähnliche Fragestellungen: Standortoptimierung

Abstrahiert man in der oben formulierten Problemstellung von der konkreten Anwendung auf Skigebiete und Rettungshubschrauber, so geht es offenbar darum, für eine größere Anzahl festgelegter Orte eine kleinere Zahl von Versorgungseinheiten so zu platzieren, dass der Abstand von den Orten zu den Versorgungseinheiten möglichst gering ist. Beispiele hierfür sind

- die Versorgung der Einwohner einer Stadt oder eines Landkreises mit Postfilialen,
- die Verteilung von Polizeiwachen in einer Stadt,
- die Platzierung von Unfallkrankenhäusern.

Tabelle 8.2: Skigebiete in Südtirol, Lage und Unfallhäufigkeit, Teil 2

	Orte	x	y	w		Orte	x	y	w
55	Natz-Schabs	93,75	69,75	1	56	Neumarkt	69,00	16,25	38
57	Olang	121,25	71,75	10	58	Partschins	49,75	55,25	8
59	Pfalzen	109,50	76,00	2	60	Pfatten	70,50	27,75	2
61	Pfitsch	76,50	82,25	7	62	Plaus	47,50	51,75	1
63	Prad	14,25	45,00	1	64	Prags	130,25	67,50	8
65	Prettau	123,50	103,25	7	66	Proveis	47,75	31,75	3
67	R.-Antholz	122,25	74,50	10	68	Ratschings	70,50	79,25	38
69	Ritten	80,75	42,50	69	70	Rodeneck	95,25	71,00	7
71	Salurn	66,00	7,50	12	72	Sand	113,75	88,75	29
73	Sarntal	71,75	53,00	42	74	Schenna	58,50	56,50	14
75	Schlanders	27,50	47,25	21	76	Schluderns	12,50	49,75	1
77	Schnals	37,00	56,75	40	78	Sexten	146,50	67,50	20
79	St. Christina	100,50	46,50	50	80	St. Leonhard	61,00	71,00	16
81	St. Lorenzen	111,00	73,00	1	82	St. Martin i. P.	60,25	67,25	19
83	St. Martin i. T.	111,75	62,50	12	84	St. Pankraz	51,75	44,50	13
85	St. Ulrich	96,75	48,00	31	86	Sterzing	74,00	81,75	27
87	Stilfs	10,50	42,25	40	88	Taufers	4,00	46,75	3
89	Terenten	100,75	76,75	6	90	Terlan	64,75	40,00	3
91	Tiers	86,25	35,25	24	92	Tirol	56,00	56,75	2
93	Tiesens	58,25	43,00	6	94	Toblach	136,25	70,50	8
95	Tramin	66,25	18,75	10	96	Truden	75,25	17,75	8
97	ULF-St. Felix	55,00	35,50	5	98	Ulten	46,00	39,75	38
99	Vahrn	91,50	65,75	3	100	Villanders	86,25	52,75	9
101	Villnöß	96,00	56,00	18	102	Vintl	97,25	75,00	13
103	Völs	84,25	40,25	21	104	Vöran	62,75	48,50	1
105	Waidbruck	85,25	49,00	4	106	Welsberg	127,50	72,25	3
107	Welschnofen	88,00	31,25	36	108	Wengen	114,50	60,00	4
109	Wolkenstein	103,00	46,50	107					

Wir orientieren uns im Folgenden ausschließlich an dem Problem der Stationierung von Rettungshubschraubern und überlassen es den Leserinnen und Lesern, die Überlegungen auf andere Situationen zu übertragen.

8.2 Ein allgemeiner Modellrahmen

Wie immer in der mathematischen Modellierung ist es auch hier günstig, das Problem in eine allgemeinere Klasse einzubetten, von den konkret gegebenen Daten also zunächst einmal abzusehen. Der Vorteil liegt vor allem darin, dass man sich mit einfacheren, aber ähnlichen Problemen befassen kann, um mit der Fragestellung vertraut zu werden und Ideen zu gewinnen. Wir modellieren sowohl die Skigebiete als auch die gesuchten Standorte der Hubschrauber als Punkte in der Ebene, worin insbesondere für die Skigebiete die erste Abstraktion besteht. Die für die Fragestellung sicher relevanten Flugzeiten der Hubschrauber zwischen zwei Orten nehmen wir als proportional zur Länge der geraden Strecke zwischen Start und Ziel an. Damit wird von der Tatsache abstrahiert, dass möglicherweise die direkte Verbindung gar nicht möglich ist, weil etwa ein Berg umflogen werden muss.

8.2.1 Gegebene Daten

Als erstes legen wir fest, von welchen Daten zur Beschreibung des Problems ausgegangen werden soll. Bekannt seien die Ortskoordinaten der Skigebiete, die Unfallhäufigkeiten und die Anzahl von Hubschraubern, die zur Verfügung stehen:

- N Punkte $P_1 = (x_1, y_1), \ldots, P_N = (x_N, y_N)$ in der Ebene mit den Ortskoordinaten der Skigebiete,
- N Gewichte $w_1, \ldots, w_N > 0$ für die N Orte, die die Unfallhäufigkeiten während eines gewissen Zeitraums repräsentieren,
- eine natürliche Anzahl n von Hubschraubern, wobei $n < N$ vorausgesetzt werden kann.

8.2.2 Gesuchte Größen

Gesucht sind (optimale) Standorte für die Hubschrauber und eine Funktion, die jedem Hubschrauber seinen Wirkungskreis zuordnet:

- n Standorte $Q_1 = (u_1, v_1), \ldots, Q_n = (u_n, v_n)$ für die Hubschrauber,
- eine Funktion $h : \{1, \ldots, N\} \to \{1, \ldots, n\}$ die jedem Ort den Hubschrauber zuordnet, der ihn versorgen soll.

Die im Folgenden verwendete grafische Darstellung dieser Größen ist in Abbildung 8.2 exemplarisch vorgeführt: Jeder Hubschrauberstandort wird mit den Skigebieten, die ihm zugeordnet sind, durch eine Gerade verbunden.

8.2.3 Vereinfachende Modellannahmen

Bereits in den bisher getroffenen Festlegungen stecken vereinfachende Modellannahmen, über die man Rechenschaft ablegen muss, um die Relevanz der im Verlaufe dieses Kapitels gefundenen mathematischen Ergebnisse für das reale Problem richtig einschätzen zu können:

1. Durch die Angabe sowohl der Skigebiete als auch der Hubschrauberstandorte als Punkte in der Ebene abstrahieren wir zum einen von der Dreidimensionalität des Raumes, also davon, dass sich verschiedene Orte in verschiedener Höhe befinden können, als auch von der räumlichen Ausdehnung von Gebieten, die hier auf einen Punkt zusammenschrumpfen.

2. Durch die Funktion h wird jedem Skigebiet genau ein Hubschrauber zugeordnet, der im Falle eines Unfalls dort zum Einsatz kommt. Damit wird von vornherein außer Betracht gelassen, dass dieser Hubschrauber nicht zur Verfügung stehen könnte, weil er gerade wegen eines anderen Unfalls im Einsatz ist. Die Unfälle dürfen also nicht zu schnell aufeinander folgen. Für Situationen, in denen sich Unfälle zeitlich häufen, sind die hier aufgestellten Modelle daher nicht zu gebrauchen.

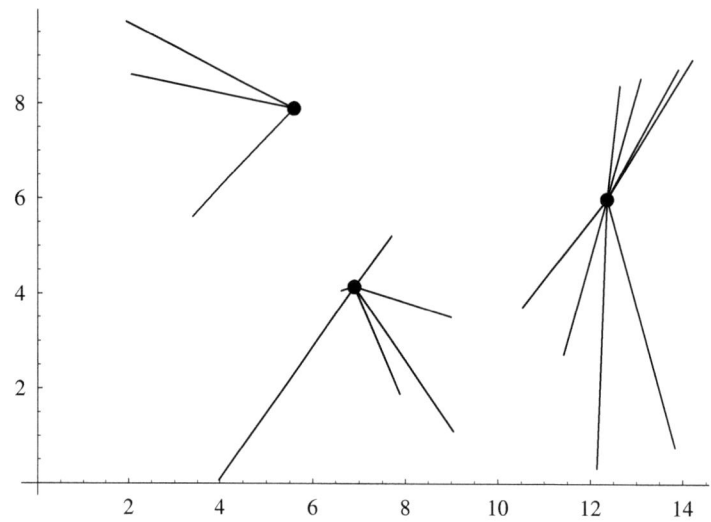

Abbildung 8.2: Grafische Darstellung von Hubschrauberstandorten und Zuordnung h für ein Beispiel mit $n = 3$

Darüber hinaus sollen für die weitere Modellentwicklung die folgenden Annahmen gemacht werden:

3. Zur Beurteilung der Qualität eines Hubschrauberstandorts soll nur die Flugzeit zu den Unfallorten, also die Zeiten bis zur Erstversorgung der Unfallopfer eine Rolle spielen. Dagegen werden die Flugzeiten vom Unfallort ins Krankenhaus und von dort zurück zum Hubschrauberstandort nicht berücksichtigt. Hierzu ist zu sagen, dass der Weg vom Unfallort ins Krankenhaus unabhängig vom Hubschrauberstandort ist, der Rückweg zu diesem aber natürlich nicht. Er könnte in Modellen eine Rolle spielen, in denen die Zeit bis zur erneuten Einsatzfähigkeit des Hubschraubers eine Bedeutung hat (siehe Annahme 2).

4. Als Maß für die Flugzeit zwischen zwei Punkten $P = (x,y)$ und $Q = (u,v)$ wählen wir den euklidischen Abstand

$$d(P,Q) := \|P - Q\| = \sqrt{(x-u)^2 + (y-v)^2}\,.$$

Hierbei wird vernachlässigt, dass das Gelände den geraden Flugweg womöglich nicht zulässt, etwa weil ein Berg umflogen werden muss.

8.2.4 Zulässigkeit und Gütekriterien

Wir möchten an dieser Stelle ausdrücklich darauf hinweisen, dass wir bisher noch *kein* mathematisches Modell im Sinne eines präzise gestellten mathematischen Problems formuliert haben.[17]

---

[17] Ein typischer Anfängerfehler, auf den wir in der Arbeit mit SchülerInnen und Studierenden gerade bei der hier betrachteten Fragestellung immer wieder gestoßen sind, besteht darin, mit der Konstruktion „optimaler" Hubschrau-

8 Optimale Stationierung von Rettungshubschraubern

Zu einem kompletten mathematischen Modell fehlen noch

- Angaben, welche Hubschrauberstandorte als zulässig gelten sollen,
- ein Kriterium, nach dem die Güte einer zulässigen Lösung beurteilt wird,
- ggf. weitere Nebenbedingungen an die Zuordnung der Skigebiete zu den Hubschraubern.

8.3 Probleme mit einem Hubschrauber

Wir betrachten den Fall $n = 1$ eines einzigen Hubschraubers, der sämtliche Orte versorgen muss. In diesem Fall steht die Zuordnung h von vornherein fest. Zu bestimmen ist also nur noch der „beste" Standort $Q = (u, v)$. Es wird hier angenommen, dass jeder Punkt der Ebene als Standort in Frage kommt.

Dieses Problem tritt als Teilproblem auch in der allgemeinen Fragestellung für mehrere Hubschrauber auf. Denn liegt dort die Zuordnung h fest, so liegt für die Wahl des Standorts jedes einzelnen Hubschrauber genau das Problem mit $n = 1$ vor. Eine andere Variante, in der sich dieses Problem aus dem Originalproblem ergibt, beruht auf der Entscheidung, alle Hubschrauber (z.B. aus infrastrukturellen Gründen) an einem Ort zusammenzuziehen.

Es gibt noch einen weiteren, zu den Prinzipien der mathematischen Modellbildung gehörigen Grund, sich mit diesem Fall zu befassen: Es ist der *einfachste* Fall, und seine Behandlung ist gut geeignet, die bei der noch ausstehenden Wahl des Gütekriteriums zu treffenden Entscheidungen durchsichtiger zu machen.

8.3.1 Ein Hubschrauber – zwei Orte

Bei zwei Orten P_1, P_2 mit gleicher Unfallhäufigkeit $w_1 = w_2$ wird man wohl, ohne groß darüber nachzudenken, den Standort des Hubschraubers im Mittelpunkt der Strecke zwischen P_1 und P_2 für optimal halten. Echte Zielkonflikte treten aber dann auf, wenn die Unfallhäufigkeiten verschieden sind. Nehmen wir einmal an, es sei $w_1 < w_2$ etwa $w_1 = 1$ und $w_2 = 2$, dann wird man den Standpunkt näher an P_2 heranrücken. Macht man das im Verhältnis der Gewichte, so erhält man als Standort den Schwerpunkt

$$Q = \frac{w_1}{w_1 + w_2} P_1 + \frac{w_2}{w_1 + w_2} P_2 = P_1 + \frac{w_2}{w_1 + w_2} (P_2 - P_1) = \frac{1}{3} P_1 + \frac{2}{3} P_2 \,.$$

Aber wofür ist das eigentlich eine Lösung, was wird hier optimiert? Wir sind bis zu diesem Punkt in einer Weise vorgegangen, die in der mathematischen Modellbildung verpönt ist oder es jedenfalls sein sollte: *Wir haben ein Problem „gelöst", ohne es genau zu formulieren, so dass am Ende ein Ergebnis steht, von dem wir gar nicht wissen, welche Annahmen zu ihm geführt haben, weshalb wir es nicht wirklich begründen können.*

Letztlich haben wir den Zielkonflikt, der in der Fragestellung selber liegt, nur kaschiert. Er besteht darin, dass sowohl $d(P_1, Q)$ als auch $d(P_2, Q)$ möglichst klein werden sollen. Wenn Q nicht auf der Strecke $\overline{P_1 P_2}$ zwischen P_1 und P_2 liegt, lassen sich beide Abstände dadurch verringern, dass man Q durch den nächstgelegenen Punkt auf $\overline{P_1 P_2}$ ersetzt. Aber auf $\overline{P_1 P_2}$ selbst führt

---

berstandorte zu beginnen, ohne vorher genau festzulegen, was „optimal" eigentlich heißen soll. Am Ende hat man vielleicht eine Problemlösung gewonnen, von der aber niemand sagen kann, *welches* Problem sie eigentlich löst.

jede Verringerung von $d(P_1,Q)$ zu einer Vergrößerung von $d(P_2,Q)$ und umgekehrt: Was den Unfallopfern in P_2 zugute kommt, geht zu Lasten der Unfallopfer in P_1.

Also müssen wir einen Kompromiss finden. Es gibt jedoch kein objektives Kriterium dafür, wo dieser zu liegen hat, sondern die Wahl hängt davon ab, welchen Gesichtspunkt wir besonders betonen möchten. Im Folgenden werden wir drei verschiedene Kriterien betrachten:

(a) Gleichmäßig schnelle Versorgung der Unfallopfer
(b) Minimale Gesamtflugzeit
(c) Gewichtete Mittelbildung

(a) **Gleichmäßig schnelle Versorgung der Unfallopfer:** Soll auch noch das am schlechtesten versorgte Unfallopfer möglichst gut (d.h. schnell) versorgt werden, so ergibt sich die Aufgabenstellung, den Standort Q so zu wählen, dass

$$F_\infty(Q) := \max\left(d(P_1,Q), d(P_2,Q)\right)$$

minimal wird. Als Lösung dieses Problems erhalten wir den Mittelpunkt der Strecke zwischen P_1 und P_2:

$$Q = \frac{1}{2}P_1 + \frac{1}{2}P_2 \,,$$

und zwar unabhängig von den Gewichten w_1 und w_2, die in dieser Problemformulierung überhaupt nicht auftreten, weshalb hier die „Minderheiten" (Orte mit geringen Unfallzahlen) besonders geschützt werden, also dieselbe Rolle spielen wie die Mehrheiten.

(b) **Minimale Gesamtflugzeit:** Es spricht einiges dafür, den Standort so zu wählen, dass eine möglichst kleine Gesamtflugzeit des Hubschraubers (über alle Unfälle hinweg) erreicht wird: Das macht einerseits die Treibstoffkosten so gering wie möglich und sorgt andererseits dafür, dass die mittlere Dauer bis zum Eintreffen des Hubschraubers am Unfallort minimal wird, denn diese ist zur Gesamtflugzeit proportional. Dieses Kriterium führt auf die Aufgabenstellung, Q so zu wählen, dass

$$F_1(Q) := w_1\, d(P_1,Q) + w_2\, d(P_2,Q)$$

minimal wird. Die Lösung dieses Problems besteht im Falle $w_2 > w_1$ darin, den Hubschrauber in

$$Q = P_2 \,,$$

also dem Ort mit den höheren Unfallzahlen zu positionieren, also so zu verfahren, wie es für die Mehrheit der Unfallopfer am günstigsten ist, ohne Berücksichtigung der Minderheit. Im Falle $w_1 = w_2$ ist jeder Punkt auf der Strecke $\overline{P_1P_2}$ eine Lösung.

(c) **Gewichtete Mittelbildung:** Wählt man den Hubschrauberstandort Q so, dass

$$F_2(Q) := w_1\, d(P_1,Q)^2 + w_2\, d(P_2,Q)^2$$

minimal wird, so ergibt sich das – oben bereits als „intuitive Lösung" propagierte – mit den Unfallhäufigkeiten gewichtete Mittel

$$Q = \frac{w_1}{w_1 + w_2} P_1 + \frac{w_2}{w_1 + w_2} P_2$$

oder, in physikalischer Deutung, der Schwerpunkt aller Unfallorte (gezählt in der Häufigkeit ihres Auftretens). Für diese Problemformulierung spricht, dass sie einen Kompromiss zwischen den beiden zuvor formulierten Extremen darstellt und die Lösung entsprechend dazwischen liegt. Die hier zu minimierende Zielfunktion lässt sich aber nicht so ohne Weiteres interpretieren, es sei denn, man nimmt an, die Schwere der Unfallfolgen nehme quadratisch zu mit der Zeit, die das Unfallopfer auf seine Versorgung warten muss. Dann liefe die hier gewählte Problemformulierung darauf hinaus, die Unfallopfer im Mittel in möglichst gutem Zustand im Krankenhaus abzuliefern. Diese Interpretation ist aber doch reichlich gewagt.

Aufgabe 8.1
Zeigen Sie, dass die Minimierung der Zielfunktionen F_1, F_2, F_∞ auf die jeweils angegebene Lösung führt. Formulieren Sie dazu das Problem eindimensional, indem Sie die Punkte P_1, P_2 auf die x-Achse legen.

Zur Festlegung eines präzise gestellten mathematischen Problems muss man sich als Gütekriterium für den Hubschrauberstandort für eine der Funktionen F_1, F_2, F_∞ oder für eine andere Zielfunktion entscheiden. Die hier angestellten Überlegungen zu zwei Unfallorten zeigen, worauf man sich dabei jeweils einlässt: F_1 führt zu einer Art „Mehrheitswahlrecht", der Hubschrauber wird an dem Unfallort stationiert, an dem die Mehrheit der Unfälle auftritt. Im Falle etwa von 100 Unfällen in dem einen und 101 Unfällen in dem anderen Ort könnte das als unangemessen empfunden werden. F_∞ bewirkt das genaue Gegenteil, die Unfallhäufigkeiten spielen überhaupt keine Rolle. Bei 100 Unfällen in dem einen und nur 2 Unfällen in dem anderen Ort könnte der Hubschrauberstandort in der Mitte zwischen beiden Orten als unangemessen angesehen werden. F_2 liefert in gewisser Weise einen Kompromiss zwischen den Extremen F_1 und F_∞, der Hubschrauberstandort hängt linear von den relativen Unfallhäufigkeiten ab. Ein Nachteil des Gütekriteriums F_2 liegt jedoch darin, dass es schwerer zu interpretieren ist.

8.3.2 Ein Hubschrauber – drei Orte mit gleichem Gewicht

Gegeben seien drei Orte P_1, P_2, P_3 in der Ebene mit gleichen Unfallhäufigkeiten $w_1 = w_2 = w_3$. Wir betrachten die zugehörigen Optimierungsaufgaben mit den oben eingeführten Zielfunktionen. Die Lösungen liefern aus der Elementargeometrie bekannte Objekte:

(a) Gleichmäßig schnelle Versorgung der Unfallopfer: Die Minimierung von

$$F_\infty(Q) := \max(d(P_1,Q), d(P_2,Q), d(P_3,Q))$$

führt auch hier auf den Punkt Q, der von drei Punkten P_1, P_2, P_3 gleich weit entfernt ist, das ist der *Mittelpunkt des Umkreises*, der sich als Schnittpunkt der drei Mittelsenkrechten konstruieren lässt (Punkt ∞ in Abbildung 8.3).

Dieses Ergebnis gilt aber nur im spitz- oder rechtwinkligen Dreieck. Ist dagegen einer der drei Winkel stumpf, so liegt der Mittelpunkt des Umkreises außerhalb des Dreiecks und kann daher F_∞ nicht minimal machen. Tatsächlich besteht in diesem Fall die gesuchte Lösung aus dem Mittelpunkt der längsten Dreiecksseite.

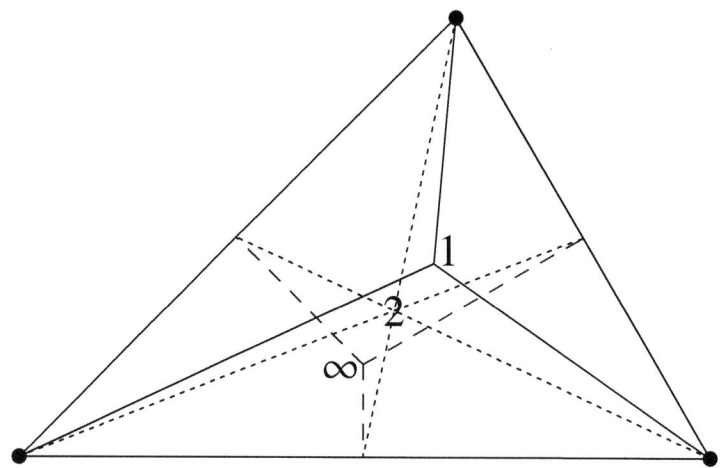

Abbildung 8.3: Fermat-Punkt (1), Schwerpunkt (2) und Umkreismittelpunkt (∞) im spitzwinkligen Dreieck

(b) Minimale Gesamtflugzeit:

$$F_1(Q) := d(P_1,Q) + d(P_2,Q) + d(P_3,Q)$$

ist eine konvexe und im Innern des Dreiecks differenzierbare Funktion mit dem Gradienten

$$\operatorname{grad} F_1(Q) = \frac{Q-P_1}{d(P_1,Q)} + \frac{Q-P_2}{d(P_2,Q)} + \frac{Q-P_3}{d(P_3,Q)}.$$

Die Optimalitätsbedingung, dass im Minimum von F_1 der Gradient verschwinden muss, bedeutet daher, dass die drei Vektoren

$$\frac{Q-P_i}{d(P_i,Q)} \quad (i=1,2,3)$$

der Länge 1 sich zum Nullvektor aufaddieren. Das wiederum ist dazu äquivalent, dass die Winkel zwischen je zwei verschiedenen dieser Vektoren 120 Grad betragen. Der so definierte Punkt im Dreieck heißt *Fermat-Punkt* (Punkt 1 in Abbildung 8.3). Er lässt sich ebenfalls elementargeometrisch konstruieren: Zu beachten ist dabei, dass alle Punkte, die über einer Dreiecksseite einen konstanten Winkel (hier 120 Grad) bilden, auf einem Kreis liegen. Eine Voraussetzung für die Existenz des Fermat-Punktes ist allerdings, dass die Winkel im Dreieck kleiner als 120 Grad sind. Ist einer der Winkel mindestens 120 Grad, so ist die gesuchte Lösung gerade der Punkt P_i, für den das der Fall ist.

(c) Gewichtete Mittelbildung:

$$F_2(Q) := d(P_1,Q)^2 + d(P_2,Q)^2 + d(P_3,Q)^2$$

ist eine konvexe und überall in der Ebene differenzierbare Funktion mit dem Gradienten

$$\operatorname{grad} F_2(Q) = 2\,(Q-P_1+Q-P_2+Q-P_3)\,,$$

der genau dann verschwindet, wenn

$$Q = \frac{1}{3}\,(P_1+P_2+P_3)\,.$$

Die gesuchte Lösung ist also auch hier der Schwerpunkt, der sich als der gemeinsame Schnittpunkt der drei Seitenhalbierenden konstruieren lässt (Punkt 2 in Abbildung 8.3). Die Spitzwinkligkeit des Dreiecks braucht hier nicht vorausgesetzt werden, der Schwerpunkt liegt immer im Innern und minimiert immer F_2.

Aufgabe 8.2
Für welche Dreiecke fallen die Lösungen der drei Standortprobleme zusammen?

Aufgabe 8.3
Wie sehen die Lösungen der jeweiligen Standortprobleme aus, wenn die drei Punkte P_1, P_2 und P_3 auf einer Geraden liegen mit P_2 zwischen P_1 und P_3 ?

8.3.3 Ein Hubschrauber – beliebig viele Orte

Gegeben seien jetzt $N \geq 3$ Orte $P_1,\ldots,P_N$ und zugehörige Gewichte $w_1,\ldots,w_N$. Wir betrachten die drei Zielfunktionen nach aufsteigendem Schwierigkeitsgrad:

Gewichtete Mittelbildung, Schwerpunkt

Die Aufgabenstellung,

$$F_2(Q) := \sum_{i=1}^{N} w_i\,d(P_i,Q)^2$$

zu minimieren, führt für die gesuchte Optimallösung Q auf die Bedingung

$$\operatorname{grad} F_2(Q) = 2 \sum_{i=1}^{N} w_i\,(P_i - Q) = 0$$

mit der Lösung

$$Q = \frac{\sum_{i=1}^{N} w_i\,P_i}{\sum_{i=1}^{N} w_i}\,,$$

also wiederum auf den Schwerpunkt der gewichteten Orte $P_1,\ldots,P_N$. Dass Q tatsächlich das eindeutig bestimmte Minimum von F_2 in der Ebene ist, erkennt man an der folgenden Abschätzung:

Für jeden Punkt R in der Ebene ist

$$\begin{aligned}
F_2(R) &= \sum_{i=1}^{N} w_i\, d(P_i,R)^2 = \sum_{i=1}^{N} w_i\, \|P_i - R\|^2 = \sum_{i=1}^{N} w_i\, \|(P_i - Q) + (Q - R)\|^2 \\
&= \sum_{i=1}^{N} w_i\, \left(\|P_i - Q\|^2 + \|Q - R\|^2 + 2\langle P_i - Q, Q - R\rangle \right) \quad (8.1)\\
&= F_2(Q) + \left(\sum_{i=1}^{N} w_i \right) d(Q,R)^2\,,
\end{aligned}$$

da $\sum_{i=1}^{N} w_i(P_i - Q) = 0$ ($\langle \cdot, \cdot \rangle$ bezeichne hier das innere Produkt in $\mathbb{R}^2$). Für jeden Punkt $R \neq Q$ ist daher $F_2(R) > F_2(Q)$.

Gleichmäßig schnelle Versorgung

Für die Optimallösung der Aufgabe,

$$F_\infty(Q) := \max_i d(P_i, Q)$$

zu minimieren, lässt sich dagegen keine geschlossene, unmittelbar auswertbare Formel angeben. Sie lässt sich aber folgendermaßen charakterisieren ([Ham95, S. 140]):

1. Man betrachte ein Punktepaar P_i, P_j, für das $d(P_i, P_j)$ maximal ist, und wähle Q als Mittelpunkt der Strecke zwischen P_i und P_j. Liegen dann alle anderen Punkte in oder auf dem Kreis um Q mit Radius $r = d(P_i, Q) = d(P_j, Q)$, so ist Q die gesuchte Optimallösung.

2. Ist das nicht der Fall, so existieren in der Menge der P_i drei Punkte, die ein spitzwinkliges Dreieck bilden, dessen Umkreis alle anderen Punkte enthält. Der Mittelpunkt Q dieses Umkreises ist die gesuchte Optimallösung.

Hieraus lässt sich ein Algorithmus entwickeln, der Q in endlich vielen Schritten bestimmt. Er wird in [Ham95, S. 144] als *Elzinga-Hearn-Algorithmus* bezeichnet: Starte mit 1. Liegt ein Ort noch außerhalb des so definierten Kreises, so nimm ihn hinzu. Im weiteren Verlauf liegen dann immer drei spitzwinklig gelegene Punkte und der dadurch definierte Umkreis vor. Liegt noch ein anderer Punkt außerhalb des Umkreises, so ist er gegen einen passenden der drei aktuellen Punkte auszutauschen (der neue Umkreis muss alle vier Punkte enthalten) usw. Da sich dabei der Radius des Umkreises in jedem Schritt vergrößert, muss das Verfahren nach endlich vielen Schritten zu einem Ende kommen mit dem Mittelpunkt des dann erreichten Umkreises als Optimallösung.

Minimale Gesamtflugzeit

Unter den drei hier betrachteten Problemen stellt die Aufgabe,

$$F_1(Q) := \sum_{i=1}^{N} w_i\, d(P_i, Q)$$

zu minimieren, die schwierigste dar. Eine Optimallösung, die anders als in den beiden anderen Fällen nicht eindeutig zu sein braucht, lässt sich folgendermaßen charakterisieren ([Ham95, S. 27]):

- $Q \notin \{P_1,\ldots,P_N\}$ ist genau dann optimal, wenn

$$\sum_{i=1}^{N} w_i \frac{P_i - Q}{d(P_i, Q)} = 0.$$

- $Q \in \{P_1,\ldots,P_N\}$, $Q = P_j$ ist genau dann optimal, wenn

$$\left| \sum_{\substack{i=1 \\ i \neq j}}^{N} w_i \frac{P_i - P_j}{d(P_i, P_j)} \right| \leq w_j.$$

Diese Bedingung an Q lässt sich physikalisch folgendermaßen interpretieren: Q ist mit jedem P_i durch ein Tau verbunden, an dem die Einwohner von P_i mit der Kraft w_i ziehen. Ein optimaler Standort liegt dann gerade in einem Gleichgewichtspunkt, in dem sich die Kräfte ausgleichen. Hieraus ließe sich ein Algorithmus zur näherungsweisen Bestimmung von Q entwickeln, der aber im Allgemeinen nicht nach endlich vielen Schritten in der exakten Optimallösung terminiert ([Ham95, S. 31]).

Eine ähnliche physikalische Interpretation ist übrigens auch für die Minimierung von F_2 möglich: Dort sind aber die Taue durch Federn zu ersetzen, die dem Hooke'schen Gesetz genügen, demnach die ausgeübte Kraft proportional zur Auslenkung, also dem Abstand $d(P_i, Q)$, und w_i der jeweilige Proportionalitätsfaktor ist.

Aufgabe 8.4
Gegeben seien vier Punkte mit gleichen Gewichten. Wo liegt in diesem Falle das bzgl. F_1 optimale Q? Zu unterscheiden sind hier die (nichtentarteten) Fälle:
- Die vier Punkte bilden ein konvexes Viereck.
- Einer der Punkte liegt in dem von den anderen dreien gebildeten Dreieck.

8.4 Der allgemeine Fall: Zwölf Modelle

Jetzt wird wieder der allgemeine Fall betrachtet: Gegeben seien N Punkte in der Ebene mit den Ortskoordinaten $P_1 = (x_1, y_1), \ldots, P_N = (x_N, y_N)$ (Skigebiete), ferner Gewichte $w_1, \ldots, w_N > 0$ (Unfallhäufigkeiten während eines gewissen Zeitraums) für die N Orte und schließlich eine natürliche Zahl n (Anzahl der Hubschrauber), wobei $n < N$ vorausgesetzt werde.

8.4.1 Drei einfache, kontinuierliche Modelle

Es wird vorausgesetzt, dass jeder Punkt in der Ebene als Hubschrauberstandort in Frage kommt und dass es keine Einschränkungen hinsichtlich der gleichmäßigen Auslastung der n Hubschrauber gibt, so dass es nur darauf ankommt, die Hubschrauber in irgendeinem Sinne möglichst nahe

an den potentiellen Unfallorten zu stationieren. Orientiert man sich an den im Falle eines Hubschraubers angestellten Überlegungen, so erhält man als Modelle die folgenden, nur hinsichtlich der Zielfunktion verschiedenen Optimierungsaufgaben:
Gesucht sind

- Standorte $Q_1 = (u_1, v_1), \ldots, Q_n = (u_n, v_n)$ für die Hubschrauber und
- eine Zuordnung $h : \{1, \ldots, N\} \to \{1, \ldots, n\}$ der Orte auf die Hubschrauber,

so dass (alternativ)

$$F_1(Q_1, \ldots, Q_n, h) := \sum_{i=1}^{n} w_i \, d(P_i, Q_{h(i)}), \qquad (8.2)$$

$$F_2(Q_1, \ldots, Q_n, h) := \sum_{i=1}^{n} w_i \, d(P_i, Q_{h(i)})^2, \qquad (8.3)$$

$$F_\infty(Q_1, \ldots, Q_n, h) := \max_i d(P_i, Q_{h(i)}) \qquad (8.4)$$

minimal wird. Es sei noch auf eine geometrische Interpretation der Optimierungsaufgabe (8.4) hingewiesen: Sie besteht darin, die gegebenen Punkte P_i allesamt mit n Kreisscheiben (Bierdeckeln) gleicher, aber möglichst geringer Größe zu überdecken. Die Mittelpunkte der Kreisscheiben sind dann die gesuchten Standorte.

8.4.2 Einschränkungen in der Standortwahl: Kombinatorische Modelle

Natürlich ist nicht jeder Standort für die Stationierung eines Hubschraubers wirklich geeignet: ein Steilhang etwa ebenso wenig wie ein einsames Hochplateau ohne jede Infrastruktur. Für eine genauere Formulierung des realen Problems werden also Informationen darüber benötigt, wo ein Hubschrauber wirklich stationiert werden kann und darf. Da wir diese Informationen nicht haben, machen wir die folgende, die Problemstellung stark verändernde Annahme:

- Als Hubschrauberstandorte kommen genau die Orte $P_1, \ldots, P_N$ selbst in Frage.

Wir haben es jetzt mit einem rein kombinatorischen Problem zu tun, weil die Hubschrauberstandorte durch Angabe der Indizes vollständig festgelegt sind und nur noch die Distanzen zwischen verschiedenen P_i eine Rolle spielen, die sich vorab ausrechnen lassen. Es bezeichne

$$a(i,j) := d(P_i, P_j) \text{ für } i, j = 1, \ldots, N \, .$$

An dieser Stelle ist es möglich, durch andere Wahl der $a(i,j)$ von der direkten Verbindung abzuweichen und eventuell erforderliche Umwege (Umfliegen eines Berges usw.) miteinzubeziehen.
Gesucht ist

- eine Teilmenge $\{j_1, \ldots, j_n\} \subset \{1, \ldots, N\}$ und
- eine Zuordnung $h : \{1, \ldots, N\} \to \{j_1, \ldots, j_n\}$

so dass (alternativ)

$$F_1(j_1,\ldots,j_n,h) := \sum_{i=1}^{n} w_i\, a(i,h(i))\,, \tag{8.5}$$

$$F_2(j_1,\ldots,j_n,h) := \sum_{i=1}^{n} w_i\, a(i,h(i))^2\,, \tag{8.6}$$

$$F_\infty(j_1,\ldots,j_n,h) := \max_i a(i,h(i)) \tag{8.7}$$

minimal wird. Im oben betrachteten Fall nur eines Hubschraubers reduziert sich die Bestimmung des optimalen Standorts auf ein rein programmtechnisches Problem. Für jede Spalte der durch die $a(i,j)$ definierten Distanzmatrix ist die gewichtete Summe der Einträge bzw. von deren Quadraten bzw. das Maximum der Einträge zu bestimmen. Die Spalte mit dem kleinsten Ergebnis definiert dann den gesuchten Standort.[18]

Bei mehreren Hubschraubern ist das Problem aber nach wie vor alles andere als trivial, zumal die Anzahl der Möglichkeiten, die Hubschrauber zu positionieren, mit n sehr schnell wächst: Es gibt deren $\binom{N}{n}$. Für $N = 109$ und $n = 3$ sind das immerhin

$$\binom{109}{3} = \frac{109 \cdot 108 \cdot 107}{6} = 209934\,.$$

8.4.3 Gleichmäßige Auslastung der Hubschrauber

Bei allen bisherigen Modellansätzen wurde nicht darauf geachtet, dass die n Hubschrauber gleichmäßig ausgelastet sind. Im Extremfall wäre es denkbar, dass im Ergebnis ein einzelner Hubschrauber nur einen einzigen, ein wenig abseits gelegenen Ort mit geringen Unfallhäufigkeiten versorgen muss. Um eine gleichmäßige Auslastung der Hubschrauber als Bedingung überhaupt formulieren zu können, muss für die Auslastung zunächst einmal ein Maß definiert werden. Wir machen hier die Annahme:

- Die Auslastung der Hubschrauber ist proportional zur Anzahl der Unfälle, bei denen sie zum Einsatz kommen.

Offensichtlich werden bei diesem Maß die Flugzeiten vernachlässigt. Wollte man sie einbeziehen, müssten auch die Standorte der Unfallkrankenhäuser berücksichtigt werden. Unter der hier gemachten Annahme ist der gesamte Aufwand proportional zu

$$w := w_1 + \ldots + w_N\,,$$

Exakt gleiche Auslastung wäre daher erreicht, wenn jeder der n Hubschrauber w/n Unfälle zu bedienen hätte. Das lässt sich wegen der Unterschiede in den w_i in der Regel aber nicht erreichen, hier sind daher noch gewisse Toleranzen einzubauen. Wir formulieren die Bedingung so,

---

[18] Für die Zielfunktion F_2 gibt es noch ein einfacheres Verfahren: Man bestimme zunächst die Lösung Q des kontinuierlichen Problems – also den Schwerpunkt – und wähle den bzw. einen nächstgelegenen Punkt P_i. Wegen (8.1) handelt es sich dabei um die bzw. eine Lösung des kombinatorischen Problems mit einem Hubschrauber. Für die anderen Zielfunktionen F_1 und F_∞ führt dagegen ein entsprechendes Vorgehen im Allgemeinen *nicht* auf die Optimallösung des kombinatorischen Problems.

dass Überlastungen über eine bestimmte Grenze hinaus vermieden werden, Unterauslastungen dagegen erlaubt sein sollen.

Nebenbedingung für die kontinuierlichen Modelle

Für die kontinuierliche Modelle (8.2), (8.3), (8.4) (beliebige Positionierung der Hubschrauberstandorte) ist als Nebenbedingung hinzuzufügen:

$$\sum_{i \in h^{-1}(k)} w_i \leq \frac{1}{n} \sum_{i=1}^{N} w_i + C \text{ für } k = 1, \ldots, n$$

mit einer noch festzusetzenden Konstanten $C > 0$. Eine mögliche Wahl von C, die jedenfalls sicherstellt, dass es zulässige Lösungen gibt, ist

$$C = \max_i w_i .$$

Nebenbedingung für die kombinatorischen Modelle

Für die kombinatorischen Modelle (8.5), (8.6), (8.7) (Positionierung der Hubschrauberstandorte nur in den P_i) lautet die entsprechende Nebenbedingung:

$$\sum_{i \in h^{-1}(j_k)} w_i \leq \frac{1}{n} \sum_{i=1}^{N} w_i + C \text{ für } k = 1, \ldots, n .$$

Durch Hinzunahme dieser Nebenbedingungen zu den Modellen (8.2), (8.3), (8.4) bzw. (8.5), (8.6), (8.7) ergeben sich sechs weitere Modelle, die mathematisch schwieriger zu behandeln sind als die Modelle ohne diese Nebenbedingungen.

8.5 Eine Lösungsheuristik

Betrachtet wird eines der Probleme (8.2), ..., (8.7) ohne Nebenbedingungen für die gleichmäßige Auslastung der Hubschrauber. Wir setzen voraus, dass ein Algorithmus zur Verfügung steht, der zu jeder beliebigen Auswahl von Orten $P_{i_1}, \ldots, P_{i_m}$ das Problem mit einem Hubschrauber für die entsprechende Zielfunktion und die erlaubten Hubschrauberstandorte löst. Diese Lösung wird im Folgenden als *Pseudoschwerpunkt* der Orte $P_{i_1}, \ldots, P_{i_m}$ bezeichnet.

Im Falle der Probleme (8.3), ..., (8.7) macht nach dem oben Gesagten die Bestimmung des Pseudoschwerpunkts keine großen Schwierigkeiten, wogegen sie im Falle (8.2) wohl nur näherungsweise möglich ist. Diese Problematik wird hier nicht weiter verfolgt.

8.5.1 Eine notwendige Optimalitätsbedingung

Die hier noch zu entwickelnde Heuristik beruht auf der folgenden Optimalitätsbedingung:

Satz 8.5

Ist $(Q_1, \ldots, Q_n, h)$ bzw. $(j_1, \ldots, j_n, h)$ eine Optimallösung eines der Probleme (8.2), (8.3) bzw. (8.5), (8.6), so sind die folgenden Bedingungen erfüllt:

1. Jeder Unfallort P_i ($i = 1, \ldots, N$) ist einem Hubschrauberstandort zugeordnet, der ihm am nächsten liegt:

$$d(P_i, Q_{h(i)}) \leq d(P_i, Q_k) \text{ für alle } k = 1, \ldots, n$$

bzw. $a(i, h(i)) \leq a(i, j_k)$ für alle $k = 1, \ldots, n$.

2. Jeder Hubschrauberstandort ist Pseudoschwerpunkt der ihm durch h zugeordneten Unfallorte.

Beweis:
Ist eine der beiden Bedingungen nicht erfüllt, so lässt sich die Zielfunktion verringern, indem entweder ein Ort, für den das bisher nicht der Fall war, einem nächstgelegenen Hubschrauberstandort zugeordnet oder ein Hubschrauberstandort in den Pseudoschwerpunkt der ihm zugeordneten Unfallorte verlagert wird. □

Im Falle der Probleme (8.4) und (8.7) muss die erste der beiden angegebenen Bedingungen auch für eine Optimallösung nicht erfüllt sein, weil die Veränderung der Zuordnung eines Unfallortes zum nächstgelegenen Hubschrauberstandort das Maximum der Abstände, auf das es bei diesen Problemen allein ankommt, nicht verändern muss. Trotzdem lässt sich die folgende Heuristik auch auf diese Probleme anwenden. Sie beruht darauf, die beiden Bedingungen von Satz 8.5 immer abwechselnd zu erfüllen:

8.5.2 Der Algorithmus

1. Wähle n verschiedene Unfallorte als Hubschrauberstandorte zufällig aus.

2. Ordne jeden Unfallort einem ihm nächstgelegenen Hubschrauberstandort zu.

3. Verlege jeden Hubschrauber in den Psudoschwerpunkt der ihm zugeordneten Unfallorte. Bewegt sich dabei kein Hubschrauber mehr, halte an, andernfalls gehe zu 2.

Bei dem ständigen Wechsel zwischen den Schritten 2. und 3. handelt es sich um eine *Verbesserungs-Heuristik*: Solange sich noch etwas ändert, wird die Zielfunktion verringert. Jede in Schritt 2. vorgenomme Zuordnung führt zu einer Zerlegung der N Hubschrauberstandorte in n disjunkte Teilmengen. Da es nur endlich viele solche Zerlegungen gibt, terminiert der Algorithmus nach endlich vielen Schritten und hat dann Hubschrauberstandorte und eine Zuordnung erreicht, die den Bedingungen aus Satz 8.5 genügen. Da es sich dabei nur um notwendige Bedingungen für eine Optimallösung handelt, muss das erreichte Ergebnis nicht optimal sein; es lässt sich mit den Schritten 1. und 2. bloß nicht weiter verbessern.

An die Stelle von Schritt 1. könnte auch eine *Anfangsheuristik* treten, die bereits eine möglichst gute Wahl der Hubschrauberstandorte erzeugt. Dabei sollte allerdings auf den in Schritt 1. enthaltenen Zufallsmechanismus nicht verzichtet werden, weil andernfalls der Algorithmus immer in dieselbe Lösung hineinläuft. Nach unserer Erfahrung terminiert der Algorithmus sehr schnell, so dass es naheliegt, mehrere Durchgänge zu machen und am Ende die beste der erreichten Lösungen auszuwählen.

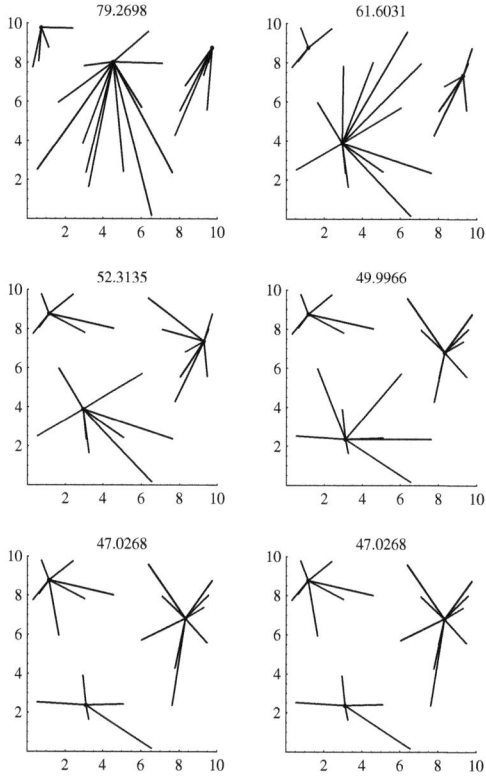

Abbildung 8.4: Erste Durchführung der Heuristik am Beispiel (25 Orte, 3 Hubschrauber)

8.5.3 Ein Beispiel

Für ein Problem der Form (8.5) mit 25 Unfallorten, 3 Hubschraubern und $w_1 = \ldots = w_{25} = 1$ wurde der Algorithmus 8.5.2 zwei Mal durchgeführt. Die dabei durchlaufenen Hubschrauberstandorte und Zuordnungen sind in den Abbildungen 8.4 und 8.5 dargestellt.

Die Bilder links oben ergeben sich jeweils nach zufälliger Auswahl der 3 Hubschrauberstandorte und Zuordnung der Unfallorte zum nächstgelegenen Hubschrauber. Der Übergang von links nach rechts besteht immer darin, die Hubschrauber in den Pseudoschwerpunkt der ihnen zugeordneten Unfallorte zu verlagern, in der nächsten Zeile links ergibt sich dann die neue Zuordnung der Unfallorte zum nunmehr nächstgelegenen Hubschrauber usw., bis sich schließlich nicht mehr ändert.

Die jeweils erreichten und im Verlaufe des Algorithmus abnehmenden Werte der Zielfunktion sind im Kopf des jeweiligen Bildes eingetragen. Zu erkennen ist, dass der zweite Durchlauf in Abbildung 8.5 sehr schnell in einer Lösung stecken bleibt, die deutlich schlechter ist als die in Abbildung 8.4 erreichte. Damit wird noch einmal verdeutlicht, dass es sinnvoll ist, den Algorithmus mehrfach durchzuführen.

8 Optimale Stationierung von Rettungshubschraubern

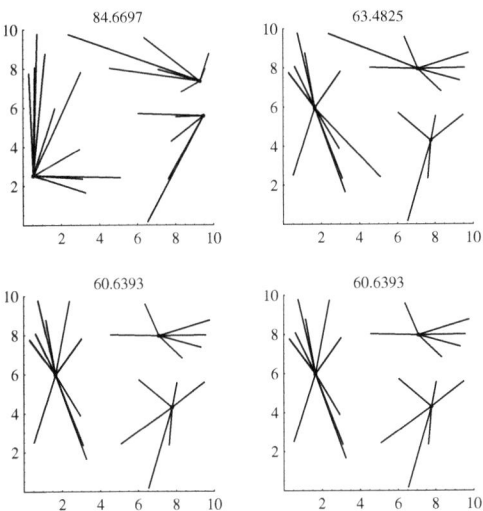

Abbildung 8.5: Zweite Durchführung der Heuristik am Beispiel (25 Orte, 3 Hubschrauber)

8.5.4 Lösungen für die Rettungshubschrauber in Südtirol

Wir wenden jetzt abschließend den Algorithmus 8.5.2 an, um Lösungen für die Stationierung der drei Rettungshubschrauber in Südtirol zu gewinnen. Wir beschränken uns auf die Aufgabenstellungen (8.5) und (8.6), in denen nur die Skigebiete selbst als Hubschrauberstandorte in Frage kommen.

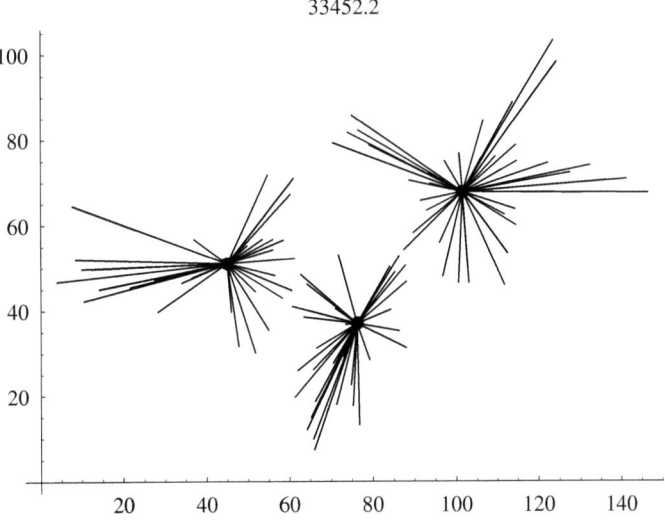

Abbildung 8.6: Lösung von (8.5) mit den Daten aus Südtirol

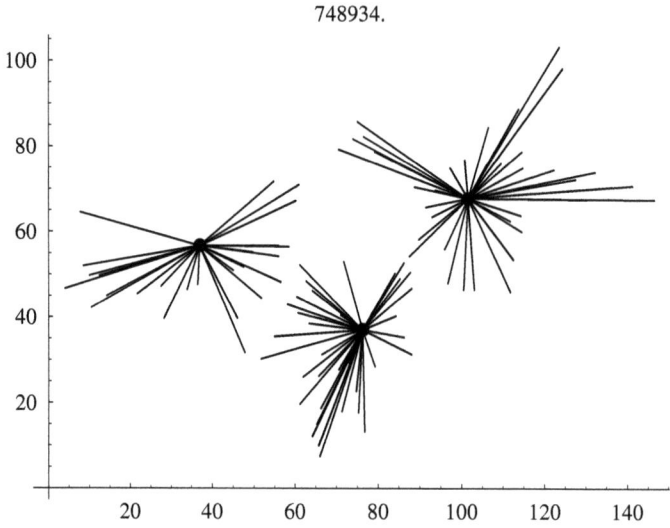

Abbildung 8.7: Lösung von (8.6) mit den Daten aus Südtirol

Der Algorithmus wurde jeweils 20 Mal durchgeführt und die besten dabei erreichten Ergebnisse ausgewählt. Sie sind in den Abbildungen 8.6 und 8.7 dargestellt. Die Ergebnisse für die beiden Zielfunktionen unterscheiden sich nur geringfügig:

- Für das Problem (8.5) der minimalen Gesamtflugzeit ergeben sich die Orte

    30 Karneid   43 Lüsen   54 Naturns

  als Hubschrauberstandorte.

- Für das Problem (8.6) mit quadratischer Zielfunktion ergeben sich die Orte

    30 Karneid   43 Lüsen   77 Schnals

  als Hubschrauberstandorte.

Es zeigt sich, dass diese Lösungen nahe beieinander liegen.

8.6 Zusammenfassung

Ausgehend von dem Problem, drei Rettungshubschrauber in Südtirol so zu stationieren, dass sie den Opfern von Skiunfällen möglichst schnell zur Hilfe kommen können, stellen wir zunächst einen allgemeinen Modellrahmen auf: Gesucht sind Hubschrauberstandorte und eine Zuordnung der Unfallorte zu den Hubschrauber. Nebenbedingungen und Zielfunktion können variieren, so dass es nicht ein richtiges Modell für dieses Problem gibt, sondern verschiedene Modellansätze definiert werden können. Diese hängen von den Prioritäten ab, die als sinnvoll angesehen werden:

Sollen beispielsweise alle Verletzten gleichmäßig schnell versorgt oder soll die Gesamtflugzeit minimiert werden?

Für den Fall eines Hubschraubers und zweier Orte werden drei verschiedene Ansätze für die Zielfunktion diskutiert und später auf den allgemeinen Fall übertragen. Im Fall dreier Unfallorte lassen sich die Lösungen auf bekannte geometrische Objekte (Mittelpunkt des Umkreises, Schwerpunkt, Fermat-Punkt) zurückführen. Für mehrere Hubschrauber wird das Problem sowohl durch ein kontinuierliches Modell (jeder Ort ist als Hubschrauberstandort geeignet) als auch durch ein kombinatorisches Modell (nur bestimmte Orte sind zulässig) beschrieben.

Für das allgemeine Problem mit n Hubschraubern wird eine Verbesserungsheuristik entwickelt, die voraussetzt, dass sich das entsprechende Problem mit einem Hubschrauber lösen lässt. Für zwei verschiedene Zielfunktion werden damit Lösungen für das Problem der Rettungshubschrauber in Südtirol berechnet.

8.7 Lösungen der Aufgaben

Aufgabe 8.1

Liegen die Punkte P_1, P_2 auf der x-Achse an den Stellen x_1, x_2 mit $x_1 < x_2$ und haben sie Gewichte w_1, w_2 mit $w_1 < w_2$, so ist für jedes $u \in [x_1, x_2]$

$$F_1(u) = w_1(u - x_1) + w_2(x_2 - u) = w_2 x_2 - w_1 x_1 u(w_2 - w - 1)u \text{ mit Minimum in } u = x_2,$$

$$F_2(u) = w_1(u - x_1)^2 + w_2(u - x_2)^2 \text{ mit Minimum in } u = \frac{w_1 x_1 + w_2 x_2}{w_1 + w_2},$$

$$F_\infty(u) = \max(u - x_1, x_2 - u) \text{ mit Minimum in } u = \frac{x_1 + x_2}{2}.$$

Aufgabe 8.2

- Umkreismittelpunkt (Schnittpunkt der Mittelsenkrechten) und Schwerpunkt (Schnittpunkt der Seitenhalbierenden) stimmen im spitzwinkligen Dreieck genau dann überein, wenn es gleichseitig ist. In diesem Fall sind sie mit dem Fermat-Punkt identisch.
- Im stumpfwinkligen, nichtentarteten Dreieck können die Optima für F_2 (im Innern des Dreiecks) und F_∞ (am Rand des Dreicks) nicht übereinstimmen.
- Im entarteten Fall (drei Punkte auf einer Geraden) stimmen die drei Lösungen genau dann überein, wenn der eine Punkt auf dem Mittelpunkt der beiden anderen liegt.

Aufgabe 8.3

In der angegebenen Situation nimmt F_1 in P_2, F_∞ in $(P_1 + P_3)/2$ und F_2 in $(P_1 + P_2 + P_3)/3$ das Minimum an.

Aufgabe 8.4

Bilden die vier Punkte ein konvexes Viereck, so liegt das bzgl. F_1 optimale Q im Schnittpunkt der beiden Diagonalen. Liegt dagegen ein Punkt in dem von den anderen drei gebildeten Dreieck, so ist dieser Punkt das Optimum.

Teil II

Dynamische Modelle

Diskrete Prozesse

In den nächsten beiden Kapiteln werden zu völlig verschiedenen realen Fragestellungen mathematische Modelle entwickelt, die die Gestalt linearer Iterationsprozesse

$$x(t+1) = A\,x(t)$$

mit einer reellen $n \times n$-Matrix A haben, deren Einträge sämtlich nicht negativ sind. Der von den Zeitpunkten $t = 0, 1, 2, 3, \ldots$ abhängige n-dimensionale Vektor $x(t)$ beschreibt den Zustand des betrachteten System zum Zeitpunkt t, er ist die gesuchte Größe des mathematischen Problems.

Die theoretischen Werkzeuge zur Analyse dieser mathematischen Struktur werden im Anhang 16 bereit gestellt. Große Teile insbesondere von Kapitel 9 lassen sich aber auch ohne diese Werkzeuge nachvollziehen. Es wird daher empfohlen, zunächst in die Modellierung der nächsten beiden Kapitel einzusteigen und sich mit den Werkzeugen aus Anhang 16 erst dann zu befassen, wenn sie benötigt werden.

9 Bevölkerungswachstum unter Berücksichtigung der Altersstruktur

9.1 Einführung

Die einfachsten Modelle zur Beschreibung des Wachstums einer Population gehen davon aus, dass die Populationsdynamik nur von der absoluten Größe der Bevölkerung abhängt.[19] Dazu muss angenommen werden, die betrachtete Population sei homogen, die Individuen also alle gleichermaßen zur Reproduktion fähig und vom Tode bedroht. Für menschliche Populationen ebenso wie für Populationen langlebiger Tierarten kann diese Annahme, also die Abstraktion von der Altersstruktur, zu einer völligen Fehleinschätzung der Wachstumsdynamik führen. Denn natürlich hängen die Reproduktionsfähigkeit und die Sterbewahrscheinlichkeit der Individuen von ihrem Alter ab.

Es kommt hinzu, dass die eigentlich interessanten Informationen, die ein Modell liefern soll, häufig gerade in der Altersstruktur stecken, während die absolute Größe der Population eher zweitrangig ist:

- So hängt etwa die Frage, „ob unsere Renten im Jahre 2020 noch sicher sind", nicht an der absoluten Bevölkerungszahl, sondern daran, wie sich dann das Verhältnis zwischen Jungen und Alten gestaltet.

- Gleiches gilt für die Kosten des Gesundheitssystems, da hohe finanzielle Aufwendungen zur Behandlung von Krankheiten vor allem im Alter anfallen.

---

[19] Ein solches Modell, das Differentialgleichungen benutzt, ist in Kapitel 11 dargestellt.

- Für die Bildungsplanung ist wichtig, die Anzahl der Kinder im schulpflichtigen Alter zu prognostizieren, um für eine entsprechende Ausbildung von Lehrkräften und Bereitstellung von Schulgebäuden sorgen zu können.

- Auch bei nichtmenschlichen Populationen kann deren Altersstruktur für uns von Interesse sein. So hängt etwa die Größe von Fischen wesentlich von ihrem Lebensalter ab. Der Fischfang mit einer bestimmten Maschenweite des Netzes fischt die größeren und damit älteren Fische ab. Bei der Festlegung von Fangquoten und erlaubten Maschenweiten der Netze ist daher die Altersstruktur der Fischpopulation zu berücksichtigen.

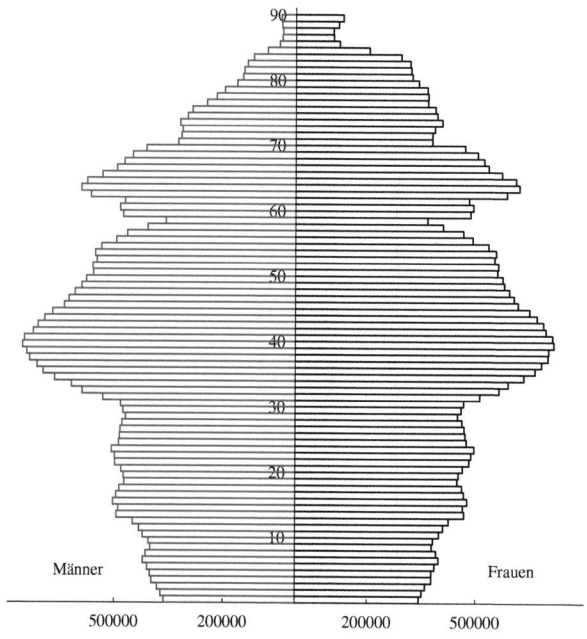

Abbildung 9.1: Bevölkerungs-„Pyramide" Deutschland 2003

Bei den folgenden Überlegungen wollen wir uns vor allem an menschlichen Bevölkerungen orientieren. Für die Bevölkerung in Deutschland gibt das Statistische Bundesamt mit einer gewissen Zeitverzögerung Bevölkerungsdaten heraus, die in das Statistische Jahrbuch für die Bundesrepublik Deutschland eingehen oder auch (kostenpflichtig) aus dem Internet[20] abgerufen werden können. Die Bevölkerung wird dabei üblicherweise in Jahrgänge eingeteilt: Am Ende eines jeden Jahres wird festgestellt, wieviele Männer und wieviele Frauen im Alter von 0-1, 1-2, 2-3, ... Jahren es gibt. Dabei werden die Jahrgänge bis zum Alter von 90 Jahren voneinander getrennt aufgeführt, während alle über 90-Jährigen zusammengefasst werden. Abbildung 9.1 beruht auf solchen Daten des Statistischen Bundesamtes aus dem Jahr 2005, die den Stand vom 31.12.2003 wiedergeben.

---

[20] www.destatis.de (03.09.2008)

9 Bevölkerungswachstum unter Berücksichtigung der Altersstruktur

Dargestellt sind diese Daten als so genannte „Bevölkerungspyramide": Die Stärke eines jeden Jahrgangs wird durch einen waagerechten Balken abgetragen, nach links die Männer, nach rechts die Frauen. Der Name „Pyramide" rührt daher, dass sich unter bestimmten Bedingungen tatsächlich das Bild einer Pyramide ergibt: Werden nämlich in jedem Jahr die gleiche Anzahl von Kindern geboren, so hat wegen der mehr oder weniger zahlreichen Todesfälle jeder Jahrgang eine geringere Anzahl als der vorherige, so dass die entstehende Figur unten breit ist und nach oben hin immer schmaler wird.

Für die deutsche Bevölkerung des Jahres 2003 ist das offensichtlich nicht der Fall. Das liegt einerseits daran, dass die deutsche Bevölkerung schrumpft, was in den Medien immer wieder mal beklagt wird und worauf wir im Laufe dieses Kapitels noch zurückkommen werden. Auf der anderen Seite gibt es verschiedene in der Vergangenheit liegende spezifische Gründe, deren Wirkung man an der Abbildung 9.1 ablesen kann. Wenn man von 2003 das Jahrgangsalter abzieht, erhält man dessen Geburtsjahr, das sich mit historischen Ereignissen in Beziehung setzen lässt:

Bei den ganz Alten lässt sich noch die Nachwirkung des 1. Weltkriegs erkennen, an dessen Ende und in dessen Folgejahren die Geburtenzahlen zurückgingen. Sehr viel deutlicher ist der entsprechende Einbruch bei den knapp 60-Jährigen zu sehen, die am Ende des 2. Weltkriegs und den Folgejahren geboren wurden. An den etwas über 70-Jährigen erkennt man dagegen die Folgen der Weltwirtschaftskrise Anfang der 1930er Jahre. Die ungefähr 40-Jährigen bilden die „geburtenstarken Jahrgänge", danach kommt der so genannte „Pillenknick". Seither schrumpft die Bevölkerung.

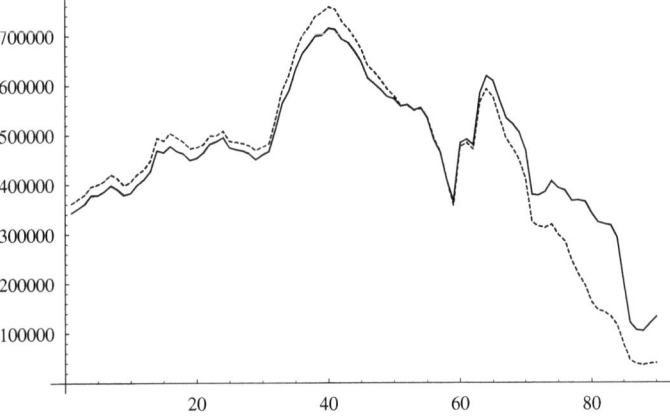

Abbildung 9.2: Jahrgangsstärken von Männern (gestrichelt) und Frauen (durchgezogen) in Deutschland 2003

Einen besseren Vergleich der Jahrgangsstärken von Männern und Frauen bietet Abbildung 9.2: In der Jugend überwiegen die Männer, im Alter dagegen die Frauen. Zwischen 50 und 60 Jahren stimmen die Jahrgangsstärken ungefähr überein. Der Grund dafür ist, dass etwas mehr Jungen als Mädchen geboren werden, die Sterblichkeit der Männer aber höher ist als die der Frauen.

Die Abbildungen 9.1 und 9.2 sind Momentaufnahmen, sie geben den Zustand der Bevölkerung zu einem festen Zeitpunkt an. Im Folgenden soll ein Modell entwickelt werden, das die zeitliche Entwicklung der Altersstruktur beschreibt.

9.2 Modellentwicklung

Die Bevölkerung wird in n Altersklassen aufgeteilt, die durch gleich lange Zeitintervalle charakterisiert sind, z. B. ein Jahr. Betrachtet werden die Größen der Altersklassen zu diskreten Zeitpunkten

$$t = 0, 1, 2, 3, \ldots .$$

Dabei ist darauf zu achten, dass die *Zeiteinheit genauso groß ist wie das Zeitintervall einer Altersklasse*, d. h. bei der Betrachtung von Jahrgängen ist der Zeitschritt von einem Jahr zu wählen. Dadurch ist gewährleistet, dass beim Übergang von t auf $t+1$ jede Altersklasse geschlossen in die nächst höhere übergeht.

9.2.1 Modellannahmen

Wir treffen die folgenden Modellannahmen:

(1) Sterbe- und Geburtenraten bleiben konstant.
(2) Es findet keine Migration (Ein- und Auswanderung) statt.
(3) Die Zahl der Geburten hängt nur von der Anzahl der Frauen ab, der Anteil der Männer daran wird also vernachlässigt.

Besonders durch die Annahmen (1) und (2) sind die *Modellgrenzen* sehr eng gefasst. Es lassen sich damit nur Aussagen der folgenden Art gewinnen: Unter den derzeitigen Verhältnissen würde sich die vorhandene Bevölkerung folgendermaßen entwickeln .... Tatsächlich ändern sich die Sterberaten auf Grund medizinischer Weiterentwicklung ständig, und familienpolitische Maßnahmen zielen ja gerade darauf, die Geburtenraten zu erhöhen (Deutschland) oder zu senken (China, Indien).

Annahme (3) resultiert vor allem daraus, dass es schwierig ist, den Anteil der Männer an den Geburten zu modellieren und Daten über ihn zu gewinnen. Unter der Voraussetzung, dass immer genug Männer da sind, ist diese Annahme aber nicht so gravierend wie die beiden anderen.

9.2.2 Zustandsvariablen und Modellparameter

Wir führen die folgenden Größen ein:

$x_i(t)$: Anzahl der Frauen der Altersklasse i zum Zeitpunkt t
$y_i(t)$: Anzahl der Männer der Altersklasse i zum Zeitpunkt t
u_i : Anteil der Frauen der Altersklasse i, der die Altersklasse $i+1$ erreicht
v_i : Anteil der Männer der Altersklasse i, der die Altersklasse $i+1$ erreicht
a_i : mittlere Anzahl von Töchtern, die eine Frau in der Altersklasse i bekommt
b_i : mittlere Anzahl von Söhnen, die eine Frau in der Altersklasse i bekommt.

Die von t abhängigen Größen x_i, y_i ($i = 1, \ldots, n$) sind die Zustandsvariablen des Modells. Die wegen Annahme (1) konstanten Größen u_i, v_i, a_i, b_i ($i = 1, \ldots, n$) sind die Modellparameter. Die Zahlen $1 - u_i$ und $1 - v_i$ sind als Wahrscheinlichkeit zu deuten, dass eine Frau bzw. ein Mann der Altersklasse i stirbt, bevor sie bzw. er die nächste Altersklasse erreicht.

Sinnvollerweise ist

$$0 < u_i \leq 1\,,\, 0 < v_i \leq 1\,,\, a_i \geq 0\,,\, b_i \geq 0 \text{ für } i = 1, \ldots, n$$

vorauszusetzen, und außerdem sollten nicht alle a_i oder alle b_i gleich Null sein.

9.2.3 Die Dynamik der weiblichen Population. Einfacher Leslie-Prozess

Die Entwicklung der weiblichen Population kann wegen der Annahme (3) für sich, also ohne die männliche betrachtet werden: Die Größen der weiblichen Altersklassen zum Zeitpunkt $t + 1$ ergeben sich dann aus denen zum Zeitpunkt t gemäß

$$\begin{aligned} x_1(t+1) &= a_1 x_1(t) + \cdots + a_n x_n(t) \\ x_i(t+1) &= u_{i-1} x_{i-1}(t) \qquad (i = 2, \ldots, n)\,. \end{aligned}$$

In die Altersklasse 1 gehen die neugeborenen Töchter von Müttern jedes Alters ein. Die übrigen Altersklassen setzen sich aus den Frauen zusammen, die im letzten Jahr in der vorangegangenen Altersklasse waren und nicht gestorben sind. Die letzte Altersklasse verlässt in einem Zeitschritt geschlossen das System, fällt also aus der Betrachtung heraus. Die Überlebenswahrscheinlichkeit u_n ist daher irrelevant.

Mit dem Vektor $\mathrm{x} = (x_1, \ldots, x_n)$ der Anzahlen der weiblichen Altersklassen lässt sich die Entwicklung der weiblichen Population in der Form

$$\mathrm{x}(t+1) = \mathrm{A}\, \mathrm{x}(t) \tag{9.1}$$

schreiben, wobei

$$\mathrm{A} = \begin{pmatrix} a_1 & a_2 & a_3 & \cdots & a_{n-1} & a_n \\ u_1 & 0 & 0 & \cdots & 0 & 0 \\ 0 & u_2 & 0 & \cdots & 0 & 0 \\ \vdots & \vdots & \ddots & \ddots & \vdots & \vdots \\ 0 & 0 & 0 & \ddots & 0 & 0 \\ 0 & 0 & 0 & \cdots & u_{n-1} & 0 \end{pmatrix}. \tag{9.2}$$

A heißt wegen der erstmaligen Untersuchung dieses Modells in [Les45] auch *Lesliematrix* und der zugehörige Iterationsprozess (9.1) *einfacher Leslie-Prozess*. Das „einfach" bezieht sich darauf, dass hier nur die weibliche Population betrachtet wird.

9.2.4 Populationsdynamik mit zwei Geschlechtern

Die männliche Population lässt sich nicht für sich betrachten, weil die Zahl der neugeboren Söhne nach Annahme (3) von den vorhandenen Müttern abhängt. Die Größen der männlichen Altersklassen des nächsten Jahres ergeben sich in Analogie zu oben aus den Größen der männlichen und weiblichen Altersklassen des aktuellen Jahres gemäß

$$y_1(t+1) = b_1 x_1(t) + \cdots + b_n x_n(t)$$
$$y_i(t+1) = v_{i-1} y_{i-1}(t) \text{ für } i = 2,\ldots,n$$

oder für $y = (y_1,\ldots,y_n)$

$$y(t+1) = B\,x(t) + C\,y(t)$$

mit

$$B = \begin{pmatrix} b_1 & b_2 & b_3 & \cdots & b_{n-1} & b_n \\ 0 & 0 & 0 & \cdots & 0 & 0 \\ 0 & 0 & 0 & \cdots & 0 & 0 \\ \vdots & \vdots & \ddots & \ddots & \vdots & \vdots \\ 0 & 0 & 0 & \ddots & 0 & 0 \\ 0 & 0 & 0 & \cdots & 0 & 0 \end{pmatrix}, C = \begin{pmatrix} 0 & 0 & 0 & \cdots & 0 & 0 \\ v_1 & 0 & 0 & \cdots & 0 & 0 \\ 0 & v_2 & 0 & \cdots & 0 & 0 \\ \vdots & \vdots & \ddots & \ddots & \vdots & \vdots \\ 0 & 0 & 0 & \ddots & 0 & 0 \\ 0 & 0 & 0 & \cdots & v_{n-1} & 0 \end{pmatrix}. \quad (9.3)$$

Erst zusammen mit der Iteration für die weibliche Population ergibt sich daraus ein kompletter Iterationsprozess:

$$\begin{pmatrix} x(t+1) \\ y(t+1) \end{pmatrix} = \begin{pmatrix} A & 0 \\ B & C \end{pmatrix} \begin{pmatrix} x(t) \\ y(t) \end{pmatrix}, \quad (9.4)$$

der auch nach [Les45] als *Leslie-Prozess* bezeichnet wird. In [Lue79, S. 170 ff.], [Nöb79, S. 65 ff.], [Hup90, S. 376 ff.] findet man eine mathematische Behandlung dieses Modells.

Aufgabe 9.1

Stellen Sie zu der im Folgenden beschriebenen Bevölkerung das Leslie-Modell

$$x(t+1) = A x(t)$$
$$y(t+1) = B x(t) + C y(t)$$

auf, d.h. bestimmen Sie die zugehörigen Vektoren $x(0)$ und $x(0)$ sowie die Matrizen A, B und C:

Eine Population mit zwei Altersklassen startet mit 100 Mitgliedern, von denen 75% Frauen sind, in der Altersklasse 1. Die Frauen der Altersklasse 1 bekommen im Mittel eine Tochter und drei Söhne. Mit einer Wahrscheinlichkeit von 60% erreichen sie die zweite Altersklasse, in der sie durchschnittlich 2 Töchter und einen Sohn bekommen. Die Männer sterben mit einer Wahrscheinlichkeit von 20%, bevor sie die Altersklasse 2 erreichen.

9.3 Daten und Prognosen

Um das Leslie-Modell (9.4) für Prognosen einsetzen zu können, benötigt man Zahlenwerte für alle Modellparameter a_i, b_i, u_i, v_i und außerdem zu einem Anfangszeitpunkt t_0 für die Größen der $2n$ weiblichen und männlichen Altersklassen $x_i(t_0), y_i(t_0)$. Daraus lassen sich dann mit (9.4) die Größen der Altersklassen für alle Folgezeitpunkte $t_0 + 1, t_0 + 2, \ldots$ berechnen.

9.3.1 Altersabhängige Sterberaten für Deutschland 2003

Für $t_0 = 2003$ wurden die Anfangswerte $x_i(t_0), y_i(t_0)$ bereits in den Abbildungen 9.1 und 9.2 dargestellt. Derselbe Datensatz des Statistischen Bundesamts enthält auch Angaben zu den Sterbe- und Geburtenraten, aus denen sich die Modellparameter berechnen lassen.

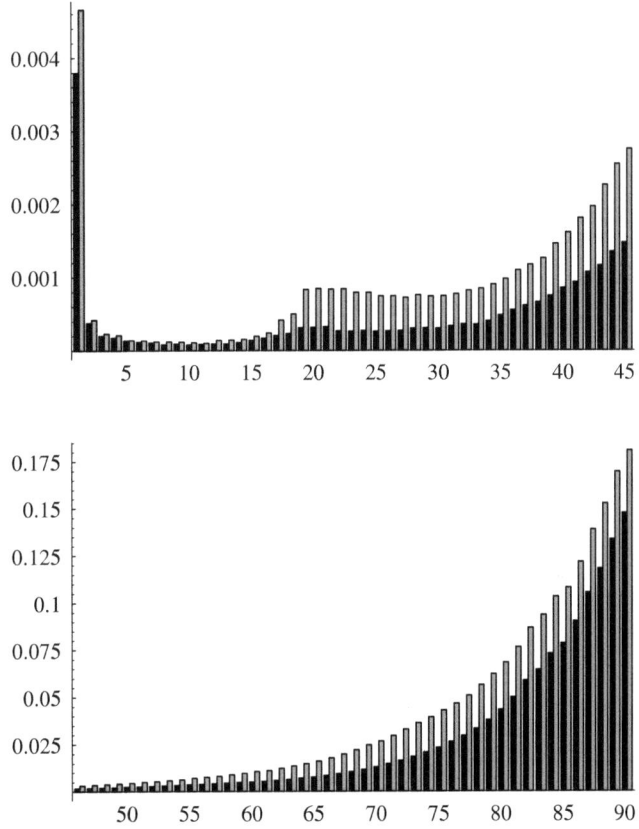

Abbildung 9.3: Altersabhängige Sterblichkeit der Frauen (schwarz) und Männer (grau) in Deutschland 2003

In Abbildung 9.3 sind die Anteile der Todesfälle an den 90 weiblichen und 90 männlichen Altersklassen der deutschen Bevölkerung nach dem Stand des Jahres 2003 angegeben. Sie lassen sich auch deuten als die Wahrscheinlichkeit dafür, dass ein Mitglied der Altersklasse i im Laufe des nächsten Jahres stirbt.

Zunächst fällt auf, dass die Sterblichkeit der Männer in allen Altersklassen höher ist als die der Frauen. Die erste Altersklasse der 0-1-Jährigen weist eine hohe Sterberate auf (Säuglingssterblichkeit), die später erst wieder bei den 75-Jährigen erreicht wird. Danach sinkt die Sterberate schnell und nimmt ihr absolutes Minimum für beide Geschlechter bei den 11-12-Jährigen an. Zwischen 18 und 20 Jahren gibt es einen starken Anstieg der Sterberate, besonders bei den Männern. Bis zum Alter von 30 nimmt sie dann wieder ab und steigt von da an mit wachsendem Alter ständig an.

Die Modellparameter u_i und v_i lassen sich aus diesen Daten leicht ermitteln: Es handelt sich um die Gegenwahrscheinlichkeiten zu den dargestellten Sterbewahrscheinlichkeiten.

9.3.2 Geburtenraten nach dem Alter der Mütter für Deutschland 2003

In Abbildung 9.4 ist – aufgeschlüsselt nach dem Alter der Mütter – angegeben, wieviele Kinder von je 1000 Frauen pro Jahr im Mittel geboren werden. Für die 35 Altersklassen von 16 bis 50 ist diese Zahl positiv, davor und danach ist sie – mit einer Genauigkeit von drei Stellen nach dem Komma – Null. Das Maximum wird bei den 30-31-Jährigen angenommen.

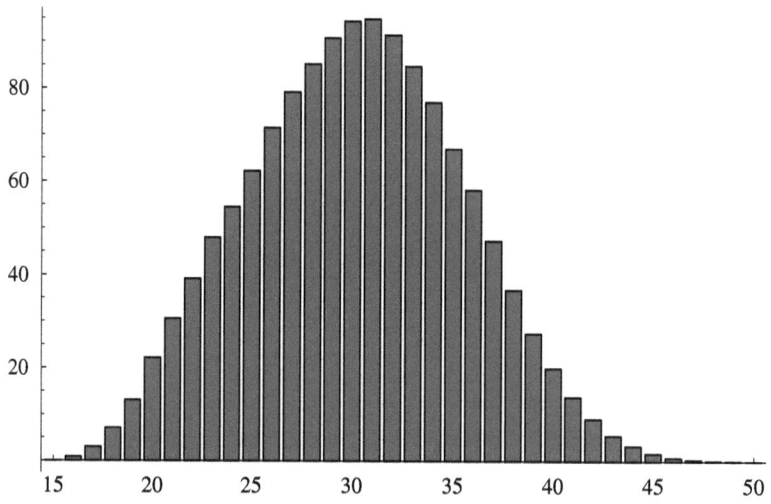

Abbildung 9.4: Mittlere jährliche Anzahlen der Geburten von je 1000 Frauen der verschiedenen Altersklassen

Die Geburtenzahlen sind hier nicht nach Mädchen und Jungen aufgeschlüsselt. Um aus ihnen die Modellparameter a_i und b_i bestimmen zu können, benötigt man zusätzlich den Anteil der Mädchen und der Jungen an den Neugeborenen. Wir nehmen dazu an, dass diese Anteile nicht vom Alter der Mütter abhängen. Zu ihrer Bestimmung greifen wir einfach auf die Größen der ersten Altersklassen im Jahr 2003 zurück, wie sie in den Abbildungen 9.1 und 9.2 dargestellt sind, und erhalten daraus Anteile von

$$48{,}7\% \text{ Mädchen und } 51{,}3\% \text{ Jungen} \tag{9.5}$$

an den Neugeborenen.

Mit diesen Zahlen und den Daten aus Abbildung 9.4 lassen sich die Modellparameter a_i und b_i sofort ermitteln.

9.3.3 Eine Prognose für Deutschland 2020

Mit den Anfangsdaten aus Abbildung 9.1 lassen sich jetzt die Größen der Altersklassen Jahr für Jahr berechnen. Die so ermittelten Werte für das Jahr 2020 sind in Abbildung 9.5 wieder als Bevölkerungspyramide dargestellt.

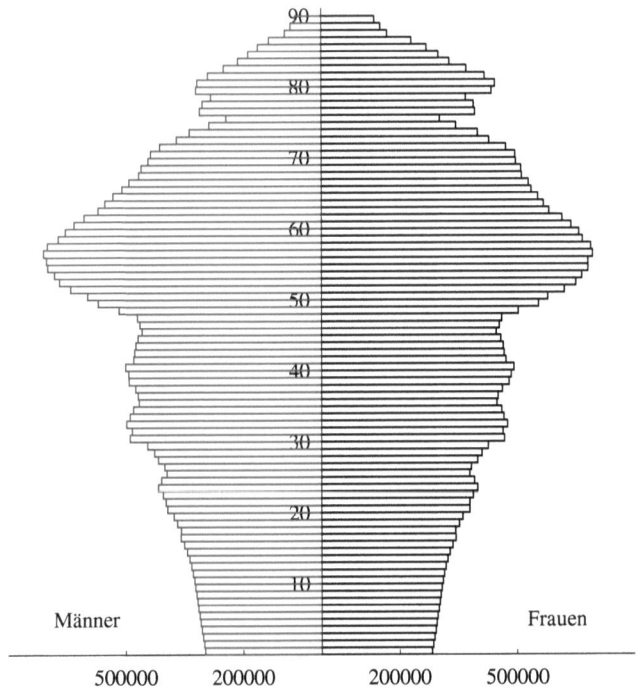

Abbildung 9.5: Prognostizierte Bevölkerungs-„Pyramide" Deutschland 2020

Im Vergleich zu Abbildung 9.1 ist zu erkennen, dass die Einschnitte und Ausbuchtungen nach oben gerutscht sind und sich die zugehörigen Zahlenwerte verringert haben. Ferner verringern sich die Anzahlen in den nachwachsenden Jahrgängen. Zu beobachten ist also eine *Schrumpfung* und ein *Älterwerden* der Bevölkerung. Einen deutlicheren Vergleich gibt Tabelle 9.1. Hier wurden jeweils 15 Jahrgänge zusammengefasst und die Anzahlen von Männern und Frauen aufsummiert. Man erkennt sowohl die Schrumpfung als auch die anteilige Verringerung der jüngeren und Vergrößerung der älteren Jahrgänge. Während 2003 noch 56.3 % unter 45 Jahre alt sind, sind das 2020 nur noch 47,1 %. Eine Besonderheit bilden die geburtenstarken Jahrgänge, die im Jahr 2003 die Klasse der 30-45-Jährigen und im Jahr 2020 die Klasse der 45-60-Jährigen besonders stark machen. Längerfristig werden sie aus der Alterspyramide herauswachsen.

Tabelle 9.1: Altersstruktur 2003 und 2020

Alter	2003		2020	
	absolut	Anteil (%)	absolut	Anteil (%)
0 - 15	12 162 110	14.8	9 789 255	12.6
15 - 30	14 325 613	17.5	12 624 853	16.2
30 - 45	19 757 148	24.1	14 245 900	18.3
45 - 60	15 950 351	19.5	19 562 771	25.1
60 - 75	13 950 291	17.0	13 617 196	17.5
75 - 90	5 787 931	7.1	8 139 700	10.4
gesamt	81 933 444	100.0	77 979 675	100.0

9.3.4 Grenzen der Prognostizierbarkeit

Im Zusammenhang mit den in 9.2.1 aufgeführten Modellannahmen soll noch einmal darauf hingewiesen werden, dass die Prognosefähigkeit des hier aufgestellten Modells sehr begrenzt ist und daher bereits Aussagen über einen Prognosezeitraum von 17 Jahren mit allergrößter Vorsicht zu betrachten sind.

Was sich tatsächlich sagen lässt, ist dies: Wenn die Geburten- und Sterberaten des Jahres 2003 im Prognosezeitraum konstant bleiben, und wenn in dieser Zeit keine Zu- oder Abwanderung stattfindet, dann ergeben sich für das Jahr 2020 die in Abbildung 9.5 und Tabelle 9.1 dargestellten Größen der Altersklassen.

Mit den tatsächlich eintretenden Verhältnissen muss das nichts zu tun haben:

- Seit einigen Jahrzehnten schon hat es eine erhebliche Einwanderung nach Deutschland gegeben, die in den letzten Jahren allerdings zurück gegangen ist. Dagegen beruht die hier berechnete Prognose auf der Annahme, es gebe weder Ein- noch Auswanderungen.

- Während die Sterberaten sich in einem Zeitraum von 17 Jahren nicht wesentlich ändern sollten, ist das für die Geburtenraten nicht so sicher, wie die Vergangenheit (geburtenstarke Jahrgänge, Pillenknick) zeigt. Zurzeit (Ende 2007) sind gerade familienpolitische Maßnahmen angelaufen, die zum Ziel haben, durch finanzielle Zuwendungen insbesondere besser verdienende berufstätige Frauen zum Kinderkriegen zu ermuntern. Welche Auswirkungen diese Maßnahmen haben werden, ist nicht abzusehen.

Hat man Schätzungen für die künftige Zuwanderung und für die Veränderung der Geburtenraten, so ließen sich diese natürlich für ein verfeinertes Modell verwenden. In der derzeitigen Form des Modells gibt dagegen auch eine Prognose für das Jahr 2020 letztlich nur den (extrapolierten) Status quo des Bezugsjahrs 2003 wieder.

9.4 Langzeitanalyse und Indikatoren des Bevölkerungswachstums

Obwohl eben darauf hingewiesen wurde, dass bereits kurzfristige Prognosen mit dem Leslie-Modell (9.4) wirklichkeitsfremd sein können, soll in diesem Abschnitt analysiert werden, wie sich die Bevölkerung für $t \to \infty$ entwickelt. Der Zweck einer solchen *Langzeitanalyse* ist nicht die Erstellung von Prognosen, sondern vielmehr die Herleitung von Indikatoren, durch die der Status quo gekennzeichnet ist. Es wird sich zeigen, dass sich derartige Indikatoren für das Wachstumsverhalten und die Altersverteilung bestimmen lassen, die nur von den (aktuellen) Geburten- und Sterberaten aber nicht von der Bevölkerungsgröße abhängen.

9.4.1 Beispiel: Ein Leslie-Modell mit drei Altersklassen

Zunächst wollen wir nun den überschaubaren Fall dreier Altersklassen betrachten und ein entsprechendes Modell auf langfristige Entwicklung der Bevölkerung hin untersuchen. Das Modell lautet

$$x(t+1) = A\,x(t)$$
$$y(t+1) = B\,x(t) + C\,y(t)$$

mit

$$A = \begin{pmatrix} 0 & 1{,}4 & 0{,}8 \\ 0{,}7 & 0 & 0 \\ 0 & 0{,}5 & 0 \end{pmatrix}, \quad B = \begin{pmatrix} 0 & 1{,}1 & 1 \\ 0 & 0 & 0 \\ 0 & 0 & 0 \end{pmatrix}, \quad C = \begin{pmatrix} 0 & 0 & 0 \\ 0{,}7 & 0 & 0 \\ 0 & 0{,}6 & 0 \end{pmatrix}$$

und der Anfangsbedingung

$$x(0) = \begin{pmatrix} 10 \\ 0 \\ 0 \end{pmatrix}, \quad y(0) = \begin{pmatrix} 10 \\ 0 \\ 0 \end{pmatrix}.$$

Weibliche Population

Da sich die weibliche Population unabhängig von der männlichen betrachten lässt, wollen wir zunächst die Lösungen des diskreten linearen Iterationsprozesses

$$x(t+1) = A\,x(t) \tag{9.6}$$

untersuchen.

Satz 9.1

Ist A eine komplexe $n \times n$-Matrix, λ ein Eigenwert von A und w ein zugehöriger Eigenvektor, so ist

$$x(t) := \lambda^t\, w \quad (t = 0, 1, 2, \ldots)$$

eine Lösung des diskreten dynamischen Systems

$$x(t+1) = A\,x(t) \quad (t = 0, 1, 2, \ldots)\,.$$

Beweis:
Für die angegebene Folge x(t) gilt

$$x(t+1) = \lambda^{t+1} w = \lambda^t (\lambda w) = \lambda^t A w = A x(t)$$

für alle $t = 0, 1, 2, \ldots$. □

Im Falle des Eigenwerts $\lambda = 0$ mit zugehörigem Eigenvektor w lautet die zugehörige Lösung $x = (w, 0, 0, 0, \ldots)$.

Zur Analyse des betrachteten Beispiels suchen wir daher zunächst die Eigenwerte der Matrix

$$A = \begin{pmatrix} 0 & 1,4 & 0,8 \\ 0,7 & 0 & 0 \\ 0 & 0,5 & 0 \end{pmatrix}.$$

Das charakteristische Polynom lautet

$$p(\lambda) = \det(\lambda I - A) = \lambda^3 - 0,98\lambda - 0,28$$

und besitzt die Nullstellen (auf zwei Dezimalstellen gerundet)

$$\lambda_1 = 1,11, \quad \lambda_2 = -0,79, \quad \lambda_3 = -0,32.$$

Zugehörige Eigenvektoren sind

$$w_1 = \begin{pmatrix} 1 \\ 0,63 \\ 0,28 \end{pmatrix}, \quad w_2 = \begin{pmatrix} 1 \\ -0,88 \\ 0,56 \end{pmatrix}, \quad w_3 = \begin{pmatrix} 1 \\ -2,20 \\ 3,44 \end{pmatrix}.$$

Da nun jede Linearkombination von Lösungen wiederum eine Lösung von (9.6) ist,[21] ist für beliebige $\alpha_1, \alpha_2, \alpha_3 \in \mathbb{R}$

$$x(t) = \alpha_1 \lambda_1^t w_1 + \alpha_1 \lambda_2^t w_2 + \alpha_3 \lambda_3^t w_3$$

eine Lösung von (9.6). Wegen

$$x(0) = \alpha_1 w_1 + \alpha_1 w_2 + \alpha_3 w_3$$

und der linearen Unabhängigkeit der Eigenvektoren w_1, w_2, w_3 (zu verschiedenen Eigenwerten) lassen sich $\alpha_1, \alpha_2, \alpha_3$ auf eindeutige Weise so bestimmen, dass $x(0)$ gleich dem gewählten Anfangsvektor ist. Dazu sind (wiederum auf zwei Stellen genau)

$$\alpha_1 = 4,54, \quad \alpha_2 = 6,97, \quad \alpha_3 = -1,50$$

zu wählen.

---

[21] Das gilt allgemein für homogene, lineare, diskrete dynamische Systeme der Form $x(t+1) = Ax(t)$, wie man durch Einsetzen leicht nachrechnet.

Wir interessieren uns nun für die Langzeitentwicklung der weiblichen Population. Es ist ersichtlich, dass mit wachsendem t der größte Eigenwert λ_1 ein immer größeres Gewicht erhält. Teilen wir nun die Lösung durch den mit t potenzierten größten Eigenwert:

$$\frac{x(t)}{\lambda_1^t} = \alpha_1 w_1 + \alpha_1 \left(\frac{\lambda_2}{\lambda_1}\right)^t w_2 + \alpha_3 \left(\frac{\lambda_3}{\lambda_1}\right)^t w_3 ,$$

so ergibt sich für $t \to \infty$

$$\lim_{t \to \infty} \frac{x(t)}{\lambda_1^t} = \alpha_1 w_1 = 4{,}54 \begin{pmatrix} 1 \\ 0{,}63 \\ 0{,}28 \end{pmatrix} . \tag{9.7}$$

Asymptotisch verhält sich also $x(t)$ wie $\lambda_1^t w_1$. Das bedeutet, dass sich langfristig die weibliche Population in allen drei Altersklassen um den konstanten Faktor $\lambda_1 = 1{,}11$ vermehrt und dass sich die Anteile der Altersklassen an der Gesamtpopulation langfristig den entsprechenden Anteilen der Komponenten von w_1 annähern. λ_1 ist also als *langfristiger Wachstumsfaktor* und w_1 als *langfristige Altersverteilung* zu interpretieren. Beachten Sie, dass diese *Indikatoren* nur von der Matrix A abhängen, während der Anfangsvektor $x(0)$ nur für den Faktor α_1 in (9.7) eine Rolle spielt.

Männliche Population

Für die Analyse der Dynamik der männlichen Population

$$y(t+1) = B x(t) + C y(t)$$

nutzen wir aus,

- dass die Dynamik von $x(t)$ bereits bekannt ist,
- dass C nilpotent ist: $C^3 = 0$.

Wegen $C^3 = 0$ ist

$$\begin{aligned}
y(1) &= B x(0) + C y(0) \\
y(2) &= B x(1) + C B x(0) + C^2 y(0) \\
y(3) &= B x(2) + C B x(1) + C^2 B x(0) \\
y(4) &= B x(3) + C B x(2) + C^2 B x(1) \\
&\vdots \\
y(t) &= B x(t-1) + C B x(t-2) + C^2 B x(t-3) \quad \text{für} \quad t \geq 3
\end{aligned}$$

und daher

$$\begin{aligned}
\lim_{t \to \infty} \frac{y(t)}{\lambda_1^t} &= \lim_{t \to \infty} \left(\frac{1}{\lambda_1} B \frac{x(t-1)}{\lambda_1^{t-1}} + \frac{1}{\lambda_1^2} C B \frac{x(t-2)}{\lambda_1^{t-2}} + \frac{1}{\lambda_1^3} C^2 B \frac{x(t-3)}{\lambda_1^{t-3}} \right) = \\
&= \alpha_1 \left(\frac{1}{\lambda_1} I + \frac{1}{\lambda_1^2} C + \frac{1}{\lambda_1^3} C^2 \right) B w_1 .
\end{aligned}$$

Der Vektor (hier wieder auf zwei Stellen genau angegeben)

$$z_1 := \left(\frac{1}{\lambda_1} I + \frac{1}{\lambda_1^2} C + \frac{1}{\lambda_1^3} C^2 \right) B w_1 = \begin{pmatrix} 0,88 \\ 0,56 \\ 0,30 \end{pmatrix}$$

gibt also die langfristige Altersverteilung der männlichen Population an, während der langfristige Wachstumsfaktor wie bei der weiblichen Population λ_1 ist.

Gesamtpopulation

Das bisherige Ergebnis lässt sich zusammenfassen zu

$$\lim_{t \to \infty} \frac{1}{\lambda_1^t} \begin{pmatrix} x(t) \\ y(t) \end{pmatrix} = \alpha_1 \begin{pmatrix} w_1 \\ z_1 \end{pmatrix}$$

mit den oben bestimmten Koeffizienten α_1 und Vektoren w_1, z_1. Der gemeinsame langfristige Wachstumsfaktor λ_1 ergibt sich allein aus der Dynamik der weiblichen Population und ist der größte reelle Eigenwert von A. w_1 ist zugehöriger Eigenvektor. Aber was ist z_1? Aus der Definitionsgleichung für z_1 folgt wegen $C^3 = 0$

$$(\lambda_1 I - C) z_1 = (\lambda_1 I - C) \left(\frac{1}{\lambda_1} I + \frac{1}{\lambda_1^2} C + \frac{1}{\lambda_1^3} C^2 \right) B w_1 = B w_1$$

und daher

$$B w_1 + C z_1 = \lambda_1 z_1 ,$$

was zusammen mit $A w_1 = \lambda_1 w_1$ gerade bedeutet:

$$\begin{pmatrix} w_1 \\ z_1 \end{pmatrix} \text{ ist Eigenvektor von } \begin{pmatrix} A & 0 \\ B & C \end{pmatrix} \text{ zum Eigenwert } \lambda_1 .$$

Wie bereits bei der weiblichen Population ist also auch für die Gesamtpopulation die langfristige Altersverteilung durch den Eigenvektor zum größten reellen Eigenwert der Systemmatrix gegeben. Man beachte dabei, dass deren Eigenwerte sich aus den Eigenwerten von A und dem (algebraisch dreifachen, geometrisch einfachen) Eigenwert 0 der Matrix C zusammensetzen.

Im Folgenden geht es darum, nachzuweisen, dass dieses am Beispiel gewonnene Ergebnis für das Langzeitverhalten einer durch das Leslie-Modell beschriebenen Populationsdynamik typisch ist. Wie zu sehen, liegt der wesentliche Grund darin, dass ein algebraisch einfacher, positiver Eigenwert der Systemmatrix existiert, der größer ist als die Absolutbeträge aller anderen Eigenwerte. Die hier am Beispiel beobachteten Aussagen zum Langzeitverhalten folgen dann allgemein aus Satz 16.3.

9.4.2 Charakteristisches Polynom und Eigenwerte der Leslie-Matrix

Die Eigenwerte der Systemmatrix des kompletten Leslie-Prozesses (9.4) setzen sich zusammen aus den Eigenwerten von A, der Systemmatrix des einfachen Leslie-Prozesses für die weibliche Population, und dem n-fachen Eigenwert 0 der Matrix C aus (9.3). Zur Analyse des Langzeitverhaltens im Sinne von Satz 16.3 genügt es daher, die Eigenwerte der einfachen Leslie-Matrix

$$A = \begin{pmatrix} a_1 & a_2 & a_3 & \cdots & a_{n-1} & a_n \\ u_1 & 0 & 0 & \cdots & 0 & 0 \\ 0 & u_2 & 0 & \cdots & 0 & 0 \\ \vdots & \vdots & \ddots & \ddots & \vdots & \vdots \\ 0 & 0 & 0 & \ddots & 0 & 0 \\ 0 & 0 & 0 & \cdots & u_{n-1} & 0 \end{pmatrix}$$

zu untersuchen. Für $k = 1, \ldots, n$ bezeichne A_k die aus den ersten k Zeilen und Spalten von A bestehende $k \times k$-Matrix und

$$p_k(\lambda) = \det(\lambda I - A_k)$$

ihr charakteristisches Polynom. Die Entwicklung der Determinante nach der letzten Spalte liefert

$$p_k(\lambda) = \lambda \, p_{k-1}(\lambda) - u_1 \cdots u_{k-1} a_k \text{ für } k = 2 \ldots, n \,.$$

Wegen $p_1(\lambda) = \lambda - a_1$ lautet daher das das charakteristische Polynom von A

$$p(\lambda) = p_n(\lambda) = \lambda^n - \left(c_1 \lambda^{n-1} + \ldots + c_{n-1} \lambda + c_n\right) \tag{9.8}$$

mit

$$c_k = u_1 \cdots u_{k-1} a_k \text{ für } k = 1, \ldots, n \,. \tag{9.9}$$

Die Konstante c_k ist zu interpretieren als die mittlere Anzahl von Töchtern, die ein neugeborenes Mädchen der Altersklasse 1 in der Altersklasse k bekommen wird: Das Produkt $u_1 \cdots u_{k-1}$ ist die Wahrscheinlichkeit, dass es die Altersklasse k erreicht, und a_k ist die mittlere Anzahl von Töchtern, die es unter dieser Voraussetzung in der Altersklasse k zur Welt bringt. Demnach ist also

$$\mu := c_1 + \ldots + c_n \tag{9.10}$$

zu deuten als die mittlere Anzahl von Töchtern, die ein neugeborenes Mädchen im Laufe ihres Lebens zu erwarten hat.

Für die Nullstellen des Polynoms (9.8), also die Eigenwerte von A gilt nun:

Satz 9.2

Das reelle Polynom p sei durch (9.8) definiert mit $c_1, \ldots, c_n \geq 0$ und $c_k > 0$ für mindestens ein k. Dann besitzt p genau eine reelle, positive Nullstelle λ_1, die einfach ist. Für alle anderen Nullstellen λ von p gilt $|\lambda| \leq \lambda_1$. Haben darüber hinaus diejenigen Indizes $k \in \{1, \ldots, n\}$, für die $c_k > 0$, den größten gemeinsamen Teiler 1, so ist $|\lambda| < \lambda_1$ für alle anderen Nullstellen λ von p.

Beweis:
Offenbar ist $\lambda \neq 0$ genau dann eine Nullstelle von p, wenn

$$h(\lambda) := \frac{c_1}{\lambda} + \ldots \frac{c_n}{\lambda^n} = 1 \,.$$

Auf der positiven reellen Halbachse ist h eine streng monoton fallende Funktion, $h'(\lambda) < 0$, mit $h(\lambda) \to \infty$ für $\lambda \to 0$ und $h(\lambda) \to 0$ für $\lambda \to \infty$. Daraus folgt die Existenz genau einer positiven reellen Zahl λ_1 mit $h(\lambda_1) = 1$ bzw. $p(\lambda_1) = 0$. Die Einfachheit der Nullstelle λ_1 von p ergibt sich aus

$$p(\lambda) = \lambda^n (1 - h(\lambda))\,,\; p'(\lambda) = n\lambda^{n-1}(1 - h(\lambda)) - \lambda^n h'(\lambda)$$

und daher

$$p'(\lambda_1) = -\lambda_1^n h'(\lambda_1) > 0\,.$$

Es sei nun

$$\lambda = re^{i\varphi} \text{ mit } r > 0\,,\, 0 \leq \varphi < 2\pi$$

irgendeine von Null verschiedene Nullstelle von p. Dann gilt wiederum

$$h(\lambda) = \frac{c_1}{r}e^{-i\varphi} + \ldots + \frac{c_n}{r^n}e^{-in\varphi} = 1$$

und daher nach Übergang zum Realteil dieser Gleichung

$$h(r) = \frac{c_1}{r} + \ldots + \frac{c_n}{r^n} \geq \frac{c_1}{r}\cos\varphi + \ldots + \frac{c_n}{r^n}\cos n\varphi = 1\,,$$

woraus wegen der strengen Monotonieeigenschaft von h

$$|\lambda| = r \leq \lambda_1$$

folgt.

Darüber hinaus ist $r = \lambda_1$ nur dann möglich, wenn

$$\cos k\varphi = 1 \text{ für alle } k \in \{1,\ldots,n\} \text{ mit } c_k > 0\,,$$

wenn also

$$k\varphi \text{ ganzzahliges Vielfaches von } 2\pi \text{ für alle } k \in \{1,\ldots,n\} \text{ mit } c_k > 0\,.$$

Ist nun aber 1 der größte gemeinsame Teiler dieser Indizes, so lässt sich nach einem bekannten Satz der Zahlentheorie[22] 1 als ganzzahlige Linearkombination dieser Indizes darstellen, weshalb φ ein ganzzahliges Vielfaches von 2π ist. Wegen $0 \leq \varphi < 2\pi$ ist daher $\varphi = 0$ und folglich $\lambda = r = \lambda_1$. □

---

[22] s. [Leu96, S. 14]

9.4.3 Drei Indikatoren des Bevölkerungswachstums

Aus den Sätzen 16.3 und 9.2 folgt für das Langzeitverhalten der Lösungen des kompletten Leslie-Prozesses (9.4):

Satz 9.3

Für die Geburtenraten $a_1, \ldots, a_n$ mögen diejenigen Indizes $k \in \{1, \ldots, n\}$, für die $a_k > 0$, den größten gemeinsamen Teiler 1 haben. Es sei ferner $m \in \{1, \ldots, n\}$ der größte Index, für den $a_m > 0$. Dann besitzt die einfache Leslie-Matrix A einen eindeutig bestimmten positiven Eigenwert λ_1. Sei $(x(t), y(t))$ eine Lösung des kompletten Leslie-Prozesses (9.4) mit $x(0) \geq 0$, $y(0) \geq 0$ und $x_k(0) > 0$ für mindestens ein $k \in \{1, \ldots, m\}$. Dann ist

$$\lim_{t \to \infty} \frac{x(t)}{\lambda_1^t} = w \,,\ \lim_{t \to \infty} \frac{y(t)}{\lambda_1^t} = z \tag{9.11}$$

mit positiven Vektoren $w, z \in \mathbb{R}^n$, die den Gleichungen

$$\begin{aligned} u_i w_i &= \lambda_1 w_{i+1} \quad (i = 1, \ldots, n-1) \\ \sum_{j=1}^{n} b_j w_j &= \lambda_1 z_1 \\ v_i z_i &= \lambda_1 z_{i+1} \quad (i = 1, \ldots, n-1) \end{aligned} \tag{9.12}$$

genügen.

Beweis:
Wegen Satz 9.2 garantieren die angegebenen Voraussetzungen die Anwendbarkeit von Satz 16.3 aus Anhang 16 auf den kompletten Leslie-Prozess (9.4). (9.12) sind die Gleichungen für den Rechtseigenvektor (w, z). Hinsichtlich des Linkseigenvektors genügt hier der leicht zu überprüfende Hinweis, dass seine ersten m Komponenten positiv und alle weiteren Komponenten Null sind. □

λ_1 ist als *langfristiger Wachstumsfaktor* zu interpretieren, also als der Faktor, um den die Population langfristig in jedem Zeitschritt (Jahr) wächst. Der bis auf positive Vielfache eindeutig bestimmte Eigenvektor (w, z) ist zu interpretieren als die *langfristig sich einstellende Altersverteilung*, die die relative Größe der je n weiblichen und männlichen Altersklassen angibt. Nach Vorgabe eines beliebigen $w_1 > 0$ ist er durch (9.12) sofort zu bestimmen. Aus diesen Gleichungen folgt

$$\frac{w_i}{w_{i+1}} = \frac{\lambda_1}{u_i} \text{ und } \frac{z_i}{z_{i+1}} = \frac{\lambda_1}{v_i} \quad (i = 1, \ldots, n) \,,$$

woran sich ein bekanntes Phänomen ablesen lässt:

- In wachsenden Bevölkerungen ($\lambda_1 > 1$) ist $w_i > w_{i+1}$ und $z_i > z_{i+1}$ für $i = 1, \ldots, n-1$, es ergibt sich also tatsächlich eine Bevölkerungspyramide im Sinne des Wortes, die von unten nach oben immer schmaler wird. Die jungen Jahrgänge überwiegen, wie es etwa aus Ländern der Dritten Welt bekannt ist.

- In schrumpfenden Bevölkerungen ($\lambda_1 < 1$) mit zudem noch kleinen Sterberaten (d. h. u_i, v_i nahe bei 1) ist $w_i > w_{i+1}$ und $z_i > z_{i+1}$, solange $\lambda_1 < u_i, v_i < 1$. Die Bevölkerungs-„Pyramide" wird von unten nach oben zunächst breiter, erst die kleiner werdenden Überlebensraten in den hohen Jahrgängen lassen sie dann wieder schmaler werden. Die alten Jahrgänge überwiegen, wie es insbesondere in Deutschland als Problem wahrgenommen wird.

Als einen dritten Indikator neben dem Wachstumsfaktor λ_1 und der Altersverteilung (w, z) hatten wir in (9.10) bereits die Größe

$$\mu = a_1 + u_1 a_2 + u_1 u_2 a_3 + \ldots + u_1 u_2 \cdots u_{n-2} a_{n-1} + u_1 u_2 \cdots u_{n-1} a_n$$

eingeführt, die sich interpretieren lässt als *mittlere Anzahl von Töchtern*, die eine Frau während ihres Lebens zur Welt bringt.

Mit dem charakteristischen Polynom p der einfachen Leslie-Matrix A ist

$$p(1) = 1 - \mu,$$

woraus sich wegen der bereits untersuchten Eigenschaften von p der folgende Zusammenhang zwischen λ_1 und μ ergibt:

Satz 9.4

Die durch die einfache Leslie-Matrix A bestimmten positiven Zahlen λ_1 und μ liegen auf derselben Seite der 1, also (mit dem charakteristischen Polynom p von A):

$$\lambda_1 \left\{\begin{matrix}<\\=\\>\end{matrix}\right\} 1 \iff p(1) \left\{\begin{matrix}>\\=\\<\end{matrix}\right\} 0 \iff \mu \left\{\begin{matrix}<\\=\\>\end{matrix}\right\} 1.$$

Natürlich bedeutet das nicht, dass $\lambda_1 = \mu$. Für menschliche Populationen liegt λ_1 näher bei der 1 als μ. λ_1 ist der Wachstumsfaktor für ein Jahr, während μ sich auf eine Frauengeneration bezieht. Wenn es nur darum geht, den vorliegenden Daten zu entnehmen, ob eine Bevölkerung wächst oder schrumpft, sollte man μ verwenden, weil dieser Indikator leichter zu berechnen ist.

Aufgabe 9.2

Eine weibliche Population mit drei Altersklassen unterliege der folgenden Populationsdynamik:

$$\begin{aligned} x_1(t+1) &= a_2 x_2(t) + a_3 x_3(t) \\ x_2(t+1) &= \frac{1}{2} x_1(t) \\ x_3(t+1) &= \frac{2}{3} x_2(t) \end{aligned}$$

(a) Welche Voraussetzung müssen die Reproduktionsraten a_2, a_3 erfüllen, damit die Population weder unbeschränkt wächst noch ausstirbt?

(b) Welche Altersverteilung stellt sich langfristig ein, wenn diese Voraussetzung erfüllt ist?

9 Bevölkerungswachstum unter Berücksichtigung der Altersstruktur

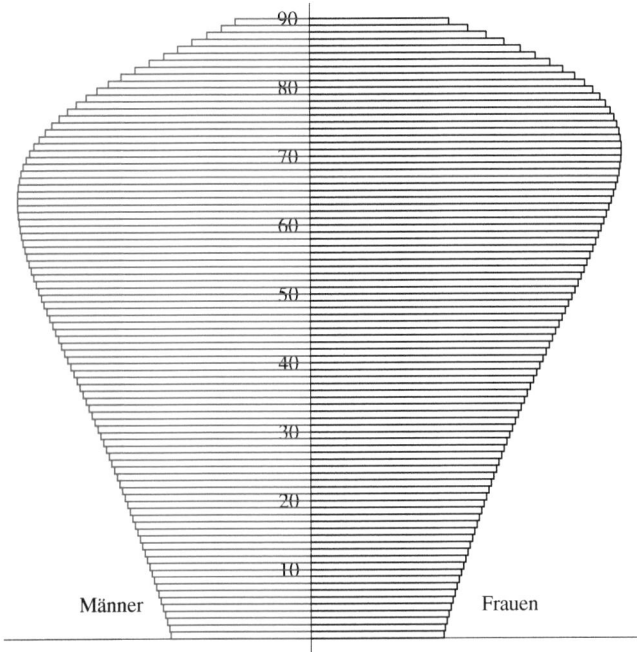

Abbildung 9.6: Langfristige Altersverteilung auf Basis der Bevölkerungsdaten in Deutschland 2003

9.4.4 Indikatoren der Bevölkerungsdaten für Deutschland 2003

Mit den in den Abbildungen 9.3 und 9.4 dargestellten Sterbe- und Geburtenraten für die Bevölkerung in Deutschland des Jahres 2003 und der Aufteilung (9.5) der Geburten auf Mädchen und Jungen ergeben sich die Wachstumsindikatoren

$$\lambda_1 = 0{,}9857 \text{ und } \mu = 0{,}6463$$

und die in Abbildung 9.6 dargestellte langfristige Altersverteilung. Langfristig schrumpft also die Gesamtzahl der Bevölkerung und die jeder Altersklasse in jedem Jahr um 1.43%, und als Alters-„Pyramide" stellt sich eine „Keulenform" ein, die für schrumpfende Bevölkerungen mit hoher individueller Lebenserwartung typisch ist. Auf der Abszisse der Abbildung 9.6 sind keine Werte eingetragen, weil es hier nur um die *relativen* Größenverhältnisse der Altersklassen geht.

9.5 Zusammenfassung

In diesem Kapitel wird das auf [Les45] zurückgehende lineare Wachstumsmodell für eine Population mit altersabhängiger Fruchtbarkeit und Sterblichkeit dargestellt. Ausgehend von Daten etwa für die Bevölkerung in Deutschland des Jahres 2003 lassen sich mit diesem Modell Prognosen für die Folgejahre machen. Da diese allerdings darauf beruhen, dass sich Geburten- und Sterberaten nicht ändern und keine Migration stattfindet, ist ihre Aussagekraft sehr begrenzt.

Aus den Geburten- und Sterberaten allein – also unter Absehen von den aktuellen Bevölkerungszahlen – lassen sich auf dem Wege einer Langzeitanalyse Indikatoren des Bevölkerungswachstums ermitteln, die angeben, wie stark eine Bevölkerung langfristig wachsen bzw. schrumpfen und welche Altersverteilung sich einstellen würde.

9.6 Lösungen der Aufgaben

Aufgabe 9.1

$$A = \begin{pmatrix} 1 & 2 \\ 0{,}6 & 0 \end{pmatrix}, \quad B = \begin{pmatrix} 3 & 1 \\ 0 & 0 \end{pmatrix}, \quad C = \begin{pmatrix} 0 & 0 \\ 0{,}8 & 0 \end{pmatrix}$$

$$x(0) = \begin{pmatrix} 75 \\ 0 \end{pmatrix}, \quad y(0) = \begin{pmatrix} 25 \\ 0 \end{pmatrix}$$

Aufgabe 9.2

(a) Eine Bedingung dafür, dass die Population weder unbeschränkt wächst noch ausstirbt, lautet: $\mu = 1$. Wegen

$$\mu = \frac{1}{2}a_2 + \frac{1}{2}\frac{2}{3}a_3 = \frac{1}{2}a_2 + \frac{1}{3}a_3$$

ist das äquivalent zu

$$3a_2 + 2a_3 = 6.$$

(b) Unter dieser Bedingung ist $\lambda_1 = 1$, und die langfristige Altersverteilung (w_1, w_2, w_3) ist bestimmt durch die Gleichungen

$$\frac{1}{2}w_1 = w_2, \quad \frac{2}{3}w_2 = w_3$$

mit der normierten Lösung ($w_1 + w_2 + w_3 = 1$)

$$w_1 = \frac{6}{11}, \quad w_1 = \frac{3}{11}, \quad w_1 = \frac{2}{11}.$$

10 Verdrängungswettbewerb von Eichhörnchen

10.1 Einführung

Am Beispiel von zwei Eichhörnchenarten wird hier die in der Moderne häufiger auftretende Situation betrachtet, dass eine fremde Art vom Menschen absichtlich oder versehentlich in ein bis dato abgeschlossenes Ökosystem eingeschleppt wird. Die Folgen sind meist nicht leicht vorherzusehen. Koexistiert die neue Art mit den vorhandenen, oder wird die eine oder andere Art verdrängt?

10.1.1 Graue und rote Eichhörnchen

Ende des 19. Jahrhunderts wurde das graue Eichhörnchen (*Sciurus carolinensis*), auch Grauhörnchen genannt, aus Nordamerika nach Großbritannien eingeschleppt. Seit 1876, als die ersten Tiere freigelassen wurden, haben sie sich in England und Wales verbreitet. Auch in Teilen von Schottland und Irland sind sie mittlerweile zu finden.

Gleichzeitig verschwand das heimische rote Eichhörnchen, das europäische Eichhörnchen, (*Sciurus vulgaris*) aus den meisten Gebieten, die durch das graue Eichhörnchen bevölkert wurden. Während des letzten Jahrhundert nahm die Population des roten Eichhörnchens beständig ab und wurde in manchen Gebieten in England und Wales völlig ausgerottet, so dass es jetzt fast nur noch in Nordengland und Schottland anzutreffen ist. Wenige, isolierte Populationen roter Eichhörnchen existieren außerdem auf südenglischen Inseln und im walisischen Gebirge.[23]

Das Problem der Verdrängung der roten Eichhörnchen durch graue löste in England eine öffentliche Diskussion aus[24], die in Forderungen nach einem Abschuss der grauen Eichhörnchen mündete, um das Überleben der roten zu sichern. Ein entsprechendes Schutzprogramm wurde von der britischen Regierung im Jahre 2006 erlassen.

10.1.2 Datenlage

Seit etwa 1930 wird in Großbritannien die Verbreitung der grauen und roten Eichhörnchen überwacht. In [Moo99, S. 127 ff.] wird von einer Untersuchung berichtet, in der die britischen Waldgebiete in Quadrate mit 10 km Seitenlänge aufgeteilt wurden. Einmal im Jahr wurden die Förster gefragt, welche der beiden Eichhörnchenarten sie im vergangenen Jahr in den verschiedenen Planquadraten beobachten konnten. Dabei waren die folgenden Antworten möglich:

R : nur rote Eichhörnchen,
G : nur graue Eichhörnchen,
B : beide Eichhörnchenarten,
K : keine der Eichhörnchenarten.

Diese Umfrage erstreckte sich über mehrere Jahre. Zur Erfassung von Veränderungen wurden nur solche Gebiete erfasst, für die Daten aus zwei aufeinander folgenden Jahren vorlagen. Die aufsummierten Zahlen für die Jahrespaare von 1973-1974 bis 1987-1988 sind in Tabelle 10.1

---
[23] Angaben nach [Moo99, S. 127]
[24] vgl. „The Grey/Red Debate" auf www.saveoursquirrels.org.uk (15.04.2008)

Tabelle 10.1: Gezählte Übergänge von einem Jahr auf das nächste

Folge-jahr	erstes Jahr				Σ
	R	G	B	K	
R	2.529	35	257	5	2.805
G	61	733	20	91	905
B	282	25	4.311	335	4.953
K	3	123	310	5.930	6.366
Σ	2.875	916	4.898	6.361	15.050

zusammengefasst. In der Tabelle sind die Zustände eines Jahres nach den Zuständen des Folgejahres aufgeschlüsselt. Beispielsweise kann man daraus ablesen, dass in 282 Gebieten, in denen in einem Jahr nur rote Eichhörnchen auftraten, im nächsten Jahr beide Arten auftraten. Und in 35 Gebieten, in denen in einem Jahr nur graue Eichhörnchen beobachtet wurden, waren im Folgejahr nur die roten Eichhörnchen vertreten.

10.2 Modellierung als Markov-Kette

Tabelle 10.2 entsteht aus Tabelle 10.1, indem jeder Eintrag dort durch die entsprechende Spaltensumme dividiert wird. Das Ergebnis sind relative Häufigkeiten. Daraus lässt sich ablesen, dass

Tabelle 10.2: Relative Häufigkeiten der Übergänge

Folge-jahr	erstes Jahr			
	R	G	B	K
R	0,8797	0,0382	0,0525	0,0008
G	0,0212	0,8002	0,0041	0,0143
B	0,0981	0,0273	0,8802	0,0527
K	0,0010	0,1343	0,0630	0,9322

beispielsweise in den Gebieten, in denen in einem Jahr nur rote Eichhörnchen auftraten, in 9,81% der Fälle im nächsten Jahr beide Arten auftraten. Und in 3,82% der Gebiete, in denen nur graue Eichhörnchen beobachtet wurden, waren ein Jahr später nur die roten vertreten.

Der eigentliche, von [Moo99, S. 128] vorgeschlagene Modellierungsschritt besteht jetzt darin, die *relativen Häufigkeiten* der Tabelle 10.2 als *Wahrscheinlichkeiten* zu deuten, die in jedem Gebiet und jedem Jahr unabhängig von der Vorgeschichte die Übergänge vom aktuellen Zustand zum Zustand des Folgejahres regeln. Das heißt beispielsweise, dass ein Gebiet im Zustand R mit der Wahrscheinlichkeit 0,0981 in den Zustand B im Folgejahr übergeht, und entsprechend ein Gebiet im Zustand G mit der Wahrscheinlichkeit 0,0382 in den Zustand R.

Der hier vollzogene Übergang von relativen Häufigkeiten zu Wahrscheinlichkeiten ist derart gebräuchlich, dass er oft gar nicht mehr wahrgenommen wird. In ihm steckt aber eine zentrale

Modell*annahme*, die sich durch die Daten allein nicht rechtfertigen lässt. Sie besagt, dass die beobachteten relativen Häufigkeiten Ausfluss eines allgemeinen, von Ort und Zeit (also Gebiet und Jahr) unabhängigen Zufallsmechanismus' sind. Die Rechtfertigung für diese Annahme besteht ausschließlich darin, dass sich ohne sie kein Modell bauen ließe, das Prognosen gestattet. Und genau darum geht es im Folgenden: Es soll untersucht werden, wie sich das Auftreten der Eichhörnchenarten in der Zukunft entwickelt.

10.2.1 Markov-Ketten

Die mit Tabelle 10.2 erreichte mathematische Struktur, zusammen mit der Deutung der Einträge als *Übergangswahrscheinlichkeiten*, ist die einer endlichen *Markov-Kette*.

Eine Markov-Kette ist ein stochastischer Prozess, der aus endlich vielen Zuständen und Übergangswahrscheinlichkeiten zwischen diesen Zuständen besteht. Bei n Zuständen werden diese häufig von $1, \ldots, n$ durchnummeriert. Eine Möglichkeit der Darstellung einer Markov-Kette ist

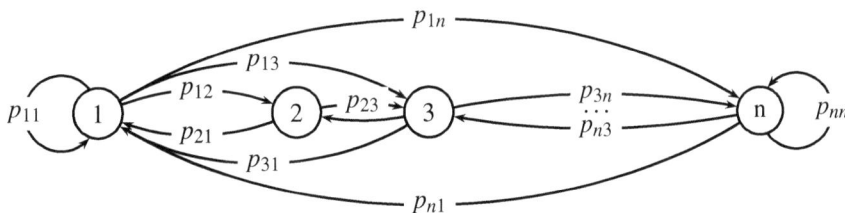

Abbildung 10.1: Darstellung einer Markov-Kette mit ihren Übergangswahrscheinlichkeiten p_{ij}

die eines gerichteten Graphen (Digraphen), dessen Kanten gewichtet sind: Die Zustände sind seine Ecken oder Knoten, und je zwei von ihnen werden genau dann durch einen Pfeil oder Bogen miteinander verbunden, wenn der entsprechende Übergang möglich, die zugehörige Übergangswahrscheinlichkeit also positiv ist. Die Übergangswahrscheinlichkeiten werden an die Pfeile als deren Gewicht angetragen. Das Gewicht ist die Wahrscheinlichkeit p_{ij}, von dem Zustand i am Pfeilanfang in einem Zeitschritt zum Zustand j am Pfeilende zu gelangen (vgl. Abbildung 10.1).

Die dahinter liegende Vorstellung ist die eines getakteten Systems, das sich zu jedem Zeitpunkt

$$t = 0, 1, 2, 3, \ldots$$

in genau einem der n Zustände befindet und dabei von Schritt zu Schritt diesen Zustand zufällig wechselt.

Eine Markov-Kette ist nun durch die folgenden drei Eigenschaften gekennzeichnet:

1. Die Wahrscheinlichkeit p_{ij}, dass das System, das sich zum Zeitpunkt t im Zustand i befindet, im nachfolgenden Zeitschritt $t+1$ in den Zustand j wechselt, ist unabhängig von t und davon, wie der Zustand i erreicht wurde und was passiert ist, bevor es in den Zustand i kam. Diese Eigenschaft heißt *Markov-Eigenschaft* und besagt also, dass es für den Zustand eines Systems zu einem Folgezeitpunkt $t+1$ nur auf den Zustand des Systems

im vorhergehenden Zeitpunkt t ankommt und nicht auf die gesamte Vergangenheit des Systems.

2. Die Wahrscheinlichkeiten, die aus einem Zustand hinausführen, im Digraphen also die Gewichte an den von einer Ecke wegführenden Pfeilen, müssen sich zu Eins aufaddieren.

3. Auch wenn bekannt sein sollte, in welchem der n Zustände sich das System zum Anfangszeitpunkt $t = 0$ befindet, ist das bereits zum Zeitpunkt $t = 1$ nicht mehr der Fall. Prognosen über Systemzustände zu irgendeinem Zeitpunkt $t > 0$ können also nicht in einer genauen Angabe des jeweils erreichten Zustands bestehen. Was sich angeben lässt, sind Aufenthaltswahrscheinlichkeiten. Der Zustandsvektor $X(t)$ einer Markov-Kette beschreibt daher die Verteilung, die angibt, mit welcher Wahrscheinlichkeit sich das System zum Zeitpunkt t in den verschiedenen Zuständen befindet. Die j-te Komponente $X_j(t)$ ist also die Wahrscheinlichkeit, dass das System zum Zeitpunkt t im Zustand j ist ($j = 1, \ldots, n$). Da es sich immer in genau einem Zustand aufhalten muss, müssen die Einträge im Zustandsvektor immer die Summe Eins besitzen.

Eine zweite Möglichkeit der Beschreibung einer Markov-Kette mit den n Zuständen $1, \ldots, n$ ist die durch die Übergangsmatrix

$$P = \begin{pmatrix} p_{11} & p_{21} & \cdots & p_{n1} \\ p_{12} & p_{22} & \cdots & p_{n2} \\ \vdots & \vdots & \ddots & \vdots \\ p_{1n} & p_{2n} & \cdots & p_{nn} \end{pmatrix}$$

mit den Übergangswahrscheinlichkeiten als Koeffizienten. Man beachte die etwas ungewöhnliche Indizierung, die der einer transponierten Matrix entspricht. Bei dieser Indizierung bedeutet die Eigenschaft 2., dass sich in jeder Spalte von P die Einträge zu 1 aufaddieren. Umgekehrt ist durch jede Matrix P mit nicht negativen Einträgen und Spaltensummen 1 eine Markov-Kette definiert.

Der Vorteil der hier gewählten Indizierung liegt darin, dass der Übergang von $X(t)$ auf $X(t+1)$ in der Form

$$X(t+1) = P X(t)$$

geschrieben werden kann und damit einer in allgemeinerem Rahmen (vgl. Anhang 16) gewählten Konvention entspricht. Komponentenweise ausgeschrieben bedeutet das

$$X_j(t+1) = \sum_{i=1}^{n} X_i(t) p_{ij} \quad (j = 1, \ldots, n).$$

Die Richtigkeit dieser Gleichungen macht man sich leicht klar: Der i-te Summand $X_i(t) p_{ij}$ ist die Wahrscheinlichkeit, dass sich das System zum Zeitpunkt t im Zustand i befindet *und* von dort den Übergang nach j macht. Alle Summanden zusammen beschreiben also gerade alle (sich gegenseitig ausschließenden) Möglichkeiten, zum Zeitpunkt $t+1$ in den Zustand j zu gelangen.

10 Verdrängungswettbewerb von Eichhörnchen

Aufgrund dieser Überlegungen erscheint der folgende Satz recht naheliegend:

Satz 10.1
Ist $X \in \mathbb{R}^n$ eine Wahrscheinlichkeitsverteilung, also $X \geq 0$ und $\sum_{i=1}^n X_i = 1$, so ist auch PX eine Wahrscheinlichkeitsverteilung.

Beweis:
Sicher ist $PX \geq 0$, da $P \geq 0$ und $X \geq 0$. Ferner ist wegen der Spaltensummen-Bedingung für P

$$\sum_{j=1}^n (PX)_j = \sum_{j=1}^n \sum_{i=1}^n X_i p_{ij} = \sum_{i=1}^n X_i \left(\sum_{j=1}^n p_{ij} \right) = \sum_{i=1}^n X_i = 1 \,.$$

□

Zu gegebener Anfangsverteilung $X(0) = X_0$ lassen sich die Verteilungen zu den späteren Zeitpunkten nun leicht berechnen

$$X(1) = PX_0 \,,\, X(2) = PX(1) = P^2 X_0 \,,\, \ldots$$

und allgemein

$$X(t) = P^t X_0 \text{ für alle } t \in \mathbb{N}_0 \,.$$

Aufgabe 10.1
Berechnen Sie für eine gegebene Startverteilung X_0 und eine Übergangsmatrix P mit

$$X_0 = \begin{pmatrix} 0,4 \\ 0,3 \\ 0,3 \end{pmatrix} \quad \text{und} \quad P = \begin{pmatrix} 0,4 & 0,2 & 0,1 \\ 0,2 & 0,6 & 0,2 \\ 0,4 & 0,2 & 0,7 \end{pmatrix}$$

die Verteilung für das System nach einer und nach zwei Zeiteinheiten.

10.2.2 Langzeitverhalten regulärer Markov-Ketten

Wie verhalten sich die Lösungen $X(t)$ von

$$X(t+1) = PX(t) \tag{10.1}$$

für $t \to \infty$? Bei (10.1) handelt es sich um einen der in Anhang 16 analysierten linearen Iterationsprozesse mit einer Systemmatrix $P \geq 0$. Für das Langzeitverhalten sind hier die Sätze 16.4 und 16.3 einschlägig. Um die Sätze anwenden zu können, ist der Perron-Frobenius-Eigenwert, also der größte reelle Eigenwert von P zu bestimmen, und es ist zu untersuchen, ob die Absolutbeträge der anderen Eigenwerte kleiner sind als dieser.

Satz 10.2
1 ist ein Eigenwert von P, und für alle anderen Eigenwerte λ von P ist $|\lambda| \leq 1$.

Beweis:
Für den Zeilenvektor $f^T := (1, \ldots, 1)$, dessen Komponenten sämtlich 1 sind, gilt wegen der Spaltensummenbedingung
$$f^T P = f^T .$$
Das heißt aber, dass f^T ein Linkseigenvektor von P zum Eigenwert 1 ist. Insbesondere ist 1 also ein Eigenwert von P. Für alle anderen Eigenwerte λ von P mit zugehörigem Rechtseigenvektor w gilt mit der Summennorm $\|\cdot\|_1$

$$|\lambda| \|w\|_1 = \|\lambda w\|_1 = \|Pw\|_1 = \sum_{j=1}^{n} \left| \sum_{i=1}^{n} w_i p_{ij} \right| \leq$$
$$\leq \sum_{j=1}^{n} \sum_{i=1}^{n} |w_i| p_{ij} = \sum_{i=1}^{n} |w_i| \left(\sum_{j=1}^{n} p_{ij} \right) = \sum_{i=1}^{n} |w_i| = \|w\|_1$$

und daher $|\lambda| \leq 1$. □

Dafür, dass $|\lambda| < 1$ für alle anderen Eigenwerte von P, gibt Satz 16.4 eine Bedingung an, die auf den Begriff der regulären Markov-Kette führt: Eine Markov-Kette mit Übergangsmatrix P heißt *regulär*, wenn ein $t \in \mathbb{N}$ existiert, für das $P^t > 0$, also alle Einträge in der t-ten Potenz von P positiv sind. Für reguläre Markov-Ketten folgt aus den Sätzen 16.3 und 16.4 unmittelbar

Satz 10.3

Sei P die Übergangsmatrix einer regulären Markov-Kette. Dann ist der Eigenwert 1 von P algebraisch einfach, und es existiert ein eindeutig bestimmter, zugehöriger Eigenvektor w mit
$$Pw = w, \; w > 0 \text{ und } \sum_{i=1}^{n} w_i = 1 .$$
Für jeden anderen Eigenwert λ von P ist $|\lambda| < 1$, und für jede Lösung $X(t)$ von (10.1) mit einer Anfangsverteilung $X(0) \geq 0$, für die $\sum_{i=1}^{n} X_i(0) = 1$, gilt
$$\lim_{t \to \infty} X(t) = w .$$

Bei regulären Markov-Ketten streben also die Verteilungen für $t \to \infty$ gegen eine eindeutig bestimmte, von der Startverteilung unabhängige, so genannte *stationäre* Verteilung w, die als Verteilung bereits durch $Pw = w$ eindeutig festlegt.

Aufgabe 10.2

Bestimmen Sie zu der Übergangsmatrix aus Aufgabe 10.1 die langfristige stationäre Verteilung.

10.3 Auswertung des Eichhörnchen-Modells

Bei dem durch Tabelle 10.2 bestimmten Eichhörnchen-Modell handelt es sich um einen regulären Markov-Prozess mit der Übergangsmatrix

$$P = \begin{pmatrix} 0{,}8797 & 0{,}0382 & 0{,}0525 & 0{,}0008 \\ 0{,}0212 & 0{,}8002 & 0{,}0041 & 0{,}0143 \\ 0{,}0981 & 0{,}0273 & 0{,}8802 & 0{,}0527 \\ 0{,}0010 & 0{,}1343 & 0{,}0630 & 0{,}9322 \end{pmatrix} .$$

10.3.1 Langzeitanalyse

Die nach Satz 10.3 eindeutig bestimmte stationäre Verteilung ergibt sich als Lösung des linearen Gleichungssystems $Pw = w$ zu

$$w = \begin{pmatrix} 0,1696 \\ 0,0560 \\ 0,3417 \\ 0,4327 \end{pmatrix}.$$

Ist also $X_R(t)$, $X_G(t)$, $X_B(t)$ bzw. $X_K(t)$ die Wahrscheinlichkeit dafür, dass in irgendeinem Planquadrat nur rote, nur graue, beide bzw. keine Eichhörnchen beobachtet werden, so gilt für $t \to \infty$ unabhängig von der Anfangssituation

$$X_R(t) \to 0,1696, \ X_G(t) \to 0,0560, \ X_B(t) \to 0,3417, \ X_K(t) \to 0,4327.$$

10.3.2 Interpretation der Ergebnisse

Wenn die Annahmen dieses Modells richtig sind, wird sich ein Gleichgewicht zwischen den Gebieten von roten und grauen Eichhörnchen entwickeln. Das rote Eichhörnchen ist damit nicht in Gefahr. Tatsächlich wird es mit 17,0 % sogar mehr Flächen alleine bewohnen als das graue Eichhörnchen mit 5,6 %. Auch werden die grauen Eichhörnchen die roten langfristig nicht ausrotten, da auf 34,2 % der Flächen beide Tierarten gemeinsam vorkommen.

Dieses Modell sagt allerdings nichts über die Größe der Populationen, sondern nur über die Flächen, die bewohnt werden. Es klingt zwar plausibel, dass die Population der roten Eichhörnchen abnimmt, wenn die Flächen abnehmen, die das rote Eichhörnchen bewohnt, aber sicher ist das nicht.

10.3.3 Bewertung des Modells

Die entscheidende Frage an dieser Stelle ist natürlich, ob die Annahmen dieses Modells tatsächlich richtig sind. Und hier sind doch erhebliche Zweifel angebracht.

1. Ein erster Widerspruch tut sich bereits zwischen den verbalen Beschreibungen einerseits und der Datenlage andererseits auf: Obwohl die roten Eichhörnchen in Südengland und Wales weitgehend ausgerottet sein sollen, besiedeln sie sowohl nach Tabelle 10.1 als auch langfristig mehr Gebiete als die grauen Eichhörnchen. Hier wäre kritisch nachzufragen, *wo* die Daten erhoben wurden und ob sie repräsentativ sind.

2. Die Frage nach den Orten, an denen die Daten erhoben wurden, ist in einem noch schwerer wiegenden Sinne von Bedeutung: Das verwendete mathematische Modell abstrahiert vom Ort und kann daher nur Aussagen über ein „durchschnittliches" Planquadrat machen, das dann repräsentativ für alle sein soll. Nach diesem Modell müssten dann auch in Südengland, wo weit und breit nur noch graue Eichhörnchen anzutreffen sind, ein Jahr später bereits die roten Eichhörnchen in 3,8 % der Gebiete allein und in 2,7 % der Gebiete gemeinsam mit den grauen Eichhörnchen anzutreffen sein. Woher sollen diese roten Eichhörnchen kommen?

3. Wenn beobachtet wird, dass die roten Eichhörnchen aus bestimmten Gegenden verdrängt wurden, während sie sich in anderen bisher noch halten konnten, dann erscheint es nicht sinnvoll, über alle Gegenden zu mitteln, sondern man sollte stattdessen die räumlichen Strukturen in das Modell mit einbeziehen. Dazu wären allerdings andere Daten als die kumulierten der Tabelle 10.1 erforderlich.

4. Für die Beurteilung der Gefahr einer Ausrottung der roten Eichhörnchen wären außerdem genauere Kenntnisse der Wirkungsmechanismen der Verdrängung nützlich, so zum Beispiel: Gibt es Vorteile der einen oder anderen Art in der Konkurrenz um Nahrung, und wie hängen diese Vorteile vom Umfeld ab? Sind Nischenbildungen der regelhaft unterlegenen Art möglich? Gibt es – wie es bei Einschleppungen über Kontinente hinweg häufig vorkommt – Krankheiten, die die grauen Eichhörnchen mitgebracht haben und die nur für die roten tödlich sind?

Der hier genannte 3. Punkt verweist auf alternative Modellansätze, die mit Bestandsdaten allein auskommen würden, aber über das hier behandelte Modell hinaus die räumliche Struktur berücksichtigen, indem nämlich der Zustand eines Gebiets im Folgejahr nicht nur vom Zustand desselben Gebiets, sondern auch von den Zuständen der Nachbargebiete im aktuellen Jahr in Abhängigkeit gebracht wird. Ein solcher Ansatz würde allerdings Daten über eine größere Fläche und einen längeren zusammenhängenden Zeitraum erforderlich machen. Der Vorteil des hier betrachteten Modells liegt demgegenüber darin, dass es auch mit sehr lückenhaften und möglicherweise nicht systematisch erhobenen Daten arbeiten kann.

10.4 Zusammenfassung

Ende des 19. Jahrhunderts wurde das amerikanische graue Eichhörnchen nach England eingeschleppt und wurde damit zu einem Konkurrenten des einheimischen roten Eichhörnchens.

Die in diesem Kontext untersuchte Frage ist, wie eine langfristige Verteilung der beiden Tierarten aussehen könnte. Zu ihrer Beantwortung benutzen wir das Konzept der Markov-Ketten, das zunächst theoretisch erklärt und dann auf unser Beispiel angewendet wird.

Durch die Berechnung der langfristigen Verteilung ergibt sich, dass die grauen Eichhörnchen keineswegs die roten ausrotten werden, sondern dass langfristig die roten Eichhörnchen sogar mehr Gebiete für sich alleine bewohnen werden als die grauen.

Für eine Bewertung dieser Modellergebnisse sind aber genauere Untersuchungen erforderlich, die mit den vorliegenden Daten allein nicht möglich sind.

10.5 Lösungen der Aufgaben

Aufgabe 10.1

$$X(1) = \begin{pmatrix} 0,25 \\ 0,32 \\ 0,43 \end{pmatrix} \qquad X(2) = \begin{pmatrix} 0,207 \\ 0,328 \\ 0,465 \end{pmatrix}$$

Aufgabe 10.2

Die eindeutige Lösung von $Pw = w$, $w_1 + w_2 + w_3 = 1$ ist auf vier Stellen genau

$$w = \begin{pmatrix} 0,1904 \\ 0,3333 \\ 0,4762 \end{pmatrix}.$$

Kontinuierliche Prozesse

„Die absolute, wirkliche und mathematische Zeit fließt in sich und in ihrer Natur gleichförmig, ohne Beziehung zu irgendetwas außerhalb ihrer Liegenden", so Isaac Newton in seinem 1687 erschienenen Hauptwerk ([New88, S. 44]). Diese Auffassung der Zeit als einer unabhängigen, reellen Variablen liegt dem neuzeitlichen Naturverständnis und dem klassischen Bestand einer *Modellierung mit Differentialgleichungen* zugrunde, wie sie Newton selber bereits vorgemacht hat (vgl. [New88, S. 123 ff.]). Die Modelle in den folgenden fünf Kapiteln gehören ihrer mathematischen Struktur nach in diesen Bereich, auch wenn sie neueren Fragestellungen gewidmet sind.

Die theoretischen Werkzeuge aus der Theorie Gewöhnlicher Differentialgleichungen, die insbesondere in den Kapiteln 12, 13 und 14 benötigt werden, sind im Anhang 17 und 18 zusammengestellt. Demgegenüber ist Kapitel 11 aus sich heraus auf der Basis von Analysiskenntnissen auf Schulniveau verständlich. In Kapitel 15 werden dagegen Modelle entwickelt, die sich Partieller Differentialgleichungen bedienen. Die zu ihrer Analyse benötigte Mathematik wird im Kapitel selbst bereitgestellt.

11 Wachstum der Weltbevölkerung

11.1 Einführung

Nie zuvor gab es so viele Menschen auf der Erde wie heute – 6,5 Milliarden. Und nach wie vor nimmt die Anzahl zu. Immer wieder lassen sich den Medien Prognosen über das zukünftige Wachstum der Weltbevölkerung entnehmen. Doch wie lassen sich derartige Prognosen erstellen? In diesem Kapitel soll zunächst die Entwicklung der Weltbevölkerung seit 1650 auf Gesetzmäßigkeiten untersucht werden. Auf Grund der dabei gewonnenen Informationen, die sich von den Bevölkerungsdaten allerdings nicht unmittelbar ablesen lassen, soll dann eine Prognose bis 2050 erstellt und mit einer den Medien entnommenen Prognose verglichen werden.

11.1.1 Daten

Das US Census Bureau (www.census.gov) hat bezüglich der auf der Erde lebenden Menschen die in Tabelle 11.1 dargestellten Daten veröffentlicht.
Hierbei handelt es sich offensichtlich um Daten unterschiedlicher Qualität:

- Die Zahlen von 1650 bis 1940 sind *Schätzungen*,
- die Zahlen von 1950 bis 2000 beruhen auf *Zählungen*,
- die Zahlen von 2010 bis 2050 sind *Prognosen*.

Tabelle 11.1: Weltbevölkerungszahlen (Quelle: US Census Bureau)

Jahr	Bevölkerung	Jahr	Bevölkerung	Jahr	Bevölkerung	Jahr	Bevölkerung
1650	470.000.000	1900	1.550.000.000	1950	2.556.517.137	2010	6.825.750.456
1700	600.000.000	1910	1.750.000.000	1960	3.040.966.466	2020	7.563.094.182
1750	629.000.000	1920	1.860.000.000	1970	3.708.751.360	2030	8.206.457.382
1800	813.000.000	1930	2.070.000.000	1980	4.452.645.562	2040	8.759.140.657
1850	1.128.000.000	1940	2.300.000.000	1990	5.282.765.827	2050	9.224.375.956
				2000	6.081.527.896		

Ein weiterer Unterschied betrifft die Zeitpunkte der Erhebungen: Bis 1900 liegen Daten für alle vollen 50, danach für alle vollen 10 Jahre vor.

Im Folgenden soll auf den Unterschied zwischen Schätzungen und Zählungen, die keineswegs bis auf die letzte Stelle genau sind,[25] nicht weiter eingegangen, sondern nur zwischen den „gesicherten Daten" bis 2000 und den Prognosen für die Jahre danach unterschieden werden (vgl. Abbildung 11.1).

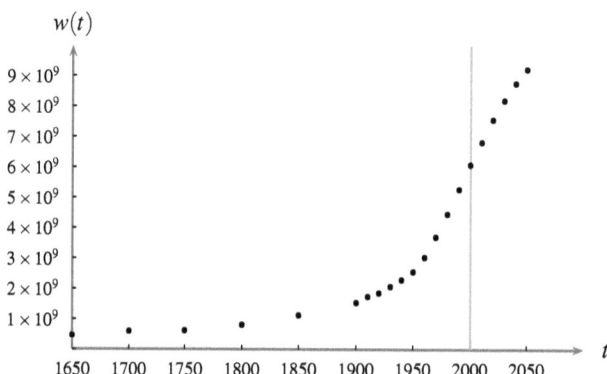

Abbildung 11.1: Gesicherte (1650-2000) und prognostizierte (2010-2050) Weltbevölkerungszahlen

Zunächst wollen wir nun lediglich die historischen Daten von 1650 bis 2000 betrachten.

11.1.2 Fragestellungen

Bezüglich der historischen Daten von 1650 bis 2000 stellen sich nun die folgenden Fragen, die wir im weiteren Verlauf dieses Kapitels beantworten wollen:

---
[25] Tatsächlich bessert das US Census Bureau die Zahlen zwischen 1950 und dem aktuellen Jahr ständig nach. Zwischen dem Niederschreiben und der Lektüre dieses Buches dürften sie sich bereits wieder verändert haben.

1. Welche „Qualität" hat das Wachstum der Weltbevölkerung? Sind Gesetzmäßigkeiten erkennbar?
2. Wie wird sich die Bevölkerungszahl bis 2050 entwickeln? Lässt sich die Prognose des US Census Bureaus nachvollziehen?

11.2 Allgemeine Überlegungen zur Modellierung des Wachstums

Bezeichnet $w(t)$ die Größe der Weltbevölkerung zum Zeitpunkt t, so lässt sich rein buchhalterisch die folgende „Mengenbilanz" aufstellen:

$$w(t+\Delta t) = w(t) + G(t, t+\Delta t) - S(t, t+\Delta t) = w(t) + Z(t, t+\Delta t). \qquad (11.1)$$

Hierbei ist t irgendein Zeitpunkt, $\Delta t > 0$ eine Zeitspanne, $G(t, t+\Delta t)$ die Anzahl der Geburten und $S(t, t+\Delta t)$ die Anzahl der Sterbefälle im Zeitintervall $[t, t+\Delta t]$.

Für das Wachstum kommt es nur auf die Differenz

$$Z(t, t+\Delta t) = G(t, t+\Delta t) - S(t, t+\Delta t),$$

also den Überschuss der Geburten über die Sterbefälle an, der natürlich auch negativ sein kann. Schreibt man die Bilanzgleichung 11.1 in der Form

$$\frac{w(t+\Delta t) - w(t)}{\Delta t} = \frac{Z(t, t+\Delta t)}{\Delta t},$$

so steht links und rechts die *durchschnittliche Geschwindigkeit*, mit der die Weltbevölkerung im Zeitintervall $[t, t+\Delta t]$ gewachsen ist. Der in der Physik übliche Grenzübergang $\Delta t \to 0$ liefert die Momentangeschwindigkeit

$$\dot{w}(t) = \lim_{\Delta t \to 0} \frac{w(t+\Delta t) - w(t)}{\Delta t} = \lim_{\Delta t \to 0} \frac{Z(t, t+\Delta t)}{\Delta t} =: z(t),$$

mit der die Weltbevölkerung zum Zeitpunkt t wächst. Dabei steht rechts die durch Geburten und Sterbefälle induzierte Wirkung und links der Effekt, den sie auf das Wachstum der Weltbevölkerung hat.[26]

Bis zu diesem Punkt wurde nur ein formaler Rahmen geschaffen, in dem die anfangs gestellten Fragen untersucht werden können. Um zu gehaltvollen Aussagen und ggf. Prognosen zu kommen, müssen aber zusätzliche Annahmen gemacht werden. Dabei orientieren wir uns an dem folgenden Prinzip:

> Modellannahmen, ohne die kein mathematisches Modell auskommt, bestehen sehr häufig darin, dass bestimmte Größen (Modellparameter) als konstant angesehen werden.

---
[26] Die hier formulierte kontinuierliche Mengenbilanzgleichung appelliert an die Vorstellung einer in einem Behälter befindlichen Substanz, die in den Behälter hinein und aus ihm heraus fließen kann. Diese Vorstellung ist natürlich nur eine Approximation an die reale Situation, da die Weltbevölkerung immer nur in ganzen Zahlen (Anzahl von Personen) gemessen werden kann, während die Bilanzgleichung von einer kontinuierlich sich verändernden Menge ausgeht.

Im Folgenden wollen wir also verschiedene Modellparameter, nämlich

1. die Wachstumsgeschwindigkeit,
2. die Wachstumsrate

als konstant annehmen und die resultierenden Ergebnisse mit den gegebenen Daten vergleichen, um auf diese Weise die Frage nach einem Entwicklungsgesetz für das Wachstum der Weltbevölkerung zu beantworten.

11.3 Konstante Wachstumsgeschwindigkeit: Lineares Wachstum

Die einfachste Annahme, die man in diesem Rahmen machen kann, ist die einer konstanten Wachstumsgeschwindigkeit: Der Zuwachs an Menschen heute ist derselbe wie gestern und morgen. Das liefert das „Entwicklungsgesetz"

$$\dot{w}(t) = z$$

mit einer Konstanten z.

Zusammen mit einer Anfangsbedingung $w(t_0) = w_0$ lässt sich diese einfache Differentialgleichung durch Anwendung des Hauptsatzes der Differential- und Integralrechnung eindeutig lösen:

$$w(t) = w(t_0) + \int_{t_0}^{t} \dot{w}(s)\,ds = w(t_0) + \int_{t_0}^{t} z\,ds = w_0 + z(t - t_0)\,.$$

Unter der Annahme einer konstanten Wachstumsgeschwindigkeit ergibt sich also ein lineares Wachstum der Weltbevölkerung.

Sind für $w(t)$ zwei Daten bekannt, $w(t_0) = w_0$ und $w(t_1) = w_1$, so lässt sich daraus z ermitteln:

$$z = \frac{w_1 - w_0}{t_1 - t_0}\,.$$

Wählen wir als Daten nun den Anfangs- und Endzeitpunkt unseres Bezugszeitraums:

$$w(1650) = 470.000.000\,,\ w(2000) = 6.081.527.896\,,$$

so ergibt sich eine Wachstumsgeschwindigkeit von

$$z = 16.032.937\,.$$

Das bedeutet, dass zwischen 1650 und 2000 in jedem Jahr durchschnittlich etwa 16 Millionen Menschen hinzugekommen sind.

Wie der Abbildung 11.2 zu entnehmen ist, ist die hier unterstellte konstante Wachstumsgeschwindigkeit für das Wachstum der Weltbevölkerung offensichtlich unangemessen. Am Anfang, bei einer kleinen Bevölkerung, war das Wachstum wesentlich geringer als am Ende, bei einer großen Bevölkerung.

Aufgabe 11.1

Vergleichen Sie die Wachstumsgeschwindigkeit zwischen 1650 und 1700 mit der zwischen 1990 und 2000.

Jahr	Bevölkerung	Jahr	Bevölkerung
1650	470.000.000	1990	5.280.000.000
1700	600.000.000	2000	6.080.000.000

11 Wachstum der Weltbevölkerung

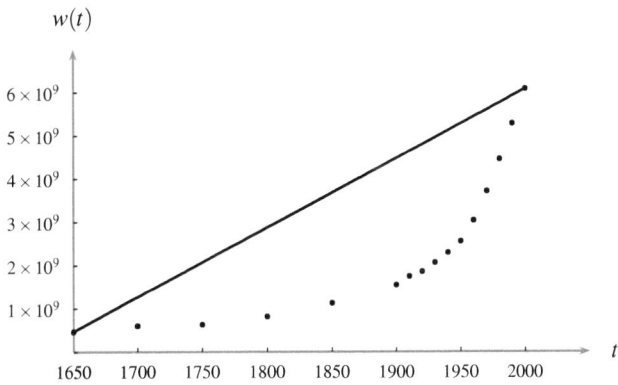

Abbildung 11.2: Bevölkerungsentwicklung unter der Annahme linearen Wachstums

11.4 Konstante Wachstumsrate: Exponentielles Wachstum

Betrachtet man die Gründe für das Bevölkerungswachstum, so wird klar, warum kleine Bevölkerungen ihre Größe langsamer verändern als große: In einer großen Bevölkerung gibt es mehr Geburten (und mehr Sterbefälle) pro Jahr, also insgesamt eine stärkere Veränderung als in einer kleinen.

Nimmt man nun an, dass die Anzahl der Geburten und der Sterbefälle je 1000 Einwohner und pro Jahr konstant sind, so gilt das auch für deren Differenz, womit die Wachstumsgeschwindigkeit eine lineare Funktion der Bevölkerungszahl ist:

$$\dot{w}(t) = z(t) = \alpha w(t) \, .$$

Hierbei ist

$$\alpha = \frac{\dot{w}(t)}{w(t)} \approx \frac{1}{\Delta t} \frac{w(t + \Delta t) - w(t)}{w(t)}$$

der *Anteil*, um den die Bevölkerung pro Zeiteinheit wächst, also die *Wachstumsrate*, ausgedrückt etwa in Prozent pro Jahr. Angenommen wird hier, dass diese Wachstumsrate konstant ist.

Unter dieser Annahme folgt die Bevölkerungszahl einem Entwicklungsgesetz in Form der Differentialgleichung

$$\dot{w}(t) = \alpha w(t) \, . \tag{11.2}$$

Sie lässt sich zusammen mit einer Anfangsbedingung $w(t_0) = w_0$ eindeutig lösen, indem man die äquivalente Gleichung

$$0 = e^{-\alpha t} \left(\dot{w}(t) - \alpha w(t) \right) = \frac{d}{dt} \left(e^{-\alpha t} w(t) \right)$$

integriert:

$$0 = \int_{t_0}^{t} \frac{d}{ds} \left(e^{-\alpha s} w(s) \right) ds = e^{-\alpha t} w(t) - e^{-\alpha t_0} w(t_0)$$

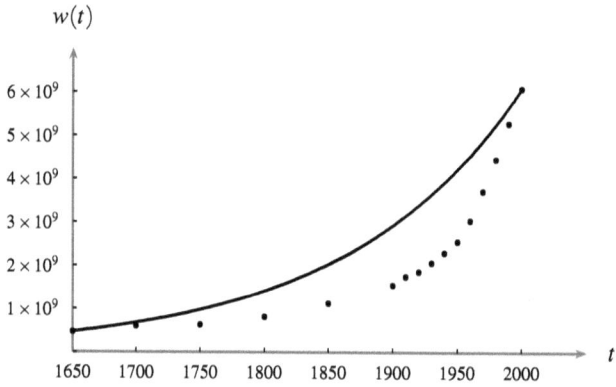

Abbildung 11.3: Bevölkerungsentwicklung unter der Annahme exponentiellen Wachstums

und damit
$$w(t) = w_0\, e^{\alpha(t-t_0)}\,. \tag{11.3}$$

Die Annahme einer konstanten Wachstumsrate führt also auf *exponentielles Wachstum*.

Sind für $w(t)$ zwei Daten bekannt, $w(t_0) = w_0$ und $w(t_1) = w_1$, so lässt sich aus

$$w_1 = w(t_1) = w_0\, e^{\alpha(t_1-t_0)}$$

α eindeutig bestimmen:

$$\alpha = \frac{\ln w_1 - \ln w_0}{t_1 - t_0}$$

mit dem natürlichen Logarithmus ln (Logarithmus zur Basis e).

Wählen wir als Daten wieder den Anfangs- und Endzeitpunkt unseres Bezugszeitraums:

$$w(1650) = 470.000.000\,,\ w(2000) = 6.081.527.896\,,$$

so ergibt sich eine Wachstumsrate

$$\alpha = 0,00731508\,.$$

Das bedeutet, dass zwischen 1650 und 2000 die Weltbevölkerung in jedem Jahr durchschnittlich um $0,73\,\%$ gewachsen ist.

Wie Abbildung 11.3 zu entnehmen ist, macht auch die Annahme exponentiellen Wachstums in Bezug auf das tatsächliche Wachstum der Weltbevölkerung einen systematischen Fehler: Die tatsächliche Wachstumsrate war zu Beginn des Bezugszeitraum geringer als am Ende.

11.4.1 Konstante Verdoppelungszeit

Woran erkennt man, ob ein gegebener Datensatz durch ein exponentielles Wachstum gekennzeichnet ist? Um diese Frage zu beantworten, muss man sich solche Eigenschaften exponentiellen Wachstums verdeutlichen, die sich an Datensätzen direkt überprüfen lassen. Eine solche charakteristische Eigenschaft exponentiellen Wachstums ist die konstante Verdoppelungszeit:

Fragt man nach dem Zeitpunkt t_1, zu dem sich die Bevölkerungszahl

$$w(t) = w_0 \, e^{\alpha(t-t_0)}$$

verdoppelt hat, also $w(t_1) = 2w(t_0)$ gilt, so ergibt sich aus

$$w_0 \, e^{\alpha(t_1-t_0)} = w(t_1) = 2w(t_0) = 2w_0$$

der *Verdoppelungszeitraum*

$$t_1 - t_0 = \frac{\ln 2}{\alpha},$$

der weder von der konkreten Wahl von t_0 noch von der Populationsgröße w_0 abhängt, in diesem Sinne also konstant ist. Er hängt nur von der konstanten Wachstumsrate α ab, zu der er umgekehrt proportional ist.

Wie weiteren Daten des US Census Bureau zu entnehmen und an den Zahlen der Tabelle 11.1 zumindest zu erahnen ist, verdoppelte sich die Weltbevölkerung in der Zeit zwischen

- 1804 und 1922 von eine auf zwei Milliarden,
- 1922 und 1974 von zwei auf vier Milliarden,
- 1959 und 1999 von drei auf sechs Milliarden

Menschen. Vergleicht man die jeweils benötigten Zeiträume von 118, 52 und 40 Jahren, so sieht man, dass die Verdoppelungszeiten für das Weltbevölkerungswachstum zwischen 1650 und 2000 immer kürzer geworden sind. Somit handelt es sich nicht um die für exponentielles Wachstum charakteristische konstante, sondern vielmehr um eine immer kürzer gewordene Verdoppelungszeit.

Aufgabe 11.2

Wir wollen annehmen, dass die Bevölkerung einem exponentiellen Wachstum unterliegt. Wir wissen, dass die Bevölkerung zwischen 1804 und 1922 von eine auf zwei Milliarden Menschen gewachsen ist. Bestimmen Sie den Zeitpunkt, zu dem unter dieser Annahme eine Bevölkerungszahl von 4 Milliarden erreicht wäre.

11.4.2 Linearität der logarithmierten Daten

Für den Logarithmus einer dem exponentiellen Wachstum

$$w(t) = w_0 \, e^{\alpha(t-t_0)}$$

genügenden Bevölkerungszahl gilt

$$\ln w(t) = \ln w_0 + \alpha(t - t_0).$$

Trägt man also $\ln w(t)$ gegen t ab, so ergibt sich eine Gerade.

Betrachtet man allerdings den Logarithmus der Weltbevölkerungszahl, so ergibt sich seit 1700 ein mehr als linearer Anstieg, wie die Abbildung 11.4 zeigt.

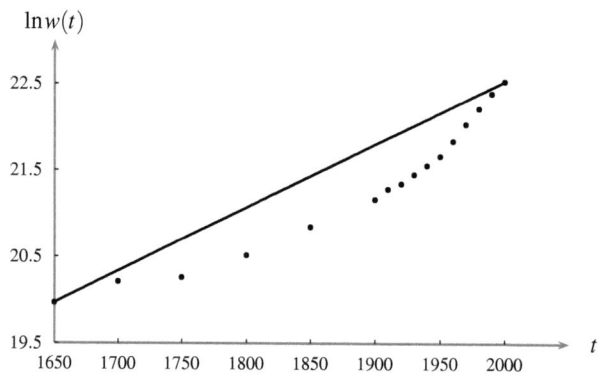

Abbildung 11.4: Logarithmus der Populationsgröße

11.5 Zeitabhängige Wachstumsrate

Eine bessere Annäherung an das Wachstum der Weltbevölkerung lässt sich offenbar nur dann erreichen, wenn wir berücksichtigen, dass die Wachstumsrate nicht konstant ist, sondern vielmehr von der Zeit abhängt:

$$\dot{w}(t) = \alpha(t) w(t) \tag{11.4}$$

oder

$$\alpha(t) = \frac{\dot{w}(t)}{w(t)} = \frac{d}{dt} \ln w(t) \,. \tag{11.5}$$

11.5.1 Lösung der Differentialgleichung

Integriert man (11.5), so erhält man, bezogen auf einen Referenzzeitpunkt t_0 und eine Anfangsbedingung $w(t_0) = w_0$,

$$\beta(t) := \int_{t_0}^{t} \alpha(s)\,ds = \ln w(t) - \ln w_0 \tag{11.6}$$

und daher die eindeutig bestimmte Lösung

$$w(t) = w_0 \, e^{\beta(t)}$$

der Differentialgleichung (11.4) mit der Anfangsbedingung $w(t_0) = w_0$.

Im Spezialfall exponentiellen Wachstums ist $\alpha(t) = \alpha$ konstant und daher

$$\beta(t) = \alpha \cdot (t - t_0) \,,$$

was die oben bereits bestimmte Lösung von (11.2) liefert.

Bevor wir für $\alpha(t)$ bzw. $\beta(t)$ andere Ansätze als den des exponentiellen Wachstums machen, soll erst einmal untersucht werden, was die Daten der Weltbevölkerung von 1650 bis 2000 selber sagen.

11.5.2 Tatsächliche Entwicklung der Wachstumsrate

Nach Gleichung (11.6) stimmt $\beta(t)$ bis auf eine addititive Konstante mit $\ln w(t)$ überein. Die logarithmierten Populationsgrößen sind als Punkte in Abbildung 11.4 zu sehen.

Näherungen für $\alpha(t)$ lassen sich dadurch beschaffen, dass man in (11.5) den Differentialquotienten durch den Differenzenquotienten ersetzt:

$$\alpha\left(\frac{t_i+t_{i+1}}{2}\right) \approx \frac{\ln w(t_{i+1}) - \ln w(t_i)}{t_{i+1}-t_i}.$$

Die Ergebnisse für die Daten aus Tabelle 11.1 sind in Abbildung 11.5 (links) dargestellt.

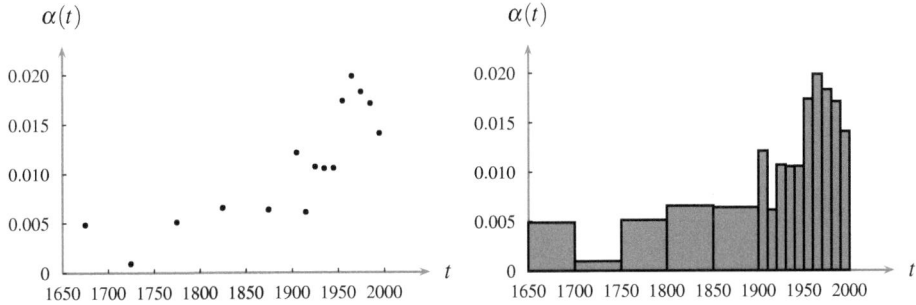

Abbildung 11.5: Zeitabhängige Wachstumsrate (links: Referenzzeitpunkt ist Mittelpunkt des entsprechenden Intervalls, rechts: Wachstumsraten werden dem gesamten Zeitintervall zugeordnet)

Die gleiche Formel ergibt sich, wenn man in jedem Intervall (t_i, t_{i+1}) die Wachstumsrate $\alpha(t) = \alpha_i$ als konstant unterstellt, sodass

$$w(t_{i+1}) = w(t_i) e^{\alpha_i(t_{i+1}-t_i)},$$

woraus

$$\alpha(t) = \alpha_i = \frac{\ln w(t_{i+1}) - \ln w(t_i)}{t_{i+1}-t_i} \text{ für } t \in (t_i,t_{i+1})$$

folgt. Die entsprechende Darstellung findet sich in Abbildung 11.5 (rechts).

Zu beobachten ist ein tendenzieller Anstieg der Wachstumsrate von 1650 bis 2000, allerdings mit starken Schwankungen.

11.5.3 Lineare Approximation der Wachstumsrate

Da die Wachstumsrate $\alpha(t)$ nicht konstant ist, soll jetzt angenommen werden, dass $\alpha(t)$ eine lineare, $\beta(t)$ also eine quadratische Funktion der Zeit ist. Die Annahme ist etwas willkürlich und wird einzig und allein damit gerechtfertigt, dass sie – nach der verworfenen Annahme exponentiellen Wachstums – die nächst einfache Annahme ist.

Zur Bestimmung von $\alpha(t)$ und $\beta(t)$ gibt es nun zwei Möglichkeiten:

(a) Man kann $\alpha(t)$ aus den Daten und $\beta(t)$ durch Integration von $\alpha(t)$ gewinnen.

(b) Man kann $\beta(t)$ aus den Daten und $\alpha(t)$ durch Differentiation von $\beta(t)$ gewinnen.

Wie wir im Folgenden sehen werden, ist das Ergebnis *nicht* dasselbe.

Vorgehen nach Methode (a)

Mit dem Ansatz $\alpha(t) = c + dt$ als in t lineare Funktion und der Methode der kleinsten Quadrate,[27] also der Minimierung des Ausdrucks

$$\sum_i \left(\alpha\left(\frac{t_i + t_{i+1}}{2}\right) - \frac{\ln w(t_{i+1}) - \ln w(t_i)}{t_{i+1} - t_i} \right)^2,$$

ergibt sich:

$$\alpha(t) = 0{,}0000477\,t - 0{,}0794951,$$
$$\beta(t) = 0{,}0000238\,t^2 - 0{,}0794951\,t + 66{,}2590235,$$

wobei als Referenzzeitpunkt $t_0 = 1650$ gewählt wurde, weshalb

$$\beta(t) = \int_{1650}^{t} \alpha(s)\,ds\,.$$

Für die Bevölkerungszahl ergibt sich hieraus

$$\begin{aligned} w(t) &= w(1650)\,e^{\beta(t)} \\ &= 470.000.000 \cdot e^{0{,}0000238\,t^2 - 0{,}0794951\,t + 66{,}2590235} \end{aligned} \qquad (11.7)$$

Die auf diese Weise bestimmte Wachstumsrate $\alpha(t)$ und die zugehörige Lösung (11.7) der Anfangswertaufgabe sind der Abbildung 11.6 zu entnehmen.

Vorgehen nach Methode (b)

Mit dem Ansatz $\beta(t) = b + ct + dt^2$ als in t quadratische Funktion und der Methode der kleinsten Quadrate, also der Minimierung von

$$\sum_i \left(\beta(t_i) - \ln(w(t_i)) + \ln(w(1650))\right)^2,$$

ergibt sich:

$$\begin{aligned} \beta(t) &= 0{,}0000222\,t^2 - 0{,}0744362\,t + 62{,}4642 \\ \alpha(t) &= 0{,}0000444\,t - 0{,}0744362 \end{aligned}.$$

---

[27] vgl. [Opf08] oder irgend ein anderes einführendes Lehrbuch in die Numerische Mathematik

11 Wachstum der Weltbevölkerung

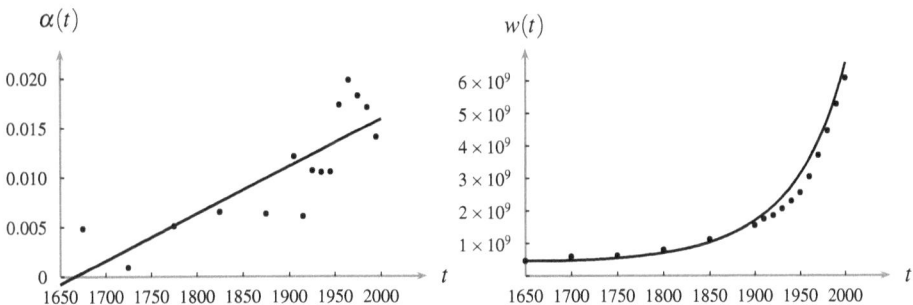

Abbildung 11.6: Mit Methode (a) bestimmte Wachstumsrate $\alpha(t)$ und zugehörige Lösung $w(t)$ der Differentialgleichung

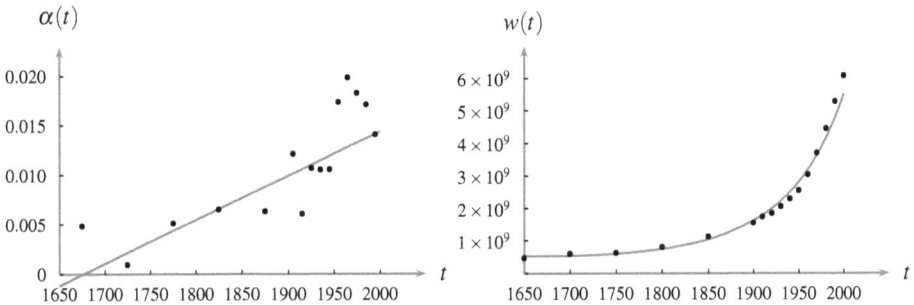

Abbildung 11.7: Mit Methode (b) bestimmte Wachstumsrate $\alpha(t)$ und zugehörige Lösung $w(t)$ der Differentialgleichung

Für die Bevölkerungszahl ergibt sich hieraus

$$w(t) = w(1650)\, e^{\beta(t)}$$
$$= 470.000.000 \cdot e^{0{,}0000222 t^2 - 0{,}0744362 t + 62{,}4642} \quad . \qquad (11.8)$$

Die auf diese Weise bestimmte Wachstumsrate $\alpha(t)$ und die zugehörige Lösung (11.8) der Differentialgleichung sind in der Abbildung 11.7 dargestellt.

11.5.4 Ein deskriptives Modell

Wie den ermittelten Zahlenwerten zu entnehmen und in Abbildung 11.8 noch einmal dargestellt, weichen die beiden Methoden in ihren Ergebnissen leicht voneinander ab. Sie liefern aber beide ein wesentlich besseres Ergebnis als der Versuch, das Wachstum der Weltbevölkerung durch eine konstante Wachstumsrate (exponentielles Wachstum) zu erfassen.

Was hier in der einen oder anderen Form abgeleitet wurde, ist eine einheitliche Beschreibung für die Neuzeit von 1650 bis 2000. Hiermit haben wir die in Abschnitt 11.1.2 gestellte Frage 1

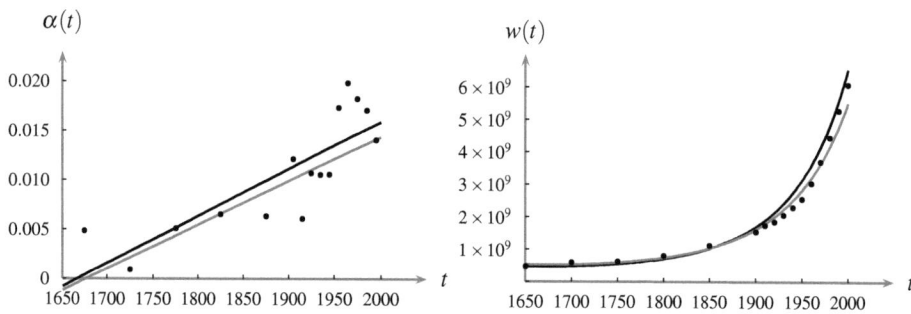

Abbildung 11.8: Vergleich der aus Methode (a) und (b) resultierenden Wachstumsraten $\alpha(t)$ und zugehörigen Lösungen $w(t)$ der Differentialgleichung (Methode (a) ($\alpha(t)$ aus Daten): schwarz, Methode (b) ($\beta(t)$ aus Daten, $\alpha(t)$ durch Differentiation von $\beta(t)$): grau)

nach einer erkennbaren Gesetzmäßigkeit anscheinend beantwortet: Die Entwicklung der Weltbevölkerung lässt sich in der Form

$$w(t) = w(1650)\, e^{at^2+bt+c}$$

recht gut beschreiben.

Doch was wurde damit tatsächlich geleistet? Um sich darüber klar zu werden und insbesondere das gefundene Ergebnis nicht zu überschätzen, sollte man das Vorgehen noch einmal Revue passieren lassen, das zu diesem Ergebnis geführt hat: Nachdem sich die einfacheren Ansätze des linearen bzw. exponentiellen Wachstum als inadäquat erwiesen hatten, haben wir den nächst einfachen Ansatz gewählt und die Wachstumsrate als lineare Funktion der Zeit angenommen. Einen inhaltlichen, mit wie immer gearteten inneren Mechanismen einer Entwicklungsdynamik zusammenhängenden Grund für diese Wahl gibt es nicht. Trotzdem passt das Ergebnis mit den Daten gut zusammen.

> So etwas nennt man ein *deskriptives Modell*: Es beschreibt die Daten zufriedenstellend, macht aber keinerlei Aussage über die Wirkungsmechanismen, die zu diesen Daten geführt haben. Die Funktion eines solchen Modells liegt in erster Linie in der *Datenkompression*: Die ursprünglichen Daten lassen sich durch wenige Parameter darstellen – im vorliegenden Beispiel sind es letztlich drei. Ob damit aber auch nur einigermaßen verlässliche Prognosen gewonnen werden können, ist doch sehr die Frage, auch wenn die meisten Prognosen tatsächlich auf solchen rein deskriptiven Modellen beruhen.

Die eigentlichen Ursachen für die Entwicklung der Weltbevölkerung zwischen 1650 und 2000 sind ja überhaupt nicht in den Blick genommen worden. Dazu hätten Dinge wie medizinische Versorgung und medizinischer Fortschritt oder die Rolle von Kindern für die Altersversorgung und ihre Auswirkungen auf Geburtenraten und Sterblichkeit in das Modell mit einbezogen werden müssen. Insofern kann man nicht sicher sein, dass die für die Vergangenheit bestimmten

Parameterwerte auch für die Zukunft Bestand haben. Genau dies müsste man zum Zwecke einer Prognose aber wissen.

11.6 Eine Prognose

Auch wenn wir gerade die Möglichkeit gesicherter Prognosen auf der Basis der vorliegenden Daten in Frage gestellt haben, wollen wir uns nun genau darin versuchen. Wir hatten im letzten Abschnitt festgestellt, dass die Wachstumsrate $\alpha(t)$ in den letzten 350 Jahren tendenziell gewachsen ist, weswegen das Wachstum der Weltbevölkerung auch als *superexponentiell* bezeichnet wird. Von dieser Tendenz aber gibt es Ausnahmen, so etwa historische Einbrüche zwischen 1700 und

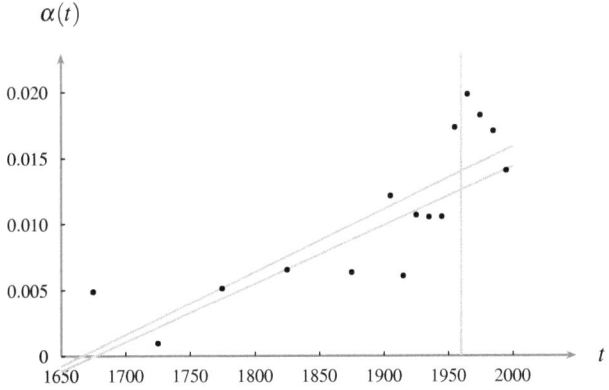

Abbildung 11.9: Wachstumsrate $\alpha(t)$: Daten und Ausgleichgeraden nach Methode (a) und (b))

1750 sowie im Weltkriegsjahrzehnt zwischen 1910 und 1920. Unter prognostischem Aspekt ist besonders die folgende Beobachtung wichtig: *Seit den 60er Jahren des 20. Jahrhunderts nimmt die Wachstumsrate ab* (vgl. Abbildung 11.9). Es erscheint plausibel, für eine Prognose bis 2050 mit diesem Trend zu arbeiten und nicht mit dem während der gesamten Neuzeit vorherrschenden Trend einer wachsenden Wachstumsrate.

Zur Gewinnung einer Prognose betrachten wir daher nur noch die Daten zwischen 1960 und 2000 und bestimmen $\alpha(t)$, $\beta(t)$, $w(t)$ mit der oben bereits verwendeten Methode (b). Der damit verbundene lineare Ansatz für $\alpha(t)$ wird durch die neueren Daten übrigens näher gelegt als durch die Daten für die gesamte Neuzeit.

Durch das Fitting der Daten

$$(t, \ln w(t) - \ln w(1960)), \, t = 1960, 1970, \ldots, 2000$$

mit einer quadratischen Ansatzfunktion für $\beta(t)$ bzw. durch anschließende Differentiation erhalten wir

$$\begin{aligned} \beta(t) &= -0{,}0000909\,t^2 + 0{,}3774175\,t - 390{,}4853 \\ \alpha(t) &= -0{,}0001818\,t + 0{,}3774175 \end{aligned}.$$

Für die Bevölkerungszahl ergibt sich hieraus

$$w(t) = w(1960)\, e^{\beta(t)}$$
$$= 3.040.966.466 \cdot e^{-0,0000909\,t^2 + 0,3774175\,t - 390,4853} \qquad (11.9)$$

Die auf diese Weise bestimmte Wachstumsrate $\alpha(t)$ und die zugehörige Lösung (11.9) der Differentialgleichung sind in der Abbildung 11.10 dargestellt.

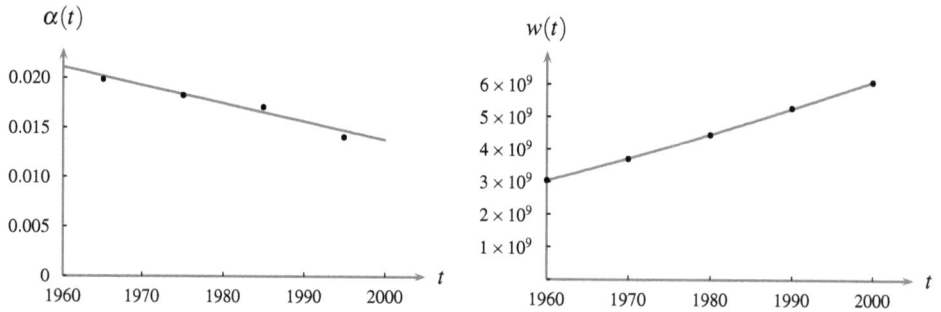

Abbildung 11.10: Mit Methode (b) bestimmte Wachstumsrate $\alpha(t)$ und zugehörige Lösung $w(t)$ der Differentialgleichung (Berücksichtigung der Daten 1960-2000)

Unsere Prognose besteht nun einfach darin, die so gewonnene Funktion $w(t)$ bis 2050 fortzuschreiben. Sie ist zusammen mit der Prognose des US Census Bureaus in Abbildung 11.11 dargestellt.

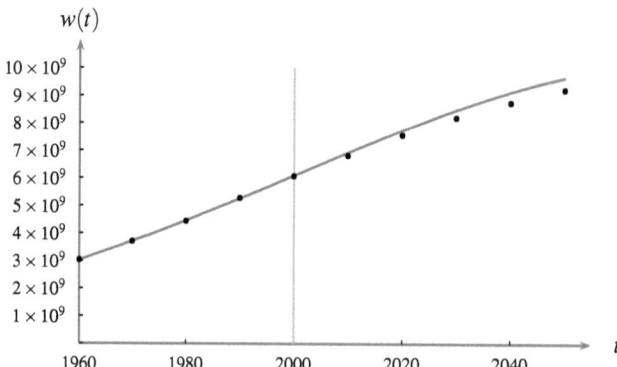

Abbildung 11.11: Vergleich der Prognose des US Census Bureau mit der durch Methode (b) bestimmten Funktion $w(t)$ (Daten 1960-2000)

Es ist zu erkennen, dass unsere Prognose etwas über der des US Census Bureau liegt. Wie diese gewonnen wurde, lässt sich dem Internet nicht genau entnehmen. Sicher ist aber, dass das

US Census Bureau seine Prognose durch Addition der Entwicklung in den einzelnen Ländern gewonnen hat, während wir hier nur Daten über die Entwicklung der Weltbevölkerung als Ganzes berücksichtigt haben.

11.7 Zusammenfassung

Zunächst untersuchen wir in diesem Kapitel die vom US Census Bureau veröffentlichten Daten zur Weltbevölkerung von 1650 bis 2000 auf Gesetzmäßigkeiten. Nachdem sowohl die Annahme einer konstanten Wachstumsgeschwindigkeit (lineares Wachstum) als auch die einer konstanten Wachstumsrate (exponentielles Wachstum) sich als inadäquat zur Beschreibung des tatsächlichen Wachstums der Weltbevölkerung erweist, liefert die Annahme einer linear von der Zeit abhängenden Wachstumsrate mit den Daten gut übereinstimmende Ergebnisse.

Gewonnen wird damit ein deskriptives Modell zur Beschreibung des Wachstums der Weltbevölkerung während der letzten 350 Jahre: Seit 1650 steigt die Wachstumsrate tendenziell, wächst die Weltbevölkerung also superexponentiell. Eine Erklärung für die Ursachen dieser Entwicklung ist in dem Modell aber nicht enthalten.

Im Gegensatz zur generellen Tendenz der Neuzeit fällt die Wachstumsrate seit 1960, weshalb wir zur Bestimmung einer „modernen" linearen Wachstumsrate lediglich die Daten seit 1960 berücksichtigt haben. Mit Hilfe dieser Wachstumsrate können wir als Prognose eine Funktion für die Weltbevölkerung bis 2050 angeben, die leicht über der Prognose des US Census Bureaus liegt.

11.8 Lösungen der Aufgaben

Aufgabe 11.1

Zwischen 1650 und 1700 wuchs die Bevölkerung um 2.600.000 pro Jahr, zwischen 1990 und 2000 um 80.000.000 pro Jahr.

Aufgabe 11.2

Die Verdoppelungszeit von eine auf zwei Milliarden betrug 118 Jahre. Unter der Annahme exponentiellen Wachstums wird diese Zeit auch für die Verdoppelung von 2 auf 4 Milliarden benötigt. Die 4 Milliarden würden dann im Jahre $2040 = 1922 + 118$ erreicht.

12 Auftreten von Eis- und Warmzeiten

12.1 Einführung

Im Laufe der Erdgeschichte gab es mehrere Perioden kalten Klimas, die *Eiszeitalter*. Bei diesen Perioden handelt es sich nicht etwa um zusammenhängende Zeiträume großer Kälte. Vielmehr sind Eiszeitalter von extremen Klimaschwankungen geprägt [Klo99]. So bestand das letzte Eiszeitalter, das vor ca. 2,4 Mio. Jahren begann und in dem wir heute noch leben [Klo99], aus bisher vier größeren *Eiszeiten* mit dazwischenliegenden *Warmzeiten* [Wol58]. In einer solchen Warmzeit befinden wir uns heute.

Als Eiszeit bezeichnet man eine mehrere hundert Jahre anhaltende Periode stark gesunkener Temperaturen auf der Erde. Während dieser Zeit kommt es zu einem Anwachsen der Eisdecken in Gebirgen und höheren Breiten der Nord- und Südhalbkugel, die als kilometerdicke Eisschichten weit ins Inland vorstoßen [Wol61]. So blieb in Deutschland während des jetzigen Eiszeitalters lediglich das Gebiet zwischen dem nördlichen Rand der Mittelgebirge und der Donau dauerhaft unvergletschert [Wol58]. Während der größten Eisausdehnung in der vorletzten Eiszeit war weltweit eine Fläche von 48 Mio km^2 (ca. 32% der Festlandfläche) eisbedeckt. Im Vergleich dazu weist die heutige Situation eine Vereisung von 15 Mio km^2 (ca. 10% der Festlandfläche) auf [Bro88].

Eine allgemein anerkannte Erklärung für das Eintreten von Eiszeiten ist noch nicht bekannt. Als eine wesentliche Ursache wird jedoch die Schwankung der Sonneneinstrahlung durch leichte Veränderungen in der Erdumlaufbahn und der Neigung der Erdachse angenommen [Klo99].

In Orientierung an [Sel69] und [Ghi87] wollen wir im Folgenden ein Differentialgleichungsmodell aufstellen, mit dem die Existenz von Eis- und Warmzeiten erklärt werden kann. Durch Verallgemeinerung dieses Modells soll dann auch eine Erklärung für den Wechsel zwischen Eis- und Warmzeiten geliefert werden.

Abschließend wollen wir untersuchen, ob sich mit Hilfe unseres Modells auch der Zusammenhang zwischen CO_2-Ausstoß und globaler Erwärmung erklären lässt.

12.2 Mathematische Modellbildung

Zur mathematischen Beschreibung des Klimas wollen wir eine einfache Energiebilanzgleichung der Form

$$c\frac{dT^*}{dt^*} = R_i^*(T^*) - R_e^*(T^*)$$

mit der absorbierten Strahlung $R_i^*(T^*)$ und der abgegebenen Strahlung $R_e^*(T^*)$ herleiten, wobei t^* die Zeit angibt und T^* die über viele Jahre gemittelte globale Durchschnittstemperatur der Erde beschreiben soll. Vereinfachend nehmen wir hierbei die Erde als vollständig wasserbedeckt an. Diese Annahme geht bereits in den Parameter c ein, der sich als *spezifische Wärmekapazität* der Atmosphäre verstehen lässt. Als spezifische Wärmekapazität wird die Wärmemenge in Joule bezeichnet, die einer Masse von 1 kg zugeführt werden muss, um ihre Temperatur um 1 K zu erhöhen. In unserem Modell wird die spezifische Wärmekapazität der Atmosphäre in $Jm^{-2}K^{-1}$ angegeben und berechnet sich nach [Bay91] mit der Höhe des betrachteten Klimasystems h ($[h]$ =m), der Dichte des Wassers $\rho = 10^3 \text{kg}\,\text{m}^{-3}$ und der spezifischen Wärmekapazität des Wassers $c_w = 4,19 \cdot 10^3 \text{J}\,\text{kg}^{-1}\text{K}^{-1}$ durch $c = h\rho c_w$.

Im Folgenden wollen wir nun die Funktionen $R_i^*(T^*)$ und $R_e^*(T^*)$ herleiten.

12.2.1 Bestimmung der absorbierten Strahlung $R_i^*(T^*)$

Die wesentliche Größe bei der Betrachtung der einfallenden Energie ist die *Sonneneinstrahlung* Q^*, die sich nach [Fra78] und [Bay91] folgendermaßen bestimmen lässt: Die *Solarkonstante* $I^* = 1370\,\text{W}\,\text{m}^{-2}$ gibt die auf eine Fläche treffende Sonneneinstrahlung an. Die Erde erweckt von der Sonne aus optisch den Eindruck einer Kreisscheibe mit Radius r. Da die Erdoberfläche mit $A_1 = 4\pi r^2$ aber viermal so groß ist wie die von der Strahlung durchsetzte Querschnittsfläche $A_2 = \pi r^2$, teilen wir für die Sonneneinstrahlung auf der Erde die Solarkonstante durch vier: $Q^* = 0,25 \cdot I^*$ ($[Q^*] = \text{W}\,\text{m}^{-2}$).

Da diese Strahlung nicht konstant ist, sondern aufgrund geringfügiger Änderungen in der Erdumlaufbahn und in der Neigung der Erdachse variiert, betrachten wir sie als zeitabhängige Funktion $Q^*(t^*)$.

Weil je nach Vereisung der Erdoberfläche ein mehr oder weniger großer Anteil dieser Strahlung reflektiert wird, müssen wir $Q^*(t^*)$ für die Betrachtung der absorbierten Strahlung mit einer temperaturabhängigen Funktion korrigieren:

$$R_i^*(T^*) = Q^*(t^*)\big(1 - \alpha(T^*)\big).$$

$\alpha(T^*)$ nennt sich *planetare Albedo* und gibt das Verhältnis von reflektierter und einfallender Energie an. Da eisbedeckte Oberflächen gegenüber Flüssigwasseroberflächen eine erheblich erhöhte Reflexion aufweisen, muss es sich bei $0 \leq \alpha(T^*) \leq 1$ um eine monoton fallende Funktion handeln. [Ghi87] schlägt für die planetare Albedo

$$\alpha(T^*) = \begin{cases} \alpha_l & T^* \leq T_l^* \\ \alpha_l - \frac{\alpha_l - \alpha_h}{T_h^* - T_l^*}(T^* - T_l^*) & T_l^* < T^* < T_h^* \\ \alpha_h & T_h^* \leq T^* \end{cases} \qquad (12.1)$$

vor, wobei $\alpha_l > \alpha_h$ gilt (vgl. Abbildung 12.1). Ist also die gesamte Erdoberfläche mit Eis bedeckt ($T^* \leq T_l^*$), so nimmt $\alpha(T^*)$ den konstanten Wert α_l an, ist hingegen die gesamte Erdoberfläche frei von Eis ($T_h^* \leq T^*$), so beträgt die Reflexion $\alpha_h < \alpha_l$, es wird also ein geringerer Anteil der Sonneneinstrahlung reflektiert als während einer Eiszeit.

Die absorbierte Strahlung $R_i^*(T^*) = Q^*(t^*)\big(1 - \alpha(T^*)\big)$ hat dann mit der in (12.1) gewählten Funktion für $\alpha(T^*)$ die in Abbildung 12.1 dargestellte Gestalt.

12.2.2 Bestimmung der abgegebenen Strahlung $R_e^*(T^*)$

Das Strahlungsverhalten einer wasserbedeckten Oberfläche entspricht in guter Näherung dem eines *schwarzen Körpers*, also eines idealisierten Körpers, der auftreffende Strahlung bei jeder Wellenlänge vollständig absorbiert und auch auf allen Wellenlängen elektromagnetische Strahlung emittiert. Die Strahlung eines schwarzen Körpers mit der Temperatur T^* beträgt $P = \sigma(T^*)^4$ ($[P] = \text{W}\,\text{m}^{-2}$) mit der sog. *Stefan-Boltzmann-Konstante* $\sigma = 5,67 \cdot 10^{-8}\,\text{W}\,\text{m}^{-2}\text{K}^{-4}$.

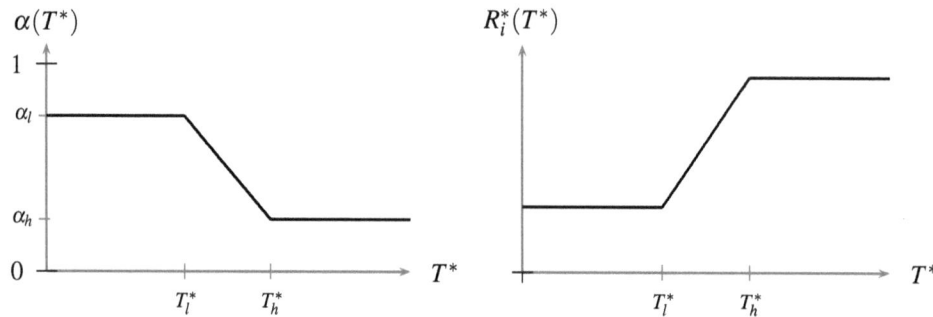

Abbildung 12.1: Planetare Albedo $\alpha(T^*)$ und zugehörige absorbierte Strahlung $R_i^*(T^*)$ nach [Ghi87]

Aufgrund des Treibhauseffektes, also aufgrund der Tatsache, dass Wolken und atmosphärische Gase Strahlung absorbieren und damit die Ausstrahlung der Erde verringern, lässt sich das Klimasystem nicht mehr als schwarzer Körper mit der Temperatur T^* auffassen. Dessen Strahlung muss also durch Multiplikation einer „Grauheitsfunktion" korrigiert werden. Nehmen wir an, dass bei niedrigen Temperaturen ein geringerer Wolkenbedeckungsgrad als bei hohen Temperaturen zu beobachten ist, so muss es sich bei dieser Korrekturfunktion also um eine monoton fallende handeln.

In Übereinstimmung mit empirischen Daten schlägt [Sel69, S. 393] als Korrekturfunktion die in Abbildung 12.2 dargestellte Funktion

$$g(T^*) = 1 - m\tanh\left(\frac{T^*}{T_0^*}\right)^6 \tag{12.2}$$

mit $m = 0,5$ für einen mittleren Wolkenbedeckungsgrad von 50% und $T_0^* = 284,15$ K vor.

Für die abgegebene Strahlung ergibt sich somit die Funktion

$$R_e^*(T^*) = \sigma g(T^*)(T^*)^4,$$

deren Verlauf unter Verwendung der Funktion (12.2) für $g(T^*)$ dem in Abbildung 12.2 dargestellten entspricht.

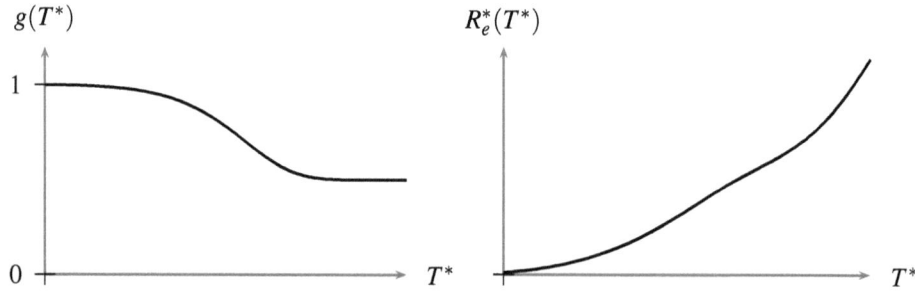

Abbildung 12.2: Grauheitsfunktion $g(T^*)$ und zugehörige abgegebene Strahlung $R_e^*(T^*)$ nach [Sel69]

12.2.3 Das mathematische Modell

Das hergeleitete mathematische Modell lautet nun in allgemeiner Form

$$c\frac{dT^*}{dt^*} = \underbrace{Q^*(t^*)\bigl(1-\alpha(T^*)\bigr)}_{R_i^*(T^*)} - \underbrace{\sigma g(T^*)(T^*)^4}_{R_e^*(T^*)}. \qquad (12.3)$$

Die Bedeutung der Variablen und Parameter ist der folgenden Übersicht zu entnehmen:

t^*	Zeit
$T^*(t^*)$	über die gesamte untere Erdatmosphäre und über viele Jahre gemittelte Temperatur
c	spezifische Wärmekapazität der Atmosphäre
$Q^*(t^*)$	Sonneneinstrahlung
$\alpha(T^*)$	planetare Albedo (Verhältnis reflektierter und einfallender Energie)
σ	Stefan-Boltzmann-Konstante (Strahlungskonstante)
$g(T^*)$	Grauheitsfunktion (Abweichung von der Strahlung des schwarzen Körpers)
$R_i^*(T^*)$	absorbierte Strahlung
$R_e^*(T^*)$	abgegebene Strahlung.

12.3 Entdimensionalisierung

Wir wollen nun das hergeleitete mathematische Modell (12.3) *entdimensionalisieren*. Hierbei werden die dimensionsbehafteten Größen durch Multiplikation mit geeigneten Referenzgrößen auf dimensionslose Form gebracht, wodurch oftmals die Anzahl der zu berücksichtigenden Parameter reduziert wird. Des Weiteren können in der entdimensionalisierten Form verschiedene Terme und Parameter größenmäßig miteinander verglichen und ggf. aufgrund ihres geringen Einflusses auf die Lösung zur Vereinfachung des Modells vernachlässigt werden.

Die Einheiten der Variablen und Parameter sind hierzu der Tabelle 12.1 zu entnehmen.

Tabelle 12.1: Einheiten der Variablen und Parameter

Größe	Einheit
T^*	K
t^*	s
Q^*	$W\,m^{-2}$
$\alpha(T^*)$	1
$g(T^*)$	1
c	$W\,s\,m^{-2}K^{-1}$
σ	$W\,m^{-2}K^{-4}$

Als *Skalierung*, also als spezielle Wahl der Referenzgrößen, wählen wir

$$T^* = \left(\frac{Q_r}{\sigma}\right)^{\frac{1}{4}} \cdot T, \qquad t^* = \frac{c}{(\sigma Q_r^3)^{\frac{1}{4}}} \cdot t, \qquad Q^* = Q_r \cdot Q, \tag{12.4}$$

wobei die Referenzgröße Q_r von der Dimension $[Q_r] = \mathrm{W\,m^{-2}}$ sei.
Das dimensionslose mathematische Modell lautet nun

$$\frac{dT}{dt} = \underbrace{Q(t)\bigl(1 - \alpha(T)\bigr)}_{R_i(T)} - \underbrace{g(T)T^4}_{R_e(T)}. \tag{12.5}$$

Im Folgenden wollen wir im Zusammenhang mit den Größen T, t und Q nach wie vor von Temperatur, Zeit und Sonneneinstrahlung sprechen, wobei beachtet werden muss, dass es sich hierbei um die nach (12.4) mit Konstanten multiplizierten Größen T^*, t^* und Q^* handelt. Ebenso soll mit der absorbierten und abgegebenen Strahlung $R_i(T)$ und $R_e(T)$ verfahren werden.

12.4 Gleichgewichtspunkte und ihre Stabilität

Während der weiteren Modellanalyse wollen wir berücksichtigen, dass sich die Sonneneinstrahlung $Q(t)$ auf einer längeren Zeitskala ändert als die Temperatur, so dass bei der Betrachtung kürzerer Zeiträume $Q(t) = \tilde{Q}$ als konstant angenommen werden kann.

Wir fragen nun nach den Gleichgewichtstemperaturen für das Modell (12.5). Diese werden bestimmt durch $R_i(\bar{T}) = R_e(\bar{T})$, die absorbierte Strahlung muss im Gleichgewichtspunkt $\bar{T}$ also der abgegebenen Strahlung entsprechen.

In Abhängigkeit von der Wahl der Funktionen $\alpha(T)$, $g(T)$ und $Q(t) = \tilde{Q}$ wollen wir zur Untersuchung der Gleichgewichtspunkte vier Fälle unterscheiden.

(i) $Q(t) = \tilde{Q}$ der momentanen Sonneneinstrahlung entsprechend, $\alpha(T)$ und $g(T)$ nach (12.1) und (12.2)

Für diesen Fall ergibt sich mit einer an die aktuellen Klimabedingungen angepassten Wahl der Parameter (vgl. [Sel69]) eine Situation mit drei Gleichgewichtspunkten, wie der Abbildung 12.3 zu entnehmen ist.

Um die Stabilität dieser Punkte zu untersuchen, genügt es, die Differenz der absorbierten und abgegebenen Strahlung und somit die rechte Seite der Differentialgleichung (12.5) zu betrachten, die als graue Funktion in Abbildung 12.3 dargestellt ist. Aus dem Vorzeichen dieser Funktion können wir dann auf die Temperaturentwicklung schließen, die durch Pfeile in Abbildung 12.3 angedeutet ist.

Die beiden Punkte mit der niedrigsten und der höchsten Temperatur (Eiszeit bzw. Warmzeit) sind also stabil, der dazwischen liegende ist instabil. Die aktuelle Klimasituation auf der Erde entspricht somit dem Gleichgewichtspunkt mit der höchsten Temperatur ($\bar{T}_3$).

Für eine konstante Sonneneinstrahlung $Q(t) = \tilde{Q}$ ist unser Modell also in der Lage, die Existenz von Eiszeiten bzw. Warmzeiten zu erklären, Verständnis für einen Wechsel zwischen diesen beiden Situationen kann auf diese Weise jedoch noch nicht erreicht werden.

12 Auftreten von Eis- und Warmzeiten

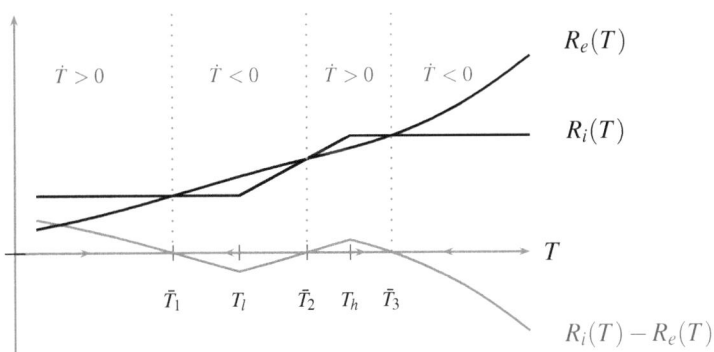

Abbildung 12.3: Stabilität der Gleichgewichtspunkte

(ii) $Q(t) = \tilde{Q}$ von der momentanen Sonneneinstrahlung abweichend, $\alpha(T)$ und $g(T)$ nach (12.1) und (12.2)

Nun wollen wir berücksichtigen, dass es sich bei der Solarkonstanten $I^* = 1370\,\mathrm{W\,m^{-2}}$ lediglich um einen Mittelwert handelt. Tatsächlich variiert der Wert aufgrund sich ändernder astronomischer Parameter. Wir wollen nun die Auswirkungen einer solchen Änderung und einer damit verbundenen Änderung der Sonneneinstrahlung auf unser Modell untersuchen.

Lassen wir für $\tilde{Q}$ Werte zu, die von der aktuellen Strahlungssituation abweichen, so sind nun auch Situationen mit einem bzw. zwei Gleichgewichtspunkten denkbar. In Abbildung 12.4 sind diese beiden Fälle für eine verringerte Sonneneinstrahlung $\tilde{Q}_1 < \tilde{Q}$ und damit eine verringerte absorbierte Strahlung $R_i(T)$ dargestellt.

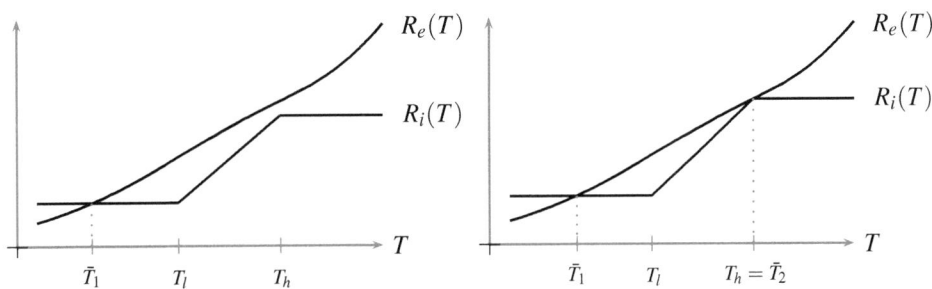

Abbildung 12.4: Gleichgewichtspunkte bei verringerter Sonneneinstrahlung

Im ersten Fall handelt es sich bei dem Schnittpunkt der beiden Funktionen um einen stabilen Gleichgewichtspunkt, im zweiten Fall entspricht der Schnittpunkt einem stabilen, der Berührpunkt einem instabilen Gleichgewichtspunkt.

In Abbildung 12.5 lässt sich erkennen, dass durch die Änderung von $\tilde{Q}$ nun Übergänge zwischen den Situationen mit einem, zwei und drei Gleichgewichtspunkten möglich sind:

Verringert sich ausgehend von der heutigen Klimasituation (dunkelgraue Funktion $R_i(T)$) im Laufe der Zeit die Sonneneinstrahlung, so verringert sich auch die Temperatur auf der Erde ($\bar{T}_3$) geringfügig. Erreicht $\tilde{Q}$ den Wert, für den $\bar{T}_2$ und $\bar{T}_3$ in T_h übergehen (mittelgraue Funktion $R_i(T)$), so wird der einer Warmzeit entsprechende Gleichgewichtspunkt $\bar{T}_3$ instabil und es findet eine dramatische Änderung der klimatischen Verhältnisse hin zu einer Eiszeit ($\bar{T}_1$) statt.

Durch die Variation von $\tilde{Q}$ bzw. das Auffassen der Sonneneinstrahlung als zeitabhängige Funktion $Q(t)$, die sich auf einer deutlich längeren Zeitskala ändert als die Temperatur, lassen sich nun also auch Übergänge zwischen Eiszeiten und Warmzeiten erklären.

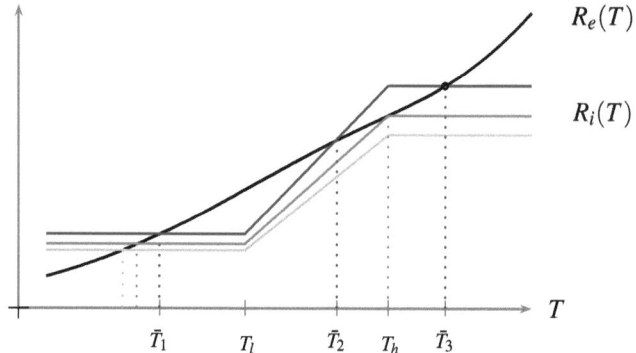

Abbildung 12.5: Übergänge zwischen Eiszeiten und Warmzeiten

(iii) $Q(t) = \tilde{Q}$ der momentanen Sonneneinstrahlung entsprechend, $\alpha(T)$ und $g(T)$ verallgemeinert

Abschließend wollen wir nun die Gleichgewichtstemperaturen für das Modell (12.5) mit verallgemeinerten Funktionen $\alpha(T)$ und $g(T)$ untersuchen. Hierfür sprechen die folgenden Gründe:

- Da die Abhängigkeit der planetaren Albedo von der Temperatur noch nicht vollständig verstanden ist, gibt es verschiedene Modellierungsansätze für die Funktion $\alpha(T)$ (vgl. [Sel69, S. 393], [Ghi87, S. 303]).

- Durch die Korrekturfunktion $g(T)$ berücksichtigen wir in unserem Modell die Absorption von Wärmestrahlung durch Wolken und Treibhausgase. Um die Auswirkungen eines vermehrten Ausstoßes von Treibhausgasen (z.B. CO_2) zu untersuchen, müssen allgemeinere Funktionen $g(T)$ zugelassen werden.

Wir betrachten nun also beliebige stetige Funktionen $\alpha(T)$ und $g(T)$, für die lediglich folgendes vorausgesetzt sei:

- $0 \leq \alpha(T) \leq 1$ ist monoton fallend,
- $0 < g(T) \leq 1$ ist monoton fallend mit $\lim_{T \to \infty} g(T) \neq 0$.

12 Auftreten von Eis- und Warmzeiten

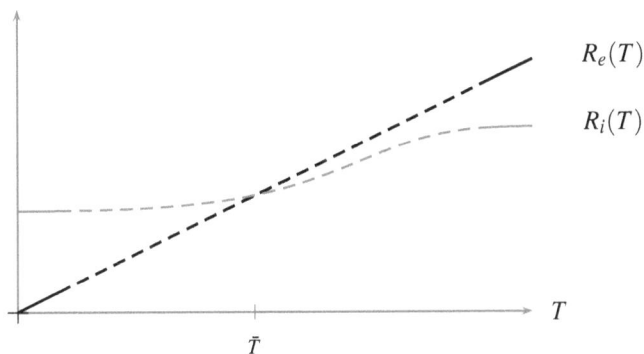

Abbildung 12.6: Angedeuteter Verlauf der absorbierten und abgegebenen Strahlung für beliebige Funktionen $\alpha(T)$ und $g(T)$

Hiermit gilt

- $R_i(T)$ ist monoton steigend mit $0 \leq R_i(T) \leq \tilde{Q} < \infty$,
- $R_e(0) = 0$ und $\lim_{T \to \infty} R_e(T) = \infty$.

Wegen

$$R_i(0) \geq R_e(0) = 0 \quad \text{und} \quad \lim_{T \to \infty} R_i(T) < \lim_{T \to \infty} R_e(T) = \infty$$

gibt es also mindestens einen Gleichgewichtspunkt $\bar{T}$ (vgl. Abbildung 12.6). Die Stabilität dieses Gleichgewichtspunktes $\bar{T} \neq 0$ lässt sich mit der gleichen Argumentation wie zuvor nachweisen.

Durch geschickte (nicht notwendigerweise realitätsnahe) Wahl der Funktionen $\alpha(T)$ und $g(T)$ ist es jedoch möglich, beliebig viele Gleichgewichtspunkte zu konstruieren, da die Monotonie der Funktion $g(T)$ sich nicht notwendigerweise auf $R_e(T)$ überträgt. Mit der gleichen Argumentation wie zuvor lässt sich zeigen, dass im Fall beliebig vieler Gleichgewichtspunkte jeder zweite derjenigen Punkte, in denen sich $R_i(T)$ und $R_e(T)$ nicht nur berühren sondern schneiden, stabil ist.

(iv) Variation von $\tilde{Q}$, $\alpha(T)$ und $g(T)$ verallgemeinert
Durch Variation der Sonneneinstrahlung $\tilde{Q}$ sind nun wie in Fall (ii) Verschiebungen der Gleichgewichtspunkte bzw. Übergänge zwischen ihnen möglich, wodurch bei realistischer Wahl der Funktionen $\alpha(T)$ und $g(T)$ auch mit diesem allgemeineren Modell Übergänge zwischen Eis- und Warmzeiten erklärt werden können.

Des Weiteren können wir nun auch die Auswirkungen eines erhöhten CO_2-Ausstoßes auf die globale Durchschnittstemperatur untersuchen. Eine Zunahme der Treibhausgase in der Atmosphäre hat eine erhöhte Absorption der von der Erde abgestrahlten Wärme zur Folge und geht somit mit einer Verkleinerung der Grauheitsfunktion $g(T)$ und der abgegebenen Strahlung $R_e(T)$ einher. Bleiben die übrigen Parameter und Funktionen unverändert, so führt dies ausgehend von der heutigen Klimasituation zu einer Verschiebung des Gleichgewichtspunktes in Richtung höherer Temperaturen. Es ist also mit einer Klimaerwärmung zu rechnen.

12.5 Zusammenfassung

Eiszeiten und Warmzeiten entsprechen in unserem mathematischen Modell stabilen Gleichgewichtspunkten, also Zuständen, in denen (neben weiteren Bedingungen) die absorbierte und die abgegebene Strahlung $R_i(T)$ und $R_e(T)$ übereinstimmen. Durch die Variation der Sonneneinstrahlung Q verändert sich die absorbierte Strahlung $R_i(T)$, was eine Verschiebung der Gleichgewichtspunkte, also der Schnittpunkte der Funktionen $R_i(T)$ und $R_e(T)$ zur Folge hat. Auf diese Weise sind durch den Übergang von der Stabilität zur Instabilität oder auch das Verschwinden einzelner Gleichgewichtspunkte auch Übergänge zwischen verschiedenen Gleichgewichtszuständen möglich, was einem Wechsel zwischen Eiszeiten und Warmzeiten entsprechen kann.

13 Stabilität des Golfstroms

13.1 Einführung

13.1.1 Allgemeine Informationen zum Golfstrom

Die Ozeane sind durch Strömungen gekennzeichnet, die die Weltmeere miteinander verbinden und in ihrer Gesamtheit als *globales Förderband* bezeichnet werden [Len97].

Ein sehr bekannter Abschnitt dieses Strömungssystems ist das 1513 von dem Spanier *Juan Ponce de Léon* entdeckte *Golfstromsystem* [Sch12]. Hierbei handelt es sich um eine Oberflächenströmung im Nordatlantik, die vom Golf von Mexiko aus in nordöstlicher Richtung bis ins Europäische Nordmeer reicht (vgl. Abbildung 13.1). Als eigentlicher *Golfstrom* wird nur ein Abschnitt dieser Strömung bezeichnet [Fof81], die genaue Definition dieses Abschnitts ist in der Literatur jedoch nicht einheitlich. Der Einfachheit halber wollen wir im Folgenden die gesamte Oberflächenströmung vom Golf von Mexiko bis ins Europäische Nordmeer als Golfstrom bezeichnen.

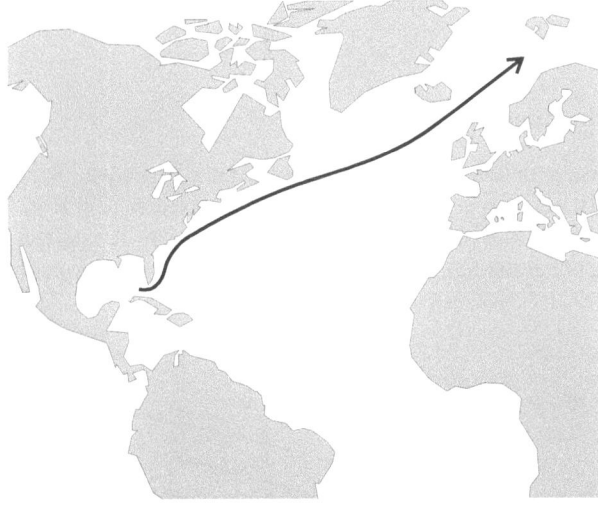

Abbildung 13.1: Vereinfachte Darstellung des Golfstromsystems

Mit der Oberflächenströmung in Richtung Nordosten geht eine Tiefenströmung in entgegengesetzter Richtung einher. Die wesentliche Ursache für diese Zirkulation ist in Dichteunterschieden des Wassers zu sehen, die auf Unterschiede in Temperatur und Salzgehalt zurückgehen [Len97]. Durch das Absinken dichteren Wassers und das Aufsteigen weniger dichten Wassers wird eine Strömung verursacht. Dieser Vorgang wird auch als *Konvektion* bezeichnet.

Der Golfstrom hat einen entscheidenden Einfluss auf das Klima weiter Teile Europas. So ist es in Nord- und Westeuropa aufgrund der warmen Oberflächenströmung 5 bis 10°C wärmer als in anderen Gebieten gleicher geographischer Breite [Len97]. Bei einer Abschwächung oder gar einem Stoppen des Golfstroms müssten wir in Deutschland also mit klimatischen Verhältnissen wie im Norden Kanadas oder in Sibirien rechnen.

Tatsächlich haben sich die mit dem Golfstrom verbundenen Tiefenströmungen in den letzten Jahren abgeschwächt. So sind die aus dem Europäischen Nordmeer in Richtung Süden transportierten Wassermassen nach [Han01] in den vergangenen 50 Jahren um mindestens 20% zurückgegangen. Dieses Phänomen lässt sich mit der Klimaerwärmung in Zusammenhang bringen, da durch das Abschmelzen von Eisbergen in der Arktis vermehrt Süßwasser in das Europäische Nordmeer eingebracht wird, das die Dichte des Wassers herabsetzt und somit das Absinken der Wassermassen verringert. Werden diese verringerten Tiefenströmungen nicht andernweitig ausgeglichen, kann dies eine Abschwächung des gesamten globalen Förderbandes und insbesondere des Golfstroms zur Folge haben, was dramatische Klimaveränderungen in Europa mit sich bringen kann.

Nach einer kurzen Einführung in die physikalischen Ursachen von Meeresströmungen wollen wir uns mit einem mathematischen Modell zur Beschreibung des Golfstroms beschäftigen. Dieses grundlegende Konvektionsmodell geht auf [Sto61] zurück, wichtige Variationen und Verbesserungen sind beispielsweise bei [Wel82] und [Rah01] zu finden. In diesem Zusammenhang wollen wir die Auswirkungen der Klimaerwärmung auf den Golfstrom und damit wiederum auf das Klima in Europa untersuchen.

13.1.2 Physikalische Hintergründe

Als *Dichte* wird das Verhältnis der Masse eines Körpers zu seinem Volumen bezeichnet. Bei gleichem Volumen ist ein Körper höherer Dichte also schwerer als ein Körper geringerer Dichte.

Die Dichte von Meerwasser ist eine nichtlineare Funktion von Temperatur und Salzgehalt (vgl. Abbildung 13.2): Je höher der Salzgehalt bzw. je niedriger die Temperatur ist, desto schwerer ist das Wasser.

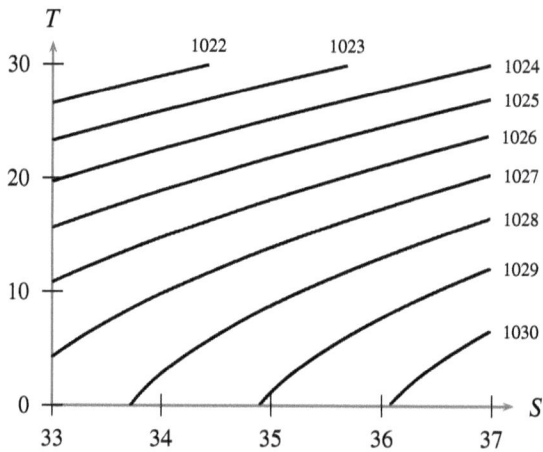

Abbildung 13.2: Dichte (in kg/m^3) in Abhängigkeit von Temperatur T (in °C) und Salzgehalt S (in ‰) (zugrunde liegende Funktion nach [Fof83])

13 Stabilität des Golfstroms

Mit diessem Wissen lässt sich nun der folgende Sachverhalt nachvollziehen:
Aus dem Golf von Mexiko strömen warme Wassermassen in Richtung Nordeuropa. Im Europäischen Nordmeer kühlt das Wasser aufgrund der niedrigen Umgebungstemperatur ab. Ein Teil des Wassers gefriert zu Eis, wobei Salz ausgelöst wird. Das nicht gefrorene Wasser nimmt dieses Salz auf und sinkt aufgrund der erhöhten Dichte nach unten, wo es als kalte Tiefenströmung wieder nach Süden zurückströmt.

13.2 Mathematische Modellbildung

Zum Aufstellen eines mathematischen Modells wollen wir nun vereinfachend annehmen, dass der Golfstrom vom Golf von Mexiko als Strömung an der Oberfläche ins Europäische Nordmeer fließt, dort dann in die Tiefe absinkt und im tiefen Atlantik wieder zurückfließt. In Abbildung 13.3 ist das dieser Annahme entsprechende Modell nach [Sto61] dargestellt, das aus zwei Behältern besteht, die durch einen Überlauf und ein unten liegendes Rohr verbunden sind. Der Überlauf stellt den Golfstrom dar, das Rohr die im tiefen Atlantik liegende Rückströmung und die beiden Behälter den Golf von Mexiko (Index 1) und das Europäische Nordmeer (Index 2). Umgeben (und im Modell durch eine poröse Schicht getrennt) sind beide Behälter vom übrigen Ozean und von der Atmosphäre, welche die Temperatur und den Salzgehalt (durch Regen, Verdunsten, Vermischen) beeinflussen.

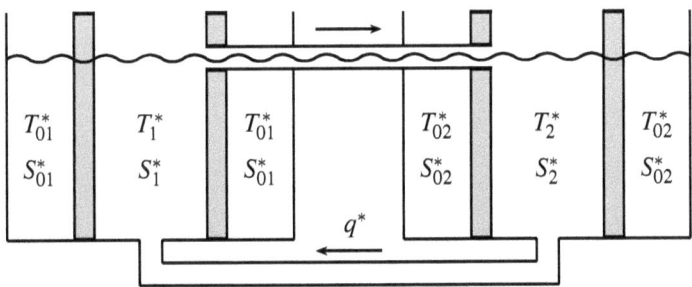

Abbildung 13.3: Modell für den Golfstrom nach [Sto61] (Die Pfeile stehen für einen positiven Fluss q^*)

Mit den Bezeichnungen

T_i^*, $i = 1, 2$ Temperatur im Behälter,
S_i^*, $i = 1, 2$ Salzgehalt im Behälter,
T_{0i}^*, $i = 1, 2$ Temperatur der Umgebung,
S_{0i}^*, $i = 1, 2$ Salzgehalt der Umgebung,
$k_T, k_S > 0$ Temperatur-, Salzaustauschrate

stellen wir die folgenden Gleichungen für die zeitlichen Änderungen auf:

$$\begin{aligned}
\frac{dT_1^*}{dt^*} &= k_T(T_{01}^* - T_1^*) + |q^*|(T_2^* - T_1^*) \\
\frac{dT_2^*}{dt^*} &= k_T(T_{02}^* - T_2^*) + |q^*|(T_1^* - T_2^*) \\
\frac{dS_1^*}{dt^*} &= k_S(S_{01}^* - S_1^*) + |q^*|(S_2^* - S_1^*) \\
\frac{dS_2^*}{dt^*} &= k_S(S_{02}^* - S_2^*) + |q^*|(S_1^* - S_2^*),
\end{aligned} \qquad (13.1)$$

wobei wir den Fluss q^* als proportional (mit Proportionalitätsfaktor $a > 0$) zur Differenz der Dichten annehmen:

$$q^* = a(\rho_2^* - \rho_1^*).$$

Die zeitliche Änderung der Temperatur in einem Behälter wird also zum einen von den Temperaturdifferenzen zur Umgebungstemperatur und zum anderen von dem zu-/abfließenden Wasser aus dem anderen Behälter beeinflusst. Für die zeitliche Änderung des Salzgehaltes in einem Behälter kann ebenso argumentiert werden. In allen Fällen haben wir an dieser Stelle eine sehr einfache Modellierung durch Proportionalität gewählt.

Aus Abschnitt 13.1.2 ist bekannt, dass die Dichte eine nichtlineare Funktion von Temperatur und Salzgehalt ist. Eine lineare Approximation dieser Abhängigkeit ergibt

$$\rho_i^* = \rho_0^* - bT_i^* + cS_i^*, \qquad i = 1, 2,$$

wobei $b, c > 0$ Proportionalitätsfaktoren und ρ_0^* eine Referenzdichte sind. Die Dichte nimmt also mit sinkender Temperatur und steigendem Salzgehalt zu.

Nun wollen wir das Differentialgleichungssystem (13.1) vereinfachen, indem wir anstelle der Größen T_i^*, S_i^*, T_{0i}^*, S_{0i}^* ($i = 1, 2$) lediglich die Differenzgrößen zwischen beiden Behältern bzw. Umgebungen betrachten. Mit

$$\begin{aligned}
T^* &:= T_1^* - T_2^*, & S^* &:= S_1^* - S_2^*, \\
T_0^* &:= T_{01}^* - T_{02}^*, & S_0^* &:= S_{01}^* - S_{02}^*
\end{aligned} \qquad (13.2)$$

ergibt sich

$$\begin{aligned}
\frac{dT^*}{dt^*} &= k_T(T_0^* - T^*) - 2|q^*|T^* \\
\frac{dS^*}{dt^*} &= k_S(S_0^* - S^*) - 2|q^*|S^*,
\end{aligned} \qquad (13.3)$$

wobei für den Fluss

$$q^* = a(bT^* - cS^*)$$

gilt.

Aus Abschnitt 13.1.2 wissen wir, dass zum jetzigen Zeitpunkt für den Golfstrom $T_1^* > T_2^*$ und $S_1^* < S_2^*$ gelten, woraus ein positiver Fluss $q^* > 0$ folgt.

13.3 Entdimensionalisierung

Wir wollen nun das hergeleitete mathematische Modell (13.3) entdimensionalisieren. Die hierzu benötigten Einheiten der Variablen und Parameter sind der Tabelle 13.3 zu entnehmen.

Tabelle 13.1: Einheiten der Variablen und Parameter

Größe	Einheit
T^*, T_0^*	K
S^*, S_0^*	mol l^{-1}
t^*	s
q^*	s^{-1}
k_T, k_S	s^{-1}
a	s^{-1}kg^{-1}m^3
b	kg m^{-3}K^{-1}
c	kg m^{-3}mol^{-1}l

Als Skalierung wählen wir

$$S = \frac{S^*}{S_0^*}, \quad T = \frac{T^*}{T_0^*}, \quad t = k_T \cdot t^*, \quad q = 2\frac{q^*}{k_T}.$$

Das dimensionslose mathematische Modell lautet nun

$$\begin{aligned} \frac{dT}{dt} &= (1-T) - |q(T,S)|T \\ \frac{dS}{dt} &= \gamma(1-S) - |q(T,S)|S \end{aligned} \quad (13.4)$$

mit

$$q = \alpha T - \beta S \quad (13.5)$$

und den drei Parametern

$$\alpha = 2\frac{ab}{k_T}T_0^*, \quad \beta = 2\frac{ac}{k_T}S_0^*, \quad \gamma = \frac{k_S}{k_T}. \quad (13.6)$$

13.4 Gleichgewichtspunkte und ihre Stabilität

Da die Salzgehalt- und Temperaturunterschiede im Wesentlichen konstant sind, handelt es sich beim Golfstrom um ein stationäres Phänomen. Wir suchen also die Gleichgewichtspunkte $(\bar{T}, \bar{S})$ des Systems (13.4). Diese sind gegeben durch

$$\bar{T} = \frac{1}{1+|\bar{q}|}, \quad \bar{S} = \frac{\gamma}{\gamma+|\bar{q}|}.$$

Nach Gleichung (13.5) erfüllt der Gleichgewichtsfluss $\bar{q}$ somit die Bedingung

$$\bar{q} = \alpha \frac{1}{1+|\bar{q}|} - \beta \frac{\gamma}{\gamma+|\bar{q}|}.$$

Zur Bestimmung eines Gleichgewichtsflusses und des zugehörigen Gleichgewichtspunkts $(\bar{T}, \bar{S})$ suchen wir also einen Fixpunkt $\bar{q} = g(\bar{q})$ von

$$g(q) := \alpha \frac{1}{1+|q|} - \beta \frac{\gamma}{\gamma+|q|}.$$

13.4.1 Existenz

Gewisse Aussagen über die Existenz von Fixpunkten lassen sich bereits aus den folgenden Eigenschaften der Funktion $g(q)$ ableiten:

$$g(q) = g(-q)$$
$$g(0) = \alpha - \beta \qquad (13.7)$$
$$\lim_{|q|\to\infty} g(q) = 0.$$

So existiert für $g(0) > 0$ bzw. $g(0) < 0$ mindestens ein Fixpunkt $\bar{q}$ mit $\bar{q} > 0$ bzw. $\bar{q} < 0$, wie auch der Abbildung 13.4 zu entnehmen ist.

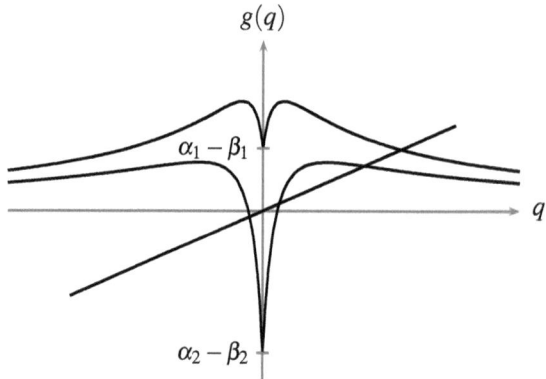

Abbildung 13.4: Qualitativer Verlauf von $g(q)$ für $\alpha_1 - \beta_1 > 0$ und $\alpha_2 - \beta_2 < 0$

Da wir nach Abschnitt 13.2 davon ausgehen können, dass die jetzige Situation des Golfstroms einem stabilen Gleichgewichtspunkt mit dem Gleichgewichtsfluss $\bar{q}^* > 0$ bzw. $\bar{q} > 0$ entspricht, interessieren wir uns zunächst für positive Gleichgewichtsflüsse. Zur genaueren Untersuchung derartiger stationärer Punkte wollen wir statt $g(q) = q$ für $q > 0$ das folgende äquivalente Problem betrachten:

$$k(q) := [q - g(q)](1+q)(\gamma+q) = 0$$

mit

$$k(q) = q^3 + q^2(1+\gamma) + q(\gamma(1+\beta) - \alpha) + \gamma(\beta - \alpha),$$
$$k'(q) = 3q^2 + 2q(1+\gamma) + \gamma(1+\beta) - \alpha,$$
$$k''(q) = 6q + 2(1+\gamma).$$

Es bleiben also zur Bestimmung positiver Gleichgewichtsflüsse die Nullstellen der kubischen Parabel $k = k(q)$ zu bestimmen.

Aus den Funktionseigenschaften

$$k(0) = \gamma(\beta - \alpha)$$
$$k'(0) = \gamma(1+\beta) - \alpha$$
$$k''(0) = 2(1+\gamma) > 0$$

lassen sich die folgenden Aussagen ableiten:

- Falls $\beta - \alpha > 0$ gilt, gibt es keine, genau eine oder zwei Nullstellen mit $\bar{q} > 0$.

Beweis:
Neben $k''(0) > 0$ gilt

$$\beta - \alpha > 0 \quad \Rightarrow \quad k(0) > 0.$$

Für die erste Ableitung können die drei Fälle $k'(0) < 0$, $k'(0) = 0$ oder $k'(0) > 0$ eintreten. Die Anzahl positiver Nullstellen in diesen drei Fällen lässt sich der Abbildung 13.5 entnehmen. □

- Für $\beta - \alpha = 0$ existiert keine oder eine positive Nullstelle $\bar{q}$.

- Im Fall $\beta - \alpha < 0$ gibt es genau ein $\bar{q} > 0$.

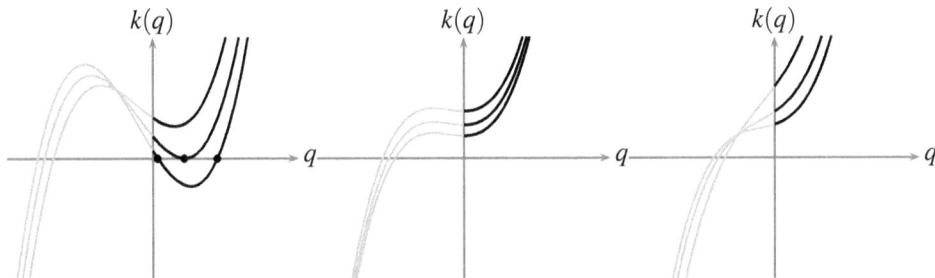

Abbildung 13.5: Nullstellen der kubischen Parabel $k(q)$ für $\beta - \alpha > 0$ und $k'(0) < 0$, $k'(0) = 0$, $k'(0) > 0$

Diese Ergebnisse wollen wir nun wieder auf den Golfstrom beziehen. Von Interesse ist beispielsweise die Antwort auf folgende

> **Frage:** Welche Auswirkungen auf den Golfstrom sind zu erwarten, wenn die Niederschläge im Nordostatlantik zunehmen oder große Eismengen in der Arktis abschmelzen?

Nach (13.2) und (13.6) haben zunehmende Niederschläge im Nordostatlantik bzw. das Abschmelzen großer Eismengen in der Arktis die folgenden Auswirkungen:

⇒ das Wasser in der Umgebung des Europäischen Nordmeers wird verdünnt

⇒ S_{02}^* nimmt ab

⇒ S_0^* nimmt zu

⇒ β nimmt zu, α und γ bleiben unverändert.

Uns interessieren also die Gleichgewichtspunkte in Abhängigkeit von dem Parameter β.

Aufgabe 13.1

Welche Auswirkungen auf die Parameter α, β und γ sind zu erwarten, wenn die Umgebungstemperatur des Golfs von Mexiko zunimmt?

Eine Abnahme des Salzgehaltes in der Umgebung des Europäischen Nordmeers (und damit die Zunahme von β) bedeutet eine Verschiebung der kubischen Parabel $k(q)$ im positiven Bereich nach oben bzw. eine Verschiebung der Funktion $g(q)$ in jedem Punkt nach unten (vgl. Abbildung 13.6, 13.7). Dies führt von der jetzigen Situation des Golfstroms, die ja einem stabilen Gleichgewichtsfluss $\bar{q} > 0$ entspricht, zu einer Situation ohne Nullstellen von $k(q)$ bzw. Fixpunkte von $g(q)$ im positiven Bereich. Ein Fixpunkt im negativen Bereich – und damit ein umgekehrter Fluss – bedeutet, dass die Oberflächenströmung vom Europäischen Nordmeer zum Golf von Mexiko führt und daher kaltes Wasser transportiert.

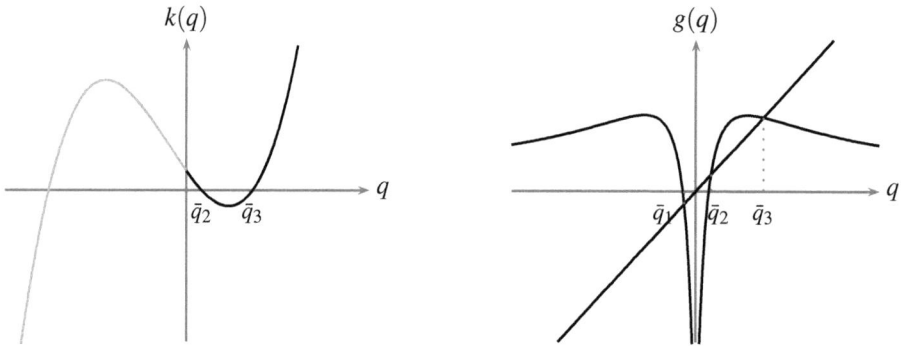

Abbildung 13.6: Qualitativer Verlauf von $k(q)$ und $g(q)$ für $\beta - \alpha > 0$ mit kleinem β

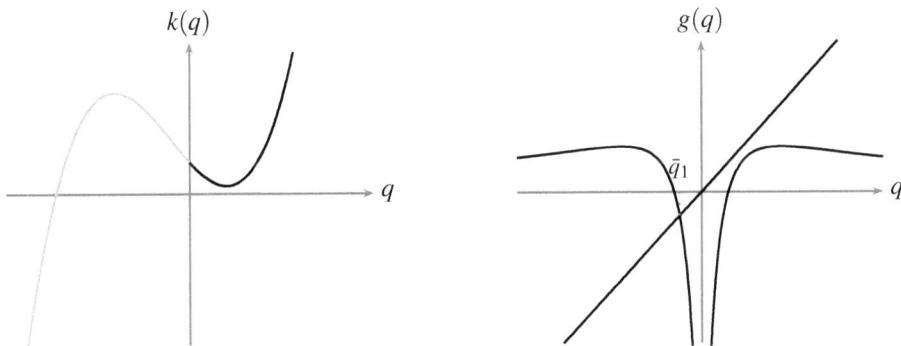

Abbildung 13.7: Qualitativer Verlauf von $k(q)$ und $g(q)$ für $\beta - \alpha > 0$ mit großem β

13.4.2 Stabilität

In einer vom Modell beschriebenen Realität treten nur die *stabilen* Gleichgewichtspunkte auf. Daher wollen wir nun mögliche Gleichgewichtspunkte auf deren Stabilität untersuchen.

Ein Gleichgewichtsfluss $\bar{q}(\bar{T}, \bar{S})$ ist stabil, wenn alle Realteile der Eigenwerte von A negativ sind, wobei A die durch Linearisierung des Systems (13.4) um den stationären Punkt $(\bar{T}, \bar{S})$ entstandene Matrix ist. Die Linearisierung um einen beliebigen Gleichgewichtspunkt $\bar{q}$ führt auf die Eigenwertgleichung

$$\det(A - \lambda I) = \begin{vmatrix} -1 - |\bar{q}|_{\bar{T}} \bar{T} - |\bar{q}| - \lambda & -|\bar{q}|_{\bar{S}} \bar{T} \\ -|\bar{q}|_{\bar{T}} \bar{S} & -\gamma - |\bar{q}|_{\bar{S}} \bar{S} - |\bar{q}| - \lambda \end{vmatrix}$$

$$= \lambda^2 + \lambda \underbrace{\left(1 + \gamma + 2|\bar{q}| + \frac{\bar{q}}{|\bar{q}|} g(\bar{q})\right)}_{-(\lambda_1 + \lambda_2)} + \underbrace{(1 + |\bar{q}|)(\gamma + |\bar{q}|)(1 - g'(\bar{q}))}_{\lambda_1 \cdot \lambda_2} = 0,$$

wobei die Darstellung der Koeffizienten durch die Eigenwerte direkt aus der Produktdarstellung des charakteristischen Polynoms folgt.

Aus dieser Gleichung lassen sich nun ohne explizite Bestimmung der Eigenwerte Aussagen über die Stabilität der Gleichgewichtspunkte treffen. Hierzu verwenden wir, dass zum einen wegen $g(\bar{q}) = \bar{q}$

$$-(\lambda_1 + \lambda_2) = (1 + \gamma + 2|\bar{q}| + \frac{\bar{q}^2}{|\bar{q}|}) > 0 \quad \Rightarrow \quad \lambda_1 + \lambda_2 < 0$$

und zum anderen

$$1 - g'(\bar{q}) \begin{cases} > 0 & \Rightarrow \lambda_1 \cdot \lambda_2 > 0 \\ < 0 & \Rightarrow \lambda_1 \cdot \lambda_2 < 0 \end{cases}$$

gilt. Im Fall $g'(\bar{q}) < 1$ sind also die Realteile beider Eigenwerte negativ, woraus die Stabilität des entsprechenden Gleichgewichtsflusses $\bar{q}$ bzw. des zugehörigen Gleichgewichtspunktes

$(\bar{T}, \bar{S})$ folgt. Im Fall $g'(\bar{q}) > 1$ ist der Realteil genau eines Eigenwertes positiv, woraus sich die Instabilität von $\bar{q}$ bzw. $(\bar{T}, \bar{S})$ ergibt.

Somit sind also die Gleichgewichtsflüsse $\bar{q}_1$ und $\bar{q}_3$ in Abbildung 13.6 und der Fluss $\bar{q}_1$ in Abbildung 13.7 stabil. Mit diesem Wissen lässt sich nun also sagen, dass vermehrte Niederschläge und das Abschmelzen von Eisbergen in der Umgebung des Europäischen Nordmeers eine Umkehrung des Golfstroms und damit dramatische Klimaveränderungen in Europa zur Folge haben können.

Aufgabe 13.2

Lässt sich eine allgemeine Aussage über die Stabilität des kleinsten Fixpunktes $\bar{q}_1$ mit $\bar{q}_1 = g(\bar{q}_1)$ treffen?

13.5 Zusammenfassung

Bei sinkendem Salzgehalt in der Umgebung des Europäischen Nordmeers (z.B. durch Abschmelzen von Eisbergen oder vermehrte Niederschläge) sagt das Modell ein eventuelles Verschwinden aller Fixpunkte im positiven Bereich und einen dann existierenden stabilen Fixpunkt im negativen Bereich voraus, welcher einem gekippten Golfstrom entspräche. Die Klimaerwärmung könnte somit zu eine Abkühlung Nordwesteuropas führen.

Verfeinerte Modelle können auch mehrere stabile stationäre Punkte im positiven Bereich besitzen. Hierdurch sind sie in der Lage, auch Situationen zu beschreiben, in denen der Golfstrom wesentlich schwächer als jetzt agiert. Auch dies hätte bereits starke klimatische Folgen.

13.6 Lösungen der Aufgaben

Aufgabe 13.1

Steigt die Umgebungstemperatur des Golfs von Mexiko, so nimmt α zu, β und γ bleiben konstant.

Aufgabe 13.2

Wie den Eigenschaften der Funktion $g(q)$ in (13.7) und dem Funktionsverlauf in Abbildung 13.4 zu entnehmen ist, gilt für den kleinsten Fixpunkt $\bar{q}_1$ immer $g'(\bar{q}_1) < 1$, der Punkt ist also stabil.

14 Ein mikroskopisches Verkehrsfluss-Modell

14.1 Einführung

Laut einer Studie des Shell-Konzerns[28] waren im Jahr 2003 zwei Drittel aller Erwachsenen in Deutschland im Besitz eines Autos. Die durchschnittliche Fahrleistung jedes einzelnen Verkehrsteilnehmers wurde danach auf 11.400 Kilometer im Jahr berechnet. In unterschiedlichen Prognosen für die nächsten fünfzehn Jahre ist zwar von einem Stagnieren dieser Zahl die Rede, die Gesamtmenge der Pkw nehme in Deutschland jedoch von ca. 45 auf 49 Millionen zu. Daneben gibt es natürlich noch unzählige andere Verkehrs-Studien, z.B. zur Länge der Staus oder zur Zeit, die ein Bürger durchschnittlich im Stau verbringt (siehe [Hel01, Hel97]). Eines haben all diese Studien gemein: die Prognose ist eine weitere Zunahme des Verkehrsaufkommens.

Probleme mit Überlastungen von Straßen und Autobahnen sind bereits ein bekanntes Problem aus den letzten Jahrzehnten. Daher ist es nicht verwunderlich, dass auch die mathematische Modellierung von Verkehr ihre Anfänge bereits vor über einem halben Jahrhundert hatte. Man hat sehr früh erkannt, dass das Verständnis der Gesetzmäßigkeiten, nach denen sich Fahrzeuge auf den Autobahnen und Kraftfahrstraßen fortbewegen, zur Verbesserung der Verkehrssituation eingesetzt werden kann.

Hinweise zur historischen Entwicklung der Verkehrsmodellierung findet man in [Bra99, Hel01, Hel97, Nag03]. Die wohl erste wissenschaftliche Veröffentlichung zum Thema Verkehrsfluss-Modelle war die Arbeit von Greenshields [Gre35] aus dem Jahre 1935, in der erstmals ein Zusammenhang zwischen Verkehrsdichte und Geschwindigkeit hergestellt wurde. In den fünfziger Jahren des 20. Jahrhunderts entwickelten sich zunächst im wesentlichen zwei Zugänge: die *mikroskopischen* und die *makroskopischen* Verkehrsfluss-Modelle. Mikroskopische Modelle beschreiben die Dynamik einzelner Fahrzeuge, makroskopische Modelle bestimmen (makroskopische) Grössen wie Dichte oder Geschwindigkeit des Verkehrsflusses. Später tauchten dann noch sogenannte *kinetische* Modelle auf, welche sich an die kinetische Beschreibung der Gasdynamik anlehnen [Pri71]. Schließlich gibt es seit den achtziger Jahren des letzten Jahrhunderts Modelle, die auf *zellulären Automaten* basieren [Nag92]. Und obwohl die letztgenannten Modelle vermutlich die gröbsten sind, tauchen sie mittlerweile in sehr vielen Anwendungen auf. In diesem Kapitel soll ein mikroskopisches Modell als Grundlage dienen.

Im folgenden Abschnitt modellieren wir die Bewegung einer bestimmten Anzahl von Fahrzeugen auf einer geschlossenen Kreisbahn. Zum einen gibt es dazu reale Experimente [Sug08] und zum anderen ist die mathematische Modellierung etwas einfacher. Die wesentliche Frage ist die der Stabilität eines speziellen Zustandes, nämlich der Situation, in der alle Fahrzeuge mit derselben konstanten Geschwindigkeit fahren und folglich die Abstände zwischen den Fahrzeugen zeitlich konstant bleiben. Dieser Zustand wird auch als *quasistationärer Zustand* bezeichnet und tritt vornehmlich bei niedriger Fahrzeugdichte auf. Im Gegensatz dazu stellt sich dieser Zustand bei höherer Fahrzeugdichte vielfach nicht ein. Dieses Phänomen wurde in der Literatur bereits mehrfach untersucht (siehe z.B. [Ban95, Gas04]).

---

[28] *Shell Pkw Szenarien bis 2030 – Flexibilität bestimmt Motorisierung*, Shell Deutschland Oil, 2004, www.Shell.de (10.3.2008)

14.2 Mathematische Modellbildung

Uns interessiert zur Beschreibung eines Modells mit N Fahrzeugen die Position des j-ten Fahrzeugs ($j \in \{1,\ldots,N\}$) zum Zeitpunkt $t^* \geq 0$:

$$x_j^*(t^*).$$

Die Geschwindigkeit und die Beschleunigung sind dann durch

$$\dot{x}_j^*(t^*) \text{ und } \ddot{x}_j^*(t^*)$$

gegeben.

Eine Gruppe mikroskopischer Modelle sind die *car following models* (Fahrzeug-Folge-Modelle), bei denen das Brems- oder Beschleunigungsverhalten jedes Fahrzeugs vom Fahrverhalten des Vordermanns abhängt. Diese wollen wir hier nun genauer untersuchen.

Im Folgenden betrachten wir eine geschlossene Kreisbahn mit einer Fahrspur der Länge L^*, in dem N Fahrzeuge fahren. Wie bereits angedeutet hat die Wahl einer Kreisbahn zwei Gründe. Neben den bereits angesprochenen realen Experimenten gibt uns die Kreisbahn eine Vereinfachung in der mathematischen Modellierung. Jedes Fahrzeug hat auf der Kreisbahn einen Vorgänger und man erhält damit ein in sich geschlossenes System. Auf einer nicht geschlossenen Fahrbahn müßte man zusätzlich die Dynamik des ersten Fahrzeuges vorschreiben. Als konkretes Modell nehmen wir an, dass die Beschleunigung bzw. die Verzögerung direkt proportional zur Differenz aus einer Idealgeschwindigkeit und der eigenen Geschwindigkeit ist. Die Idealgeschwindigkeit hängt im einfachsten Fall nur vom Abstand zum Vordermann ab. Wir haben also folgende Gesetzmäßigkeit:

$$\ddot{x}_j^*(t^*) = -a\left[\dot{x}_j^*(t^*) - V^*\left(x_{j+1}^*(t^*) - x_j^*(t^*)\right)\right], \quad j = 1,\ldots,N, \qquad (14.1)$$
$$x_{N+1}^* = x_1^* + L^*.$$

Hierbei sind

a die als konstant angenommene Brems- bzw. Beschleunigungsstärke,

$V^*(y^*)$ die angestrebte Idealgeschwindigkeit bei einem Abstand y^* zum Vordermann.

V^* wird als monoton steigend von $V^*(0^*) = 0^*$ auf die Maximalgeschwindigkeit $\lim_{y^* \to \infty} V^*(y^*) = V_m$ angenommen. In Abbildung 14.1 sind zwei mögliche Verläufe der angestrebten Idealgeschwindigkeit V^* angegeben.

Der Kreisverkehr spiegelt sich dadurch wider, dass das N-te Fahrzeug das erste Fahrzeug als Vordermann besitzt.

Das Modell besagt also, dass ein Fahrer nicht weiter beschleunigt, wenn die mit der Funktion V berechnete Geschwindigkeit (als Funktion des Abstandes $V = V(\text{Abstand})$) der aktuellen Geschwindigkeit seines Fahrzeugs entspricht. Er bremst (negative Beschleunigung), wenn seine Geschwindigkeit größer ist als die bei seinem aktuellen Abstand zum Vordermann vorgegebene. Da $1/a$ der *Reaktionszeit* entspricht, geht eine geringe Reaktionszeit mit einer betragsmäßig starken Beschleunigung, eine lange Reaktionszeit bei gleicher Geschwindigkeitsdifferenz dagegen mit einer betragsmäßig geringeren Beschleunigung einher. Modelle dieses Typs wurden im letzten Jahrzehnt eingeführt (siehe [Ban95]), eine Übersicht findet man in [Bra99].

14 Ein mikroskopisches Verkehrsfluss-Modell

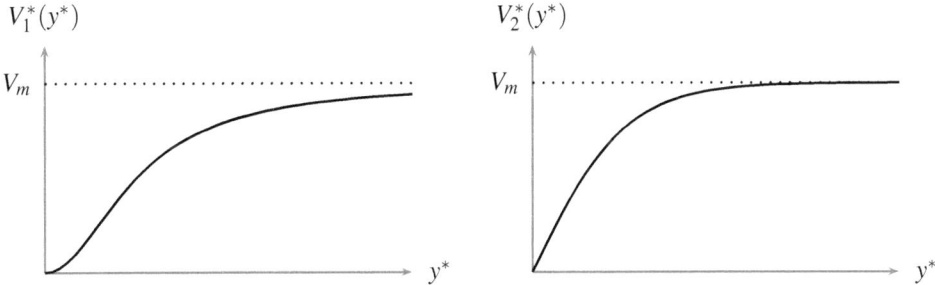

Abbildung 14.1: Mögliche Verläufe der angestrebten Idealgeschwindigkeit V^*

14.3 Entdimensionalisierung

Wir wollen nun das aufgestellte mathematische Modell (14.1) entdimensionalisieren. Die hierzu benötigten Einheiten der Variablen und Parameter sind der Tabelle 14.1 zu entnehmen.

Tabelle 14.1: Einheiten der Variablen und Parameter

Größe	Einheit
x_j^*	m
t^*	s
V^*	ms^{-1}
L^*	m
a	s^{-1}
V_m	ms^{-1}

Als Skalierung wählen wir

$$x_j = \frac{a}{V_m} x_j^*, \qquad t = at^*, \qquad V = \frac{1}{V_m} V^*, \qquad L = \frac{a}{V_m} L^*.$$

Das dimensionslose mathematische Modell lautet nun

$$\ddot{x}_j(t) = -\left[\dot{x}_j(t) - V\left(x_{j+1}(t) - x_j(t)\right)\right], \quad j = 1, \ldots, N,$$
$$x_{N+1} = x_1 + L. \tag{14.2}$$

Der Kreisverkehr in diesem skalierten Modell hat also die (dimensionslose) Länge L, welche neben der Länge L^* auch noch die Beschleunigungsstärke a und die maximale Idealgeschwindigkeit V_m beinhaltet.

14.4 Eine Gleichgewichtslösung mit Stabilitätsanalyse

Das dimensionslose Modell (14.2) hat eine spezielle Lösung der Form

$$\bar{x}_j(t) = \frac{L}{N} j + V\left(\frac{L}{N}\right) t. \tag{14.3}$$

Hier fahren also alle Fahrzeuge mit gleicher konstanter Geschwindigkeit und folglich mit konstantem Abstand $\bar{x}_{j+1}(t) - \bar{x}_j(t) = \frac{L}{N}$, $j = 1, \ldots, N$ hintereinander her. In Abbildung 14.2 ist der qualitative Verlauf dieser speziellen Lösung für $N = 3$ zu erkennen.

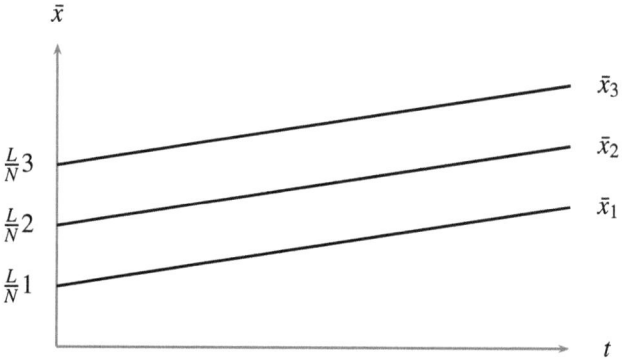

Abbildung 14.2: Qualitativer Verlauf der speziellen Lösung (14.3) für $N = 3$

Es ist günstig, als neue Variablen die Abstände einzuführen:

$$y_j(t) := x_{j+1}(t) - x_j(t), \qquad y_{N+1}(t) = y_1(t) \qquad j = 1, \ldots, N.$$

Das Umschreiben des Modells (14.2) auf diese Variablen liefert

$$\begin{aligned}
\ddot{y}_j &= -[\dot{y}_j - V(y_{j+1}) + V(y_j)], \quad j = 1, \ldots, N, \\
\sum_{j=1}^{N} y_j &= L, \quad y_{N+1} = y_1,
\end{aligned} \tag{14.4}$$

wobei wir die Abhängigkeit von t nicht mehr mitgeschrieben haben.

Die Erhaltungsgröße $\sum_{j=1}^{N} y_j = L$ ergibt sich daraus, dass die Summe der Abstände der skalierten Kreislänge entspricht. Formal heißt das:

$$L = x_{N+1} - x_1 = (x_{N+1} - x_N) + (x_N - x_{N-1}) + \cdots + (x_2 - x_1) = \sum_{j=1}^{N} y_j.$$

14 Ein mikroskopisches Verkehrsfluss-Modell

Umgeschrieben in ein System von Differentialgleichungen erster Ordnung lautet das Modell (14.4)

$$\dot{y}_j = z_j, \qquad j = 1, \ldots, N$$
$$\dot{z}_j = -[z_j - V(y_{j+1}) + V(y_j)], \qquad j = 1, \ldots, N \qquad (14.5)$$
$$\sum_{j=1}^{N} y_j = L, \quad y_{N+1} = y_1.$$

Die spezielle Lösung (14.3) des ursprünglichen Modells (14.2) taucht in diesem Modell als Gleichgewichtslösung

$$\bar{y}_j = x_{j+1} - x_j = \frac{L}{N}, \quad j = 1, \ldots, N$$

wieder auf. Da diese Lösung keine stationäre Lösung in den x-Variablen, wohl aber in den Abstandsvariablen darstellt, wird sie auch als quasi-stationäre Lösung bezeichnet.

Im Folgenden soll die Stabilität dieser Lösung untersucht werden. Wir beginnen mit einer linearen Stabilitätsanalyse, also mit einer Untersuchung der Eigenwerte der Linearisierung um die Gleichgewichtslösung $\bar{y}_j = \frac{L}{N}, j = 1, \ldots, N$ von (14.5). Da nun

$$f(y_j, y_{j+1}, z_j) := \begin{pmatrix} z_j \\ -[z_j - V(y_{j+1}) + V(y_j)] \end{pmatrix}$$

$$\Rightarrow \quad A_j := Df\left(\frac{L}{N}, \frac{L}{N}, 0\right) = \begin{pmatrix} 0 & 0 & 1 \\ -V'(\frac{L}{N}) & V'(\frac{L}{N}) & -1 \end{pmatrix}$$

$$\Rightarrow \quad \frac{d}{dt}\begin{pmatrix} y_j \\ z_j \end{pmatrix} = A_j \cdot \begin{pmatrix} y_j \\ y_{j+1} \\ z_j \end{pmatrix}$$

gilt, lautet die Linearisierung von (14.5) um die Gleichgewichtslösung

$$\dot{y}_j = z_j,$$
$$\dot{z}_j = -z_j + \beta \cdot (y_{j+1} - y_j),$$

wobei $\beta := V'(\frac{L}{N})$ und $j = 1, \ldots, N$ gelten. Die Linearisierungsmatrix des gesamten Systems nennen wir A. Zur Berechnung der Eigenwerte der Linearisierungsmatrix A benötigen wir das charakteristische Polynom $\chi(\lambda)$. In der Darstellung werden im Folgenden alle Nullen in Matrizen nicht mitgeschrieben:

$\chi(\lambda) = \det(A - \lambda I)$

$$= \det \begin{pmatrix} -\lambda & & & & & 1 & & & & \\ & -\lambda & & & & & 1 & & & \\ & & \ddots & & & & & \ddots & & \\ & & & & -\lambda & & & & & 1 \\ -\beta & \beta & & & & -1-\lambda & & & & \\ & -\beta & \beta & & & & -1-\lambda & & & \\ & & \ddots & \ddots & & & & & \ddots & \\ & & & -\beta & \beta & & & & & \\ \beta & & & & -\beta & & & & & -1-\lambda \end{pmatrix}$$

$= \dfrac{1}{(1+\lambda)^N}(-1-\lambda)^N \left[(-\lambda(1+\lambda) - \beta)(-\lambda(1+\lambda) - \beta)^{N-1} + (-1)^{N-1}\beta\beta^{N-1} \right]$

$= (-1)^N \left[(-\lambda(1+\lambda) - \beta)^N - (-1)^N \beta^N \right]$

$= (\lambda(1+\lambda) + \beta)^N - \beta^N$

Bemerkung: Bei der Berechnung des charakteristischen Polynoms wurden zunächst die ersten N Zeilen mit $(1+\lambda)$ multipliziert und danach die Zeilen $N+1$ bis $2N$ addiert; in den nächsten Schritten wurde zunächst eine Entwicklung nach der letzten Spalte von rechts unten bis zur Mitte durchgeführt, danach eine Entwicklung nach der letzten Zeile in der linken oberen $N \times N$-Matrix.

Zur Berechnung der Eigenwerte der Linearisierungsmatrix A muss also

$$(\lambda(1+\lambda) + \beta)^N - \beta^N = 0$$

gelten. Es gilt nun

$(\lambda(1+\lambda) + \beta)^N = \beta^N$

$\Leftrightarrow \quad \lambda^2 + \lambda + \beta = \beta e^{\frac{2\pi i k}{N}}, \qquad k = 0, 1, \ldots, N-1$

$\Rightarrow \quad \lambda = \lambda_{1,2}^k(\beta) = -\dfrac{1}{2} \pm \sqrt{\dfrac{1}{4} - \beta(1 - e^{\frac{2\pi i k}{N}})}, \quad k = 0, 1, \ldots, N-1,$

also insbesondere $\lambda_1^0 = 0$ und $\lambda_2^0 = -1$. Für $\beta \to 0$ gilt

$\lambda_1^k(\beta) = -\dfrac{1}{2} + \sqrt{\dfrac{1}{4} - \beta(1 - e^{\frac{2\pi i k}{N}})} \to 0 = \lambda_1^0(\beta)$

$\lambda_2^k(\beta) = -\dfrac{1}{2} - \sqrt{\dfrac{1}{4} - \beta(1 - e^{\frac{2\pi i k}{N}})} \to -1 = \lambda_2^0(\beta).$

Der für alle β verschwindende Eigenwert $\lambda_1^0 = 0$ spiegelt die Erhaltungsgröße $\sum_{j=1}^{N} y_j = L$ wider. Man könnte alternativ das System in den Variablen y_k, $k = 1, \ldots, N-1$ aufschreiben und y_N durch die Erhaltungsgröße ausdrücken:

$$y_N = L - \sum_{j=1}^{N-1} y_j$$

$$\Rightarrow \quad \dot{y}_N = -\sum_{j=1}^{N-1} \dot{y}_j$$

$$\Rightarrow \quad \ddot{y}_N = -\sum_{j=1}^{N-1} \ddot{y}_j = \sum_{j=1}^{N-1} (\dot{y}_j - V(y_{j+1}) + V(y_j))$$

$$= -(\dot{y}_N - V(y_1) + V(y_N))$$

$$\Rightarrow \quad \begin{cases} \dot{y}_N = z_N \\ \dot{z}_N = -(z_N - V(y_1) + V(y_N)) \end{cases}.$$

Die beiden Gleichungen für $j = N$ lassen sich also aus der Erhaltungsgröße ableiten. Weiterhin lässt sich die Variable y_N, die in die Differentialgleichung für z_{N-1} eingeht, mithilfe der Erhaltungsgröße durch (14.5) ausdrücken.

Das um eine Gleichung reduzierte Modell lautet

$$\dot{y}_j = z_j, \qquad\qquad j = 1, \ldots, N-1$$
$$\dot{z}_j = -[z_j - V(y_{j+1}) + V(y_j)], \qquad j = 1, \ldots, N-2$$
$$\dot{z}_{N-1} = -[z_{N-1} - V(L - \sum_{k=1}^{N-1} y_k) + V(y_{N-1})].$$

In diesem neuen System tritt der Eigenwert 0 in der Linearisierung nicht mehr auf.

Um nun die Stabilität zu analysieren, muss man klären, ob Eigenwerte (abgesehen von dem Nulleigenwert) mit nichtnegativem Realteil existieren bzw. ob Eigenwerte mit sich änderndem β die imaginäre Achse kreuzen. Dazu studieren wir die Kurven in der Gaußschen Ebene, welche einen Eigenwert $\lambda_1^k, k = 0, \ldots, N-1$ repräsentieren und mit β parametrisiert sind (man beachte die Punktsymmetrie $\lambda_1^k(\beta) + \frac{1}{2} = -(\lambda_2^k(\beta) + \frac{1}{2})$).

Wir definieren hierzu $(\alpha_k, \omega_k) := (\alpha_k(\beta), \omega_k(\beta)), k = 0, \ldots, N-1$ durch

$$\lambda_1^k(\beta) = -\frac{1}{2} + \sqrt{\frac{1}{4} - \beta(1 - e^{\frac{2\pi i k}{N}})}$$

$$= (-\frac{1}{2} + \alpha_k) + i\,\omega_k \qquad (14.6)$$

$$= \mathrm{Re}(\lambda_1^k(\beta)) + i\,\mathrm{Im}(\lambda_1^k(\beta)), \ k = 0, \ldots, N-1.$$

Es lässt sich zeigen, dass alle Eigenwerte für kleine β zunächst in der Halbebene mit negativen Realteil liegen. Ausgehend von (14.6) ergibt sich durch Addition von $\frac{1}{2}$, Quadrieren und

Vergleich der Real- und Imaginärteile

$$\alpha_k^2 - \omega_k^2 = \frac{1}{4} - \beta\left(1 - \cos\frac{2\pi k}{N}\right)$$
$$2\alpha_k\omega_k = \beta \sin\frac{2\pi k}{N}.$$

(14.7)

Abgeleitet nach β folgt

$$2\alpha_k\alpha_k' - 2\omega_k\omega_k' = -\left(1 - \cos\frac{2\pi k}{N}\right)$$
$$2\alpha_k\omega_k' + 2\omega_k\alpha_k' = \sin\frac{2\pi k}{N}.$$

Im Ursprung ($\alpha_k = \frac{1}{2}, \omega_k = 0, \beta = 0$) gilt also

$$\frac{d}{d\beta}\mathrm{Re}\left(\lambda_1^k(0) + \frac{1}{2}\right) = \frac{d}{d\beta}\mathrm{Re}\left(\lambda_1^k(0)\right) = \alpha_k'(0) = \cos\frac{2\pi k}{N} - 1 < 0$$
$$\frac{d}{d\beta}\mathrm{Im}\left(\lambda_1^k(0)\right) = \omega_k'(0) = \sin\frac{2\pi k}{N}.$$

Alle Eigenwerte für kleine β liegen also zunächst in der Halbebene mit negativen Realteil.

Nun fragen wir uns, ob und wann die imaginäre Achse gekreuzt wird, also wann $\alpha_k(\beta) = \frac{1}{2}$ gilt. Einsetzen von $\alpha_k = \frac{1}{2}$ in (14.7) ergibt

$$\omega_k^2 = \beta\left(1 - \cos\frac{2\pi k}{N}\right)$$
$$\omega_k = \beta \sin\frac{2\pi k}{N}.$$

Durch Quadrieren der zweiten Gleichung und Gleichsetzen ergibt sich

$$\beta = \beta_k = \frac{1 - \cos\frac{2\pi k}{N}}{(\sin\frac{2\pi k}{N})^2} = \frac{1}{1 + \cos\frac{2\pi k}{N}}.$$

(14.8)

Bei (14.8) wird also die imaginäre Achse gekreuzt.
Es gilt weiterhin

(i)
$$\beta_{N-k} = \frac{1}{1 + \cos\frac{2\pi(N-k)}{N}} = \frac{1}{1 + \cos\frac{2\pi k}{N}} = \beta_k,$$

(ii) für zunehmendes k ($0 < k < N-1$) fällt $\cos\frac{2\pi k}{N}$ streng monoton, β_k wächst also streng monoton.

14 Ein mikroskopisches Verkehrsfluss-Modell

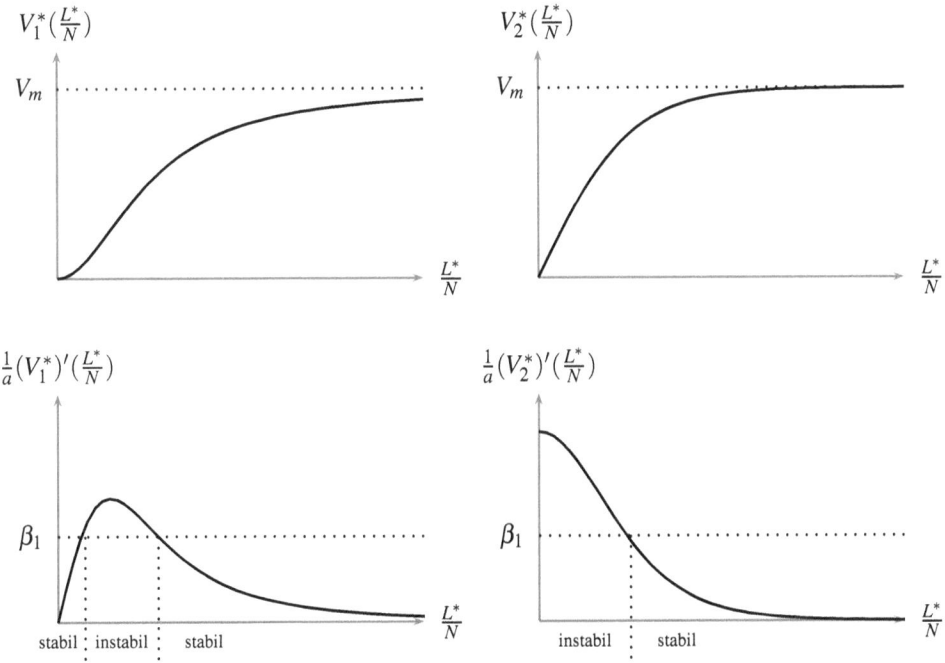

Abbildung 14.3: Stabile und instabile Bereiche für die Beispielfunktionen V_1^* und V_2^*

Aus (i) und (ii) folgt nun
$$\beta_1 = \beta_{N-1} < \beta_2 = \beta_{N-2} < \ldots.$$

Daher ist also λ_1^1 der Eigenwert, welcher als erster (in β gemessen) Instabilität produziert.

Denken wir an die Definition von β $\left(= V'(\frac{L}{N}) = \frac{1}{a}(V^*)'(\frac{L^*}{N})\right)$, so tritt also Instabilität bei

$$\beta = V'(\frac{L}{N}) = \beta_1 = \frac{1}{1 + \cos\frac{2\pi}{N}}$$

auf. In der Abbildung 14.3 sind die stabilen und instabilen Bereiche für die in Abschnitt 14.2 eingeführten Beispielfunktionen V_1^* und V_2^* zu sehen.

Bedenkt man die Form von V^* und $(V^*)'$, so stellt man fest, dass für kleine Verkehrsdichten (wenige Fahrzeuge und lange Kreisbahn, d.h. $\frac{L^*}{N}$ groß) Stabilität und bei einer gewissen kritischen Dichte dann Instabilität auftreten kann. Wenn Instabilität auftritt, kann je nach Form von V^* eventuell auch noch bei großer Verkehrsdichte (viele Fahrzeuge und kleine Kreisbahn, d.h. $\frac{L^*}{N}$ klein) ein Übergang zurück in die Stabilität existieren. Allerdings halten wir das hier vorgestellte Modell in der letztgenannten Situation für nicht besonders geeignet. Bei sehr langsamen Verkehr steht nämlich das Streben nach einer Idealgeschwindigkeit nicht im Vordergrund.

Man kann das Resultat zum Verlust der Stabilität auch in Bezug auf die Reaktionszeit interpretieren. Ist die Reaktionszeit $\frac{1}{a}$ sehr klein, können die Fahrer also sehr schnell auf die Situation reagieren, so tritt keine Instabilität auf, eine große Reaktionszeit führt dagegen eher zur Instabilität.

14.5 Weitergehende Analysen

Die im vorigen Abschnitt gezeigte Analyse ist nur der Ausgangspunkt für weitergehende Untersuchungen (siehe z.B. [Gas04]). Insbesondere kann man die Situation beim Verlust der Stabilität genauer untersuchen. Wie wir gesehen haben, überquert beim Verlust der Stabilität ein konjugiert komplexes Eigenwertpaar der Linearisierung die imaginäre Achse von links nach rechts. Das ist eine typische Eigenschaft einer sogenannten Hopf-Verzweigung. Man kann in diesem Fall sogar zeigen, dass alle Voraussetzungen einer Hopf-Verzweigung erfüllt sind. Eine Hopf-Verzweigung bedeutet, dass in einer Umgebung des kritischen Parameterwertes - hier β_1 - periodische Lösungen existieren (Näheres dazu im Anhang 18). Damit bekommen wir also die Existenz von periodischen Lösungen (in einer Umgebung von β_1), also Lösungen, bei denen die Abstände zwischen den Fahrzeugen oszillieren. Es sei bemerkt, dass es in der Regel sehr schwierig wenn nicht fast unmöglich ist, die Existenz von periodischen Lösungen in hochdimensionalen nichtlinearen Systemen gewöhnlicher Differentialgleichungen zu zeigen.

Natürlich schließt sich aus der Sicht des Anwenders gleich wieder die Frage nach der Stabilität dieser oszillierenden Lösungen an. Auch diese Frage kann mit zusätzlichen Untersuchungen in vielen Fällen positiv beantwortet werden (siehe [Gas04, Gas08]).

Die Ergebnisse, welche aus der Tatsache rühren, dass der Verlust der Stabilität in einer Hopf-Verzweigung begründet ist, sind lokale Ergebnisse, also Aussagen in einer (eventuell sehr kleinen) Umgebung des kritischen Parameters. Allerdings gibt es moderne numerische Methoden, mit denen man z.B. ausgehend von einer Hopf-Verzweigung in großen Parameterbereichen nach periodischen Lösungen suchen kann. Diese sogenannten Verfolgungsalgorithmen lassen sich auf dieses Problem anwenden und man erhält ein gutes Verständnis der globalen Dynamik des beschriebenen Verkehrsmodells.

Das Ergebnis einer solchen globalen Verzweigungsanalyse lässt sich am besten in einem Verzweigungsdiagramm zusammenfassen (siehe Abbildung 14.4). Die zu diesem Beispiel gehörigen Simulationen beziehen sich auf den Fall von 14 Autos ($N = 14$) und eine spezielle häufig verwendete Idealgeschwindigkeitsfunktion (Details siehe in [Gas04]). In diesem Diagramm sind nicht die Lösungen abgebildet, sondern eine bestimmte Norm einer Lösung als Funktion der Kreislänge L. Jeder Punkt auf der Geraden entspricht einer quasi-stationären Lösung, die übrigen Punkte entsprechen periodischen Lösungen (in den Abständen). Die durchgezogenen Kurven bedeuten stabile Lösungen, die gestrichelten Bereiche instabile Lösungen. In diesem Beispiel werden die quasi-stationären Lösungen bei sehr hohen Dichten also nochmals stabil. Ausserdem sieht man, dass es für eine feste Kreislänge L durchaus mehrere Lösungen geben kann, meist ist nur eine davon stabil. Sind mehrere davon stabil, dann ist es eine Frage der Anfangsbedingungen, welche stabile Lösung nun mit der Zeit approximiert wird. Die Punkte, an denen von der quasi-stationären Lösung periodische Lösungen „abzweigen", werden Verzweigungspunkte genannt und sind in der Abbildung mit H_1 bis H_4 gekennzeichnet. In unserem Fall weiß man sogar, dass an diesen Punkten eine Hopf-Verzweigung stattfindet.

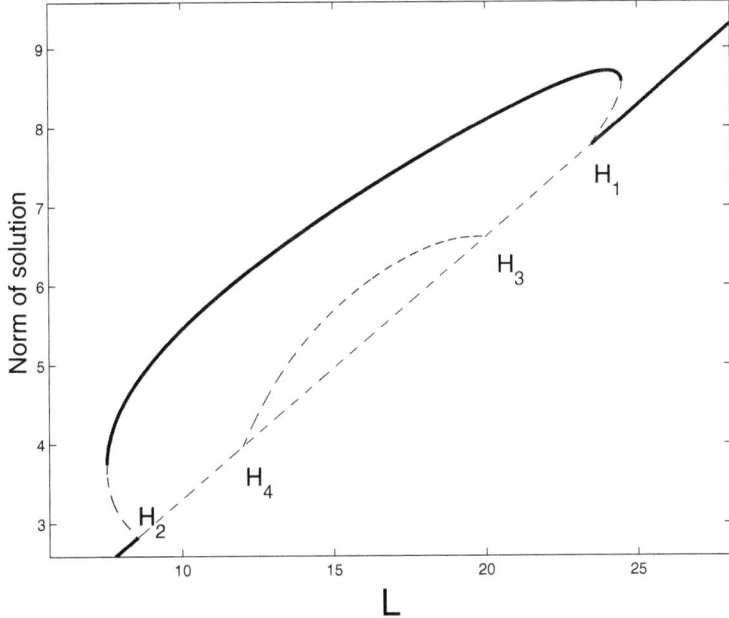

Abbildung 14.4: Verzweigungsdiagramm: Stabile und instabile Lösungen in Abhängigkeit von der Kreislänge L.

14.6 Zusammenfassung

Die obige Analyse des aufgestellten mathematischen Modells zeigt, dass der Verlust der Stabilität quasi-stationärer Lösungen auf einem Kreisverkehr durch eine lineare Stabilitätsanalyse erklärt werden kann. Diese trifft allerdings keine Aussage über genauere Details dieses Verlustes bzw. über das Verhalten der Lösungen jenseits des stabilen Parameterbereichs. Dazu ist eine nichtlineare Stabilitätanalyse erforderlich, welche hier nur angedeutet wurde.

15 Ein makroskopisches Verkehrsfluss-Modell

15.1 Einführung

Wie bereits in der Einführung des letzten Kapitels über mikroskopische Verkehrsflussmodelle erwähnt, gibt es neben den mikroskopischen Zugängen zur Beschreibung von Verkehr noch andere wichtige Zugänge, unter anderem die sogenannten makroskopischen Modelle. In diesen werden mikroskopische Details – z.B. die Dynamik der einzelnen Fahrzeuge – nicht näher betrachtet, sondern makroskopische Größen wie *Verkehrsdichte* und *Verkehrsflussgeschwindigkeit* als Beschreibungsgrößen herangezogen. Diese zwei räumlich und zeitlich kontinuierlichen Größen ergeben sich typischerweise als Lösungen von entsprechenden Modellen mit partiellen Differentialgleichungen bzw. Systemen von partiellen Differentialgleichungen.

Für einen historischen Überblick seien wiederum [Hel01, Hel97, Kla96, Nag03, Pic06] zitiert. Historisch gesehen wurde das erste Modell makroskopischen Typs von Lighthill und Whitham [Lig55] aufgestellt. In diesem Modell wird die Dynamik der Verkehrsdichte beschrieben und eine (verkehrsdichteabhängige) *Gleichgewichts-Verkehrsflussgeschwindigkeit* angenommen. Daher besteht das Modell in diesem Fall aus nur einer partiellen Differentialgleichung. In dem folgenden Abschnitt werden nur Modelle dieses Typs genauer betrachtet. In den achtziger Jahren des letzten Jahrhuderts hat man dann vielfach die Gleichgewichtsannahme für die Verkehrsflussgeschwindigkeit aufgegeben und eine zusätzliche Gleichung für diese Größe eingeführt [Pay71]. Dies geschah vielfach in Anlehnung an die Euler- bzw. Navier-Stokes Gleichungen der Gasdynamik. Gerade diese Tatsache führte auf eine interessante Kontroverse, welche durch die Arbeiten von Daganzo [Dag95] und Aw und Rascle [Aw00] ausgelöst wurde. Das Resultat war, dass ein gasdynamisches Modell für die Beschreibung von Verkehrsfluss nur bedingt geeignet sein kann. Schließlich wurde von Aw et al. [Aw02] ein Modell vorgestellt, welches nunmehr als eine Art „mathematisches Standardmodell" akzeptiert wird. Natürlich gibt es noch eine Reihe anderer ebenso interessanter Zugänge, z.B. Zwei-Phasenmodelle [Col02]. Ein ausführliche Beschreibung der unterschiedlichen Ansätze findet man in [Pic06].

In der genannten Arbeit [Aw02] wurde auch näher auf den Zusammenhang zwischen mikroskopischen und makroskopischen Modellen eingegangen. Dieser sogenannte *Mikro-Makro-Link* beschreibt, wie man von einem mikroskopischen Modell, in dem die Dynamik der einzelnen Fahrzeuge beschrieben wird, auf ein approximatives makroskopisches Modell übergeht, in dem „nur" mehr Verkehrsfluss und Verkehrsflussgeschwindigkeit beschrieben werden. Dazu gab es bisher schon einige formale Ausführungen (siehe z.B. [Hel01]), allerdings wurde in der genannten Arbeit [Aw02] erstmals die volle Problemstellung erkannt, formuliert und auch teilweise gelöst.

15.2 Mathematische Modellbildung

Es sollen nun einfache makroskopische Modelle motiviert werden. Die einfachsten makroskopischen Modelle beschreiben den Verkehrsfluss $\rho^* = \rho^*(x^*, t^*)$, also die Anzahl der Fahrzeuge pro Länge, als orts-und zeitabhängige Größe. Dabei wird angenommen, dass der Verkehr auf der Strasse „kontinuierlich verschmiert" ist. Besonders geeignet ist diese Beschreibung auf langen räumlichen Skalen. Manchmal ist in diesem Zusammenhang auch vom *Hubschrauberblick* die

15 Ein makroskopisches Verkehrsfluss-Modell

Rede. Ausgangspunkt der Motivation ist die Erhaltung der Fahrzeuge auf einer Strecke $[x_1^*, x_2^*]$ ohne Zu- und Abfahrten. Dann ist die Anzahl der Fahrzeuge auf dieser Strecke zum Zeitpunkt t^* durch

$$\int_{x_1^*}^{x_2^*} \rho^*(x^*, t^*) dx^*$$

gegeben. Die zeitliche Änderung dieser Größe ist nur durch Zu- bzw. Abfluss $f^* = f^*(x^*, t^*)$ an den beiden Endpunkten bestimmt:

$$\frac{d}{dt^*} \int_{x_1^*}^{x_2^*} \rho^*(x^*, t^*) dx^* = f^*(x_1^*, t^*) - f^*(x_2^*, t^*). \tag{15.1}$$

Der Fluss $f^*(x^*, t^*)$ ist die Anzahl der Fahrzeuge pro Zeit, welche zum Zeitpunkt t^* den Punkt x^* passieren. Dies ist nichts anderes als das Produkt der Dichte $\rho^*(x^*, t^*)$ und der Geschwindigkeit des Verkehrsflusses $v^*(x^*, t^*)$ an der Stelle x^* zum Zeitpukt t^*. Dies ist dadurch begründet, dass die Geschwindigkeit ja gerade die Länge pro Zeit darstellt, welche der Verkehrsfluss zurücklegt. Also ist das Produkt aus Verkehrsdichte (Fahrzeuge pro Länge) und Verkehrsflussgeschwindigkeit (Länge pro Zeit) gerade die Anzahl der Fahrzeuge pro Zeit, also der Fluss f^*. Damit lässt sich (15.1) weiter umformen zu

$$\begin{aligned}
\int_{x_1^*}^{x_2^*} \frac{\partial \rho^*(x^*, t^*)}{\partial t^*} dx^* &= \frac{d}{dt^*} \int_{x_1^*}^{x_2^*} \rho^*(x^*, t^*) dx^* \\
&= f^*(x_1^*, t^*) - f^*(x_2^*, t^*) \\
&= -\int_{x_1^*}^{x_2^*} \frac{\partial f^*(x^*, t^*)}{\partial x^*} dx^* \\
&= -\int_{x_1^*}^{x_2^*} \frac{\partial (\rho^*(x^*, t^*) v^*(x^*, t^*))}{\partial x^*} dx^*.
\end{aligned}$$

Da nun das Intervall $[x_1^*, x_2^*]$ beliebig gewählt wurde (und wir eine gewisse Glattheit der betrachteten Funktionen annehmen), folgt die partielle Differentialgleichung

$$\frac{\partial \rho^*}{\partial t^*} + \frac{\partial (\rho^* v^*)}{\partial x^*} = 0.$$

Natürlich erkennt man sofort, dass diese Gleichung nur die Konsequenz der Erhaltung der Fahrzeuge ist, aber mit ihren zwei unbekannten Funktionen (bei einer Gleichung) noch kein Modell darstellt. In der Tat, die Aufgabe der Modellierung besteht darin, Aussagen über v^* zu treffen, z.B. durch Herleiten einer zusätzlichen Gleichung für v^*. Der einfachste Zugang besteht allerdings darin, eine spezielle Verkehrssituation zu betrachten, das sogenannte Gleichgewicht. Eine genaue Definition von Gleichgewicht im Verkehr ist nicht so einfach. Sicherlich kann man bei einer stationären Verkehrssituation von Gleichgewicht sprechen. In diesem Falle weiß man aus der Praxis, dass die Verkehrsflussgeschwindigkeit nur eine Funktion der Verkehrsdichte ist, d.h. $v^* = v^*(\rho^*(x^*, t^*))$. Um genauer zu sein, ist sie eine monoton fallende Funktion der Verkehrsdichte. Damit ist der Verkehrsfluss auch nur eine Funktion der Dichte. Im einfachsten Fall ist

$$v^* = V_e^*(\rho^*) = V_{max}\left(1 - \frac{\rho^*}{\rho_{max}}\right), \quad f^*(\rho^*) = \rho^* V_e^*(\rho^*) = \rho^* V_{max}\left(1 - \frac{\rho^*}{\rho_{max}}\right),$$

wobei V_e^* die Gleichgewichtsgeschwindigkeit, V_{max} Maximalgeschwindigkeit und ρ_{max}^* die Maximaldichte seien. Dann gibt es ein Maximum des Flusses bei $\rho^* = \frac{1}{2}\rho_{max}$.

Nun nimmt man im einfachsten Fall auch in der zeitabhängigen Situation an, dass die Geschwindigkeit eine Funktion der Dichte ist. Das führt auf das Modell

$$\rho_{t^*}^* + (\rho^* V_e^*(\rho^*))_{x^*} = 0. \tag{15.2}$$

Mathematisch gesehen ist dies eine sogenannte nichtlineare skalare Erhaltungsgleichung.

15.3 Entdimensionalisierung

Wir wollen nun das aufgestellte mathematische Modell (15.2) entdimensionalisieren. Die hierzu benötigten Einheiten der Variablen und Parameter sind der Tabelle 15.1 zu entnehmen.

Tabelle 15.1: Einheiten der Variablen und Parameter

Größe	Einheit
x^*	m
t^*	s
ρ^*	s^{-1}
v	ms^{-1}
V_e^*	ms^{-1}
ρ_{max}	s^{-1}
V_{max}	ms^{-1}

Als Skalierung wählen wir (mit L als charakteristischer makroskopischer Länge)

$$x = \frac{x^*}{L}, \qquad t = \frac{V_{max}}{L} t^*, \qquad v = \frac{1}{V_{max}} v^*, \qquad \rho = \frac{\rho^*}{\rho_{max}}.$$

Das dimensionslose mathematische Modell lautet nun

$$\begin{aligned} \rho_t + (f(\rho))_x &= 0, \quad (x,t) \in \mathbb{R} \times \mathbb{R}_+, \\ \rho(x,0) &= \rho_0(x), \end{aligned} \tag{15.3}$$

wobei

$$f = f(\rho) = \rho V_e(\rho)$$

die Flussfunktion bedeutet. Manchmal wird das Problem auch in der Form

$$\begin{aligned} \rho_t + f'(\rho)\rho_x &= 0, \quad (x,t) \in \mathbb{R} \times \mathbb{R}_+, \\ \rho(x,0) &= \rho_0(x), \end{aligned} \tag{15.4}$$

geschrieben.

Das Problem ist hier als Anfangswertproblem auf dem Ganzraum ($x \in \mathbb{R}$) formuliert. Dies entspricht einer unendlich langen Straße. Ebenso könnte man ein Anfangsrandwertproblem auf einem beschränkten oder einseitig beschränkten Intervall formulieren. Um zusätzlichen Schwierigkeiten mit Randbedingungen aus dem Weg zu gehen, bleiben wir zunächst bei der Formulierung auf $x \in \mathbb{R}$.

Es ist dann $f'(\rho) = V_e(\rho) + \rho V_e'(\rho)$ eine monoton fallende Funktion in ρ. Das einfachste Beispiel liest sich $V_e(\rho) = 1 - \rho$. Im allgemeinen sollte V_e jedoch immer

$$V_e(0) = 1, \qquad V_e(1) = 0, \qquad V_e'(\rho) \leq 0.$$

erfüllen.

Bevor wir auf die Möglichkeiten der Lösung des Anfangswertproblems (15.3) bzw. (15.4) eingehen, wollen wir zeigen, dass das vorliegende Problem zur standardmäßig analysierten Gleichung dieses Typs äquivalent ist. Setzt man $u = -\rho$, so erhält man mit $F(u) = f(-u) = f(\rho)$

$$\begin{aligned} u_t + (F(u))_x &= 0, \qquad (x,t) \in \mathbb{R} \times \mathbb{R}_+, \\ u(x,0) &= u_0(x), \end{aligned}$$

wobei nun wegen $F''(u) = -f''(-u)$ die Funktion F konvex ist, falls f konkav ist. Das ist z.B. in unserem Standardbeispiel $f(\rho) = \rho(1-\rho)$ der Fall. Üblicherweise wird die Theorie an konvexen Flussfunktionen behandelt.

Die einfache Transformation $u = 1 - 2\rho$ führt in unserem speziellen Beispiel mit $f(\rho) = \rho(1-\rho)$ sogar auf die Standardgleichung für *skalare Erhaltungsgleichungen*, nämlich die reibungsfreie *Burgers-Gleichung*

$$u_t + \left(\frac{u^2}{2}\right)_x = 0.$$

Damit ist der Zusammenhang zwischen der „akademischen" (reibungsfreien) Burgers-Gleichung und den Verkehrsflussmodellen hergestellt. Trozdem werden wir im folgenden hauptsächlich in der Verkehrsformulierung weitermachen.

15.4 Die Charakteristiken-Methode

Nun wollen wir uns der Lösung des Anfangswertproblems zuwenden. Wir versuchen zunächst die sogenannte Charakteristiken-Methode. Zur Veranschaulichung benutzen wir dazu zunächst den (im Verkehrskontext nicht realistischen) linearen Fall $V_e = konstant$. Alle Fahrzeuge würden sich in diesem Fall unabhängig von der Verkehrsdichte gleich schnell bewegen. Dann wird (15.3) zu

$$\begin{aligned} \rho_t + V_e \rho_x &= 0, \\ \rho(x,0) &= \rho_0(x). \end{aligned} \qquad (15.5)$$

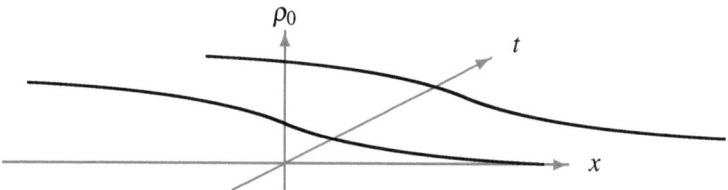

Abbildung 15.1: Lineares Problem

Offensichtlich ist
$$\rho(x,t) = \rho_0(x - V_e t)$$
eine Lösung des Anfangswertproblems (15.5). Diese Lösung verändert das Anfangsprofil ρ_0 nicht, sondern transportiert es mit Geschwindigkeit V_e in x-Richtung (siehe Abbildung 15.1). Entlang der Geraden $x = x_0 + V_e t$ bleibt die Dichte ρ konstant. Diese Geraden nennt man die *Charakteristiken*. Um die Lösung ρ in einem Punkt (x,t) zu finden, bestimmt man den Punkt $x_0 = x - V_e t$, an dem die eindeutige Charakteristik, welche durch (x,t) läuft, bei $t = 0$ die x-Achse schneidet. Dann ist $\rho(x,t) = \rho_0(x_0)$. Man beachte, dass alle Charakeristiken dieselbe Steigung haben und daher parallel sind.

Wir werden nun vornehmlich den Fall mit konkaver Flussfunktion betrachten. Wir versuchen nun die Charakteristiken-Methode bei unserem nichtlinearen Problem. Allerdings ist es nicht mehr so einfach, die Lösung zu erraten. Wir stellen uns zunächst die Aufgabe, Charakteristiken $x = x(t)$ zu suchen, welche uns eine Lösungsmöglichkeit eröffnen. Wir bezeichnen $\hat{\rho}(t) = \rho(x(t),t)$ und sehen

$$\frac{d\hat{\rho}}{dt} = \frac{\partial \rho}{\partial t} + \frac{\partial \rho}{\partial x}\frac{dx}{dt}. \tag{15.6}$$

Wählt man nun

$$\frac{dx}{dt}(t) = f'(\hat{\rho}(t)), \tag{15.7}$$

so ergibt sich mit der Differentialgleichung (15.3) aus (15.6) die Gleichung

$$\frac{d\hat{\rho}}{dt}(t) = 0. \tag{15.8}$$

Die Gleichungen (15.7)-(15.8) ersetzen nun die partielle Differentialgleichung. Wir folgern aus

$$\rho(x(t),t) = \hat{\rho}(t) = \hat{\rho}(0) = \rho_0(x(0)),$$

dass die Dichte entlang der Kurven $x = x(t)$ konstant ist und dass die Kurven wegen

$$\frac{dx}{dt}(t) = f'(\hat{\rho}(t)) = f'(\rho_0(x(0))) = f'(\rho_0(x_0))$$

auch hier Geraden sind. Allerdings hängt die Steigung von der Dichte an der Stelle x_0 ab. Das macht die Lösung etwas schwieriger.

15 Ein makroskopisches Verkehrsfluss-Modell

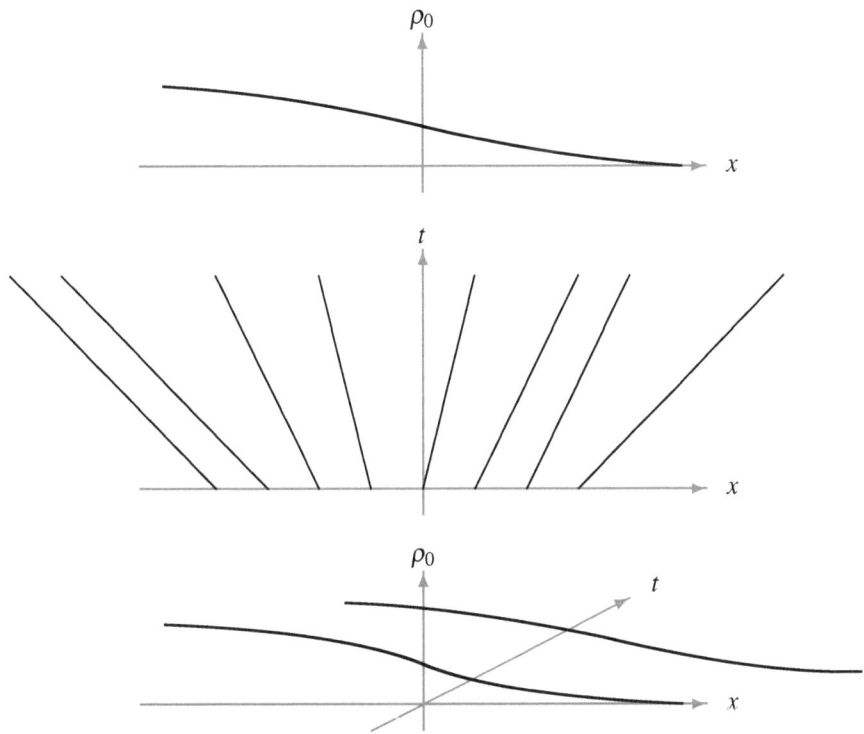

Abbildung 15.2: Anfangsbedingung, Charakteristiken und Lösung in Beispiel 1a

Beispiel 1a: Wir nehmen eine Anfangsdichte ρ_0, welche glatt ist und monoton fällt. Für zwei Punkte $x_0 < x_1$ gilt dann $\rho(x_0) > \rho(x_1)$ und daher $f'(\rho(x_0)) < f'(\rho(x_1))$ (da f' monoton fallend). Also schneiden sich keine zwei Charakteristiken und der gesamte Bereich $\mathbb{R} \times \mathbb{R}_+$ wird von Charakteristiken erreicht. In diesem Falle ist also die Charakteristiken-Methode erfolgreich bei der Lösung des Anfangswertproblems (15.3). Da sich jeweils zwei Charakteristiken mit zunehmendem t voneinander entfernen (und die Dichte entlang der Charkteristiken konstant ist) „zieht sich die Lösung zunehmend auseinander" (siehe Abbildung 15.2). Da anfangs vorne eine niedrigere Dichte vorliegt, fahren die Fahrzeuge schneller und daher „entspannt" sich die Verkehrssituation.

Beispiel 1b: Nimmt man eine unstetige Anfangsbedingung, welche bei $x = 0$ vom konstanten Wert $\rho = 1$ auf den Wert $\rho = 0$ springt, dann gibt es einen Bereich in der x,t-Ebene, welcher nicht von Charakteristiken überstrichen wird. Dort ist dann die Lösung unklar (siehe Abbildung 15.3). Diese Situation entspricht einer stehenden Kolonne, welche ab einem bestimmten Punkt keine Autos vor sich hat. Natürlich müssten wir auch etwas genauer untersuchen, ob man überhaupt unstetige Anfangsdaten verwenden dürfte.

Beispiel 2a: Wir nehmen nun eine Anfangsdichte ρ_0, welche glatt und monoton steigend ist. Dann schneiden sich Charakteristiken gezwungenermaßen (siehe Abbildung 15.4). Das ist

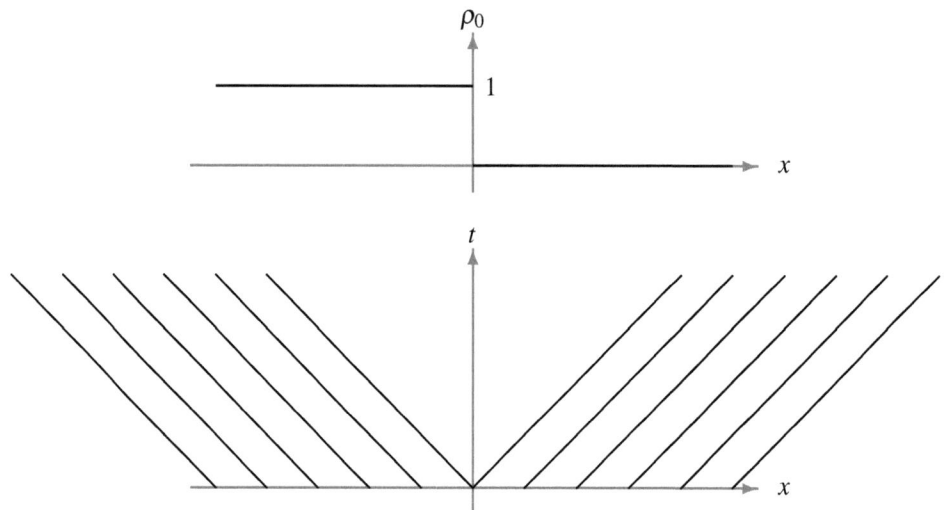

Abbildung 15.3: Anfangsbedingung und Charakteristiken in Beispiel 1b

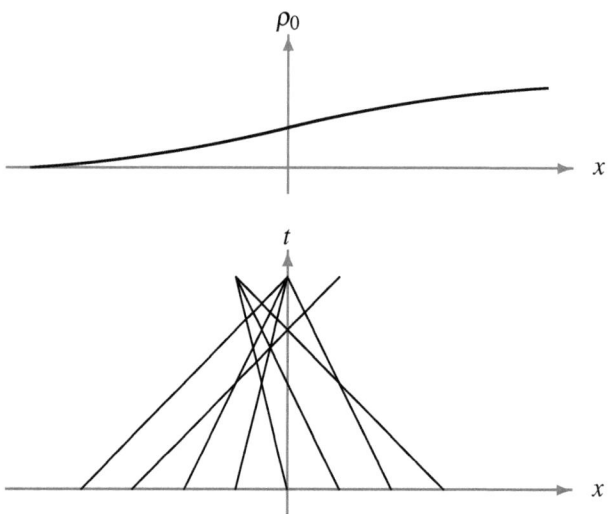

Abbildung 15.4: Anfangsbedingung und Charakteristiken in Beispiel 2a

verkehrstechnisch verständlich, da hier die schnelleren Autos von hinten kommen (kleinere Dichte) und „auflaufen". Allerdings bedeutet es, dass hier die Charakteristiken-Methode nicht funktioniert, da in einem Schnittpunkt von zwei oder mehreren Charakteristiken die Lösung ρ nicht eindeutig bestimmt ist.

15 Ein makroskopisches Verkehrsfluss-Modell 177

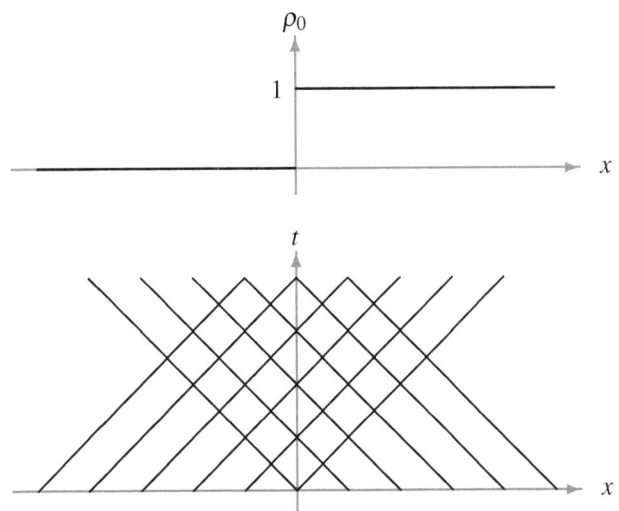

Abbildung 15.5: Anfangsbedingung und Charakteristiken in Beispiel 2b

Beispiel 2b: Nimmt man nun analog zu Beispiel 1b eine unstetige Anfangsbedingung, welche bei $x = 0$ vom konstanten Wert $\rho = 0$ auf den Wert $\rho = 1$ springt, dann gibt es starke Überschneidungen der Charakteristiken. Das entspricht dem Ende eines Staus (siehe Abbildung 15.5).

Beispiel 2c: Schließlich verwenden wir noch eine spezielle Anfangsbedingung, die ein Schneiden der Charakteristiken erst nach einer gewissen Zeit hervorruft. Wir nehmen eine stetige Anfangsbedingung, welche in $x \in [0,1]$ linear die konstanten Werte $\rho = 0$ und $\rho = 1$ verbindet (siehe Abbildung 15.6). Dann treten Schnitte von Charakteristiken nur in gewissen Bereichen auf und zwar erst ab $t = \frac{1}{2}$. Die Situation entspricht einem Stauende, in das noch Fahrzeuge hineinfahren.

Wir schließen also, dass die Charakteristiken-Methode in unserem Problem nur in speziellen Fällen die gewünschte Lösung liefert und in vielen interessanten Fällen scheitert. Daher überlegen wir uns, inwieweit der bisher verwendete Lösungsbegriff angemessen war.

15.5 Integrallösungen

Im letzten Abschnitt haben wir unter anderem gesehen, dass auch bei glatten Anfangsdaten Überschneidungen der Charakteristiken auftreten können. Daher liefert die Charakteristikenmetode manchmal keine Lösung, manchmal eine Lösung bis zu einer bestimmten kritischen Zeit, und manchmal eine Lösung für alle Zeiten. Das ist natürlich unbefriedigend und erfordert andere Methoden. Man sieht aber auch, dass bei glatten Anfangsdaten eine Lösung sich durchaus zu einer annähernd unstetigen Funktion entwickeln kann. Es scheint also so zu sein, dass der glatte Lösungsbegriff – stetig differenzierbare Lösungen in x und t – ungeeignet ist und aufgegeben werden sollte.

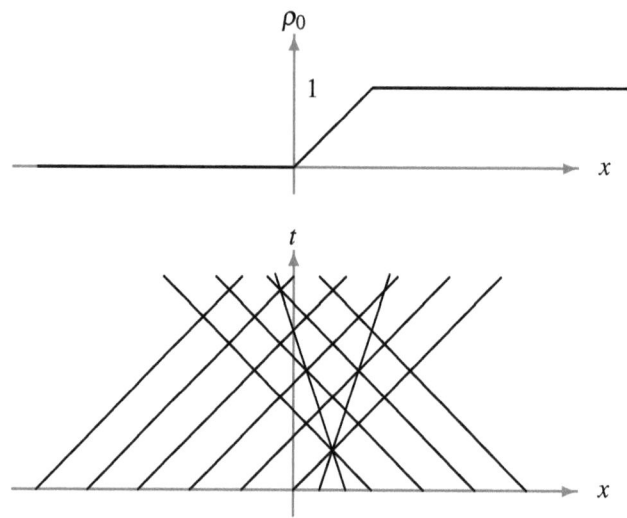

Abbildung 15.6: Anfangsbedingung und Charakteristiken in Beispiel 2c

Wir führen daher einen sehr allgemeinen Lösungsbegriff ein:

Definition 15.1
Eine Funktion $u \in L^1_{loc}(\mathbb{R} \times \mathbb{R}_+)$ heißt *Integrallösung* von (15.3), falls

$$\int_0^\infty \int_\mathbb{R} (\rho(x,t)\phi_t(x,t) + f(\rho(x,t))\phi_x(x,t))dxdt = -\int_\mathbb{R} \rho_0(x)\phi(x,0)dx$$

für alle $\phi : C_c^\infty(\mathbb{R} \times [0,\infty))$ gilt.

Dabei ist L^1_{loc} der Raum der lokal (Lebesgue)-intergrierbaren Funktionen, C_c^∞ der Raum der unendlich oft differenzierbaren Funktionen mit kompaktem Träger und ϕ eine sogenannte *Testfunktion*. In dieser Formulierung können natürlich auch unstetige Lösungen auftreten.

15 Ein makroskopisches Verkehrsfluss-Modell

Dieser Lösungbegriff lässt sich folgendermaßen motivieren. Nehmen wir an, wir haben eine glatte Lösung. Dann gilt für glatte Testfunktionen

$$\begin{aligned}
0 &= \int_0^\infty \int_{\mathbb{R}} \left((\rho_t + (f(\rho))_x) \phi \right) dx dt \\
&= -\int_0^\infty \int_{\mathbb{R}} (\rho \phi_t + f(\rho) \phi_x) dx dt + \int_{\mathbb{R}} (\rho(x,0)\phi(x,0)) dx \\
&= -\int_0^\infty \int_{\mathbb{R}} (\rho \phi_t + f(\rho) \phi_x) dx dt + \int_{\mathbb{R}} (\rho_0(x)\phi(x,0)) dx.
\end{aligned}$$

Glatte Lösungen sind also offensichtlich auch Integrallösungen. Da in dieser Formulierung keine Ableitungen der Lösung mehr vorkommen und die Formulierung sogar für unstetige Lösungen Sinn macht, nimmt man diese Umformulierung als Motivation zur Definition für die allgemeineren Integrallösungen. Natürlich muss man nun abklären, ob dieser Lösungbegriff sinnvoll ist, z.B. ob das entsprechende Problem für alle Anfangsdaten eindeutig lösbar ist. Auch gilt es nun zu verstehen, wie allgemein dieser Lösungbegriff gefasst ist.

15.6 Sprungbedingungen

Man kann sich fragen, ob bei Integrallösungen beliebige Unstetigkeiten zulässig sind. Wir betrachten nun isolierte Unstetigkeiten entlang einer glatten Kurve $s = s(t)$. Das folgende Argument ist nicht vollkommen rigoros, allerdings ist das rigorose Argument etwas mühsamer. Wir nehmen ein festes Intervall $[x_1, x_2]$ zum Zeitpunkt t, so dass $s(t) \in [x_1, x_2]$ liegt. Wäre ρ glatt, so würden wir

$$\frac{d}{dt} \int_{x_1}^{x_2} \rho(x,t) dx = f(\rho((x_1,t))) - f(\rho(x_2,t)) = -\int_{x_1}^{x_2} \frac{\partial}{\partial x}[f(\rho(x,t))] dx$$

schließen. Im Falle der Unstetigkeit verwenden wir $\rho(s(t)\pm,t) = \rho_{l/r}$ und schließen

$$\begin{aligned}
\frac{d}{dt} \int_{x_1}^{x_2} \rho(x,t) dx &= f(\rho(x_1,t)) - f(\rho(s(t)-,t)) - f(\rho(x_2,t)) + f(\rho(s(t)+,t)) \\
&\quad + f(\rho(s(t)-,t)) - f(\rho(s(t)+,t)) \\
&= -\int_{x_1}^{s(t)} \frac{\partial}{\partial x}[f(\rho(x,t))] dx - \int_{s(t)}^{x_2} \frac{\partial}{\partial x}[f(\rho(x,t))] dx \\
&\quad + f(\rho(s(t)-,t)) - f(\rho(s(t)+,t)).
\end{aligned}$$

Andererseits gilt

$$\begin{aligned}
\frac{d}{dt} \int_{x_1}^{x_2} \rho(x,t) dx &= \frac{d}{dt} \int_{x_1}^{s(t)} \rho(x,t) dx + \frac{d}{dt} \int_{s(t)}^{x_2} \rho(x,t) dx \\
&= \int_{x_1}^{s(t)} \frac{\partial}{\partial t} \rho(x,t) dx + \int_{s(t)}^{x_2} \frac{\partial}{\partial t} \rho(x,t) dx + s'(t)(\rho_l - \rho_r).
\end{aligned}$$

Da die Kontinuitätsgleichung im linken und rechten Bereich glatter Lösungen gelten muss (Fahrzeugerhaltung), folgt die sogenannte *Rankine-Hugoniot-Sprungbedingung*

$$s'(t) = \frac{f(\rho_l) - f(\rho_r)}{\rho_l - \rho_r} \qquad (15.9)$$

für die Unstetigkeit. Integrallösungen sind also nicht beliebig unstetig, sondern erfüllen an Unstetigkeiten entlang von Kurven obige Sprungbedingung.

Mit diesem Wissen können wir nochmals auf unsere Beispiele zurückkommen, bei denen die Suche nach glatten Lösungen mit der Charakteristiken-Methode gescheitert war. Wir versuchen nun entsprechende Integrallösungen mit (isolierten) Unstetigkeiten zu konstruieren. Dabei legen wir uns auf den einfachsten Fall $f(\rho) = \rho(1-\rho)$ und damit auf $f'(\rho) = 1 - 2\rho$ fest.

Beispiel 2b: Wir versuchen nun, eine Unstetigkeit $s = s(t)$ zwischen $\rho_l = 0$ und $\rho_r = 1$ zu legen, so dass die Sprungbedingung (15.9) gilt. Also muss

$$s'(t) = \frac{f(\rho_l) - f(\rho_r)}{\rho_l - \rho_r} = \frac{0-0}{0-1} = 0$$

gelten. Das entspricht einer stehenden Unstetigkeit (Abbildung 15.7), was konsistent ist mit einem Stauende, welches sich ohne nachkommende Autos nicht verändert.

Beispiel 2c: In diesem Falle beginnt die Unstetigkeit erst bei $(x,t) = (\frac{1}{2}, \frac{1}{2})$. Ab dann hat sie die Steigung $s'(t) = 0$. Das Beispiel beschreibt also die Situation, wie sich die letzten Fahrzeuge gerade dem Stauende nähern und schließlich (bei $t = \frac{1}{2}$) zum Stehen kommen (Abbildung 15.8). Das so gebildete Stauende bleibt dann bei $x = \frac{1}{2}$ stehen.

Beispiel 1b: Wie in Beispiel 2b lässt sich auch in diesem Beispiel eine Unstetigkeit mit Steigung $s' = 0$ durch den Ursprung legen und damit eine (Integral-)Lösung konstruieren (Abbildung 15.9).

Allerdings kann man hier auch andere Lösungen konstruieren, z.B. eine Lösung mit zwei Unstetigkeiten und einem konstanten Wert $\rho_m = \frac{1}{2}$ dazwischen. Dann fordern die Sprungbedingungen als Steigungen der beiden Unstetigkeiten $s'_1(t) = +\frac{1}{2}$ zwischen $\rho_m = \frac{1}{2}$ und $\rho_r = 0$ sowie $s'_2(t) = -\frac{1}{2}$ zwischen $\rho_l = 1$ und $\rho_m = \frac{1}{2}$ (Abbildung 15.10). Dies widerspricht offensichtlich der angestrebten eindeutigen Lösbarkeit.

Den Fall der zwei Unstetigkeiten kann man sogar auf n Unstetigkeiten verallgemeinern. Hat man Zwischenwerte $\rho_i = \frac{i}{n}, i = 1, ..., n-1$, so ergeben sich die Steigungen der n Unstetigkeiten

$$s'_i(t) = \frac{f\left(\frac{i}{n}\right) - f\left(\frac{i-1}{n}\right)}{\frac{i}{n} - \frac{i-1}{n}} = \frac{1}{n}(n+1-2i), \quad i = 1, ..., n.$$

Damit hat man ohne Probleme unendlich viele Integrallösungen konstruiert, welche die Sprungbedingung erfüllen.

15 Ein makroskopisches Verkehrsfluss-Modell

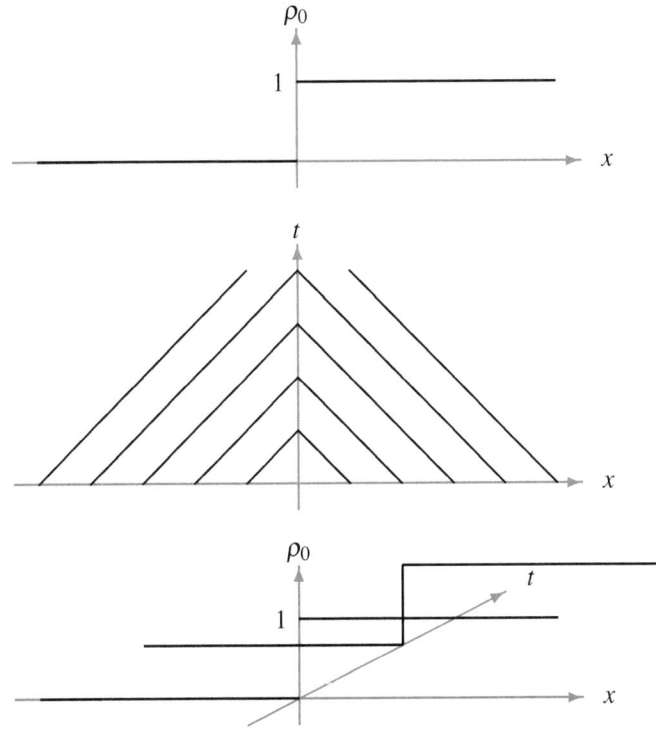

Abbildung 15.7: Anfangsbedingung, Charakteristiken und Lösung in Beispiel 2b

Beispiel 2b: Der Versuch, eine Lösung mit zwei oder mehr Unstetigkeiten zu konstruieren, gelingt hier nicht. Versucht man es mit dem konstanten Zwischenwert $\rho_m = \frac{1}{2}$, fordern die Sprungbedingungen als Steigungen der beiden Unstetigkeiten $s'_1(t) = -\frac{1}{2}$ zwischen ρ_m und ρ_r sowie $s'_2(t) = +\frac{1}{2}$ zwischen ρ_l und ρ_m. Das ist offensichtlich nicht möglich.

An dieser Stelle möchten wir noch eine Bemerkung zur Sprungbedingung anbringen. Nehmen wir nämlich unsere skalare Erhaltungsgleichung (15.5) im Falle von $f(\rho) = \rho(1-\rho)$, multiplizieren sie z.B. mit 2ρ, so ergibt sich

$$(\rho^2)_t + (\rho^2 - \frac{4}{3}\rho^3)_x = 0,$$

und mit $w = \rho^2$ das Erhaltungsgesetz

$$w_t + (g(w))_x = 0, \qquad g(w) = w - \frac{4}{3}w^{\frac{3}{2}}.$$

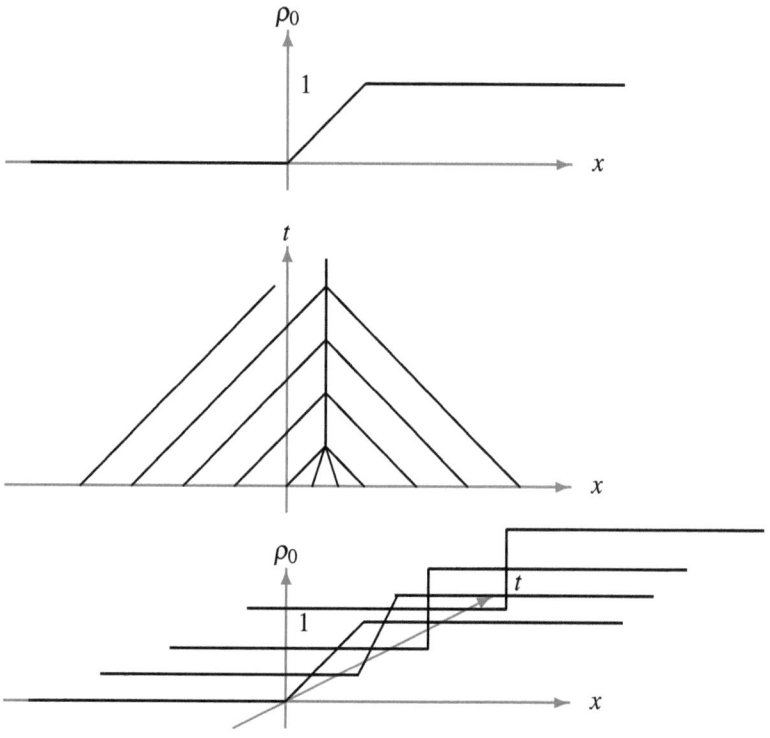

Abbildung 15.8: Anfangsbedingung, Charakteristiken und Lösung in Beispiel 2c

Dieses würde die Sprungbedingung

$$\begin{aligned} s'(t) &= \frac{g(w_l) - g(w_r)}{w_l - w_r} = \frac{w_l - w_r - \frac{4}{3}(w_l^{\frac{3}{2}} - w_r^{\frac{3}{2}})}{w_l - w_r} \\ &= \frac{\rho_l^2 - \rho_r^2 - \frac{4}{3}(\rho_l^3 - \rho_r^3)}{\rho_l^2 - \rho_r^2} = 1 - \frac{4}{3}\frac{\rho_l^2 + \rho_l\rho_r + \rho_r^2}{\rho_l + \rho_r} \end{aligned}$$

ergeben, welche nicht mit der ursprünglichen $s'(t) = 1 - (\rho_l + \rho_r)$ übereinstimmt. Das bedeutet, dass wir unterschiedliche Sprungbedingungen bekommen, je nachdem, von welcher Formulierung wir starten. Hier gilt, dass man die Formulierung in Erhaltungsgrößen verwenden muss, um die „richtige" Sprungbedingung zu erhalten. Im obigen Fall bedeutet das, dass man tatsächlich die ursprüngliche Version in ρ verwenden muss, denn die basiert auf der Erhaltung der Fahrzeuge (siehe Herleitung in diesem Abschnitt). Eine Formulierung in ρ^2 hingegen würde die Frage nach der neuen Erhaltungsgröße aufwerfen.

15 Ein makroskopisches Verkehrsfluss-Modell

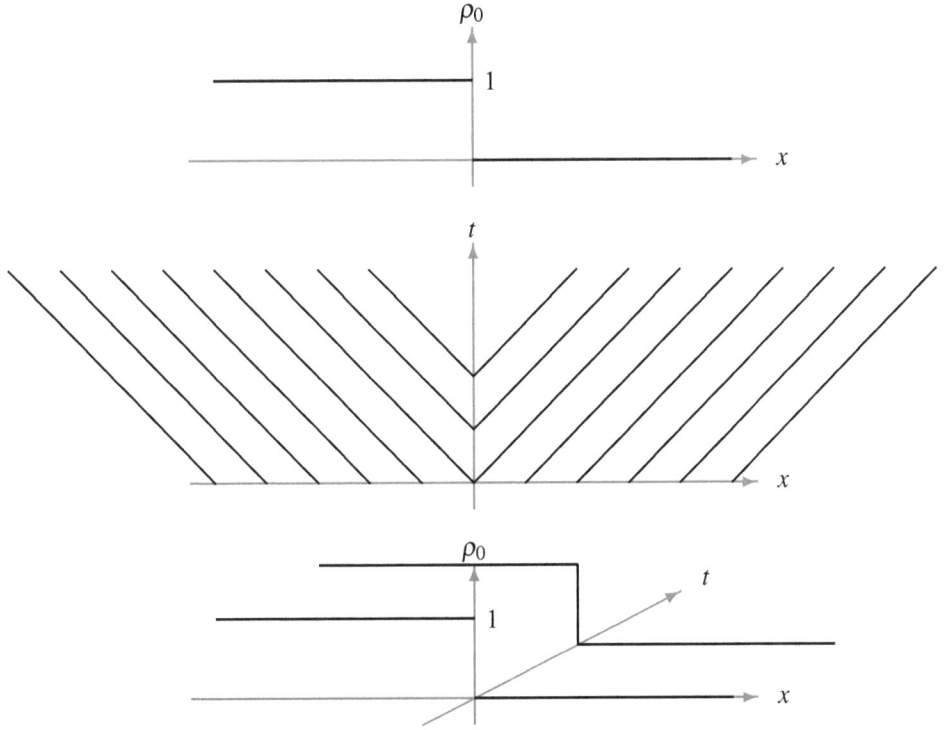

Abbildung 15.9: Anfangsbedingung, Charakteristiken und Lösung in Beispiel 1b (1. Möglichkeit)

15.7 Verdünnungswellen

Das Beispiel 1b mit der Integrallösung mit n Sprüngen lässt im Grenzwert $n \to \infty$ eine stetige Lösung vermuten. Wir machen daher einen Ansatz und suchen eine spezielle Lösung

$$\xi = \frac{x}{t}, \qquad \overline{\rho}(\xi) = \overline{\rho}\left(\frac{x}{t}\right) = \rho(x,t)$$

und erhalten aus der Differentialgleichung mit $\rho_t = -\overline{\rho}'\frac{\xi}{t}$, $\rho_x = \overline{\rho}'\frac{1}{t}$

$$\frac{\overline{\rho}'}{t}(-\xi + f'(\overline{\rho})) = 0.$$

Das bedeutet (bei strikt konvexem f und daher invertierbarem f')

$$\overline{\rho}(\xi) = (f')^{-1}(\xi).$$

In unserem Spezialfall $f(\rho) = \rho(1-\rho)$ bedeutet das $\overline{\rho}(\xi) = \frac{1-\xi}{2}$. Eine solche Lösung ist also entlang von Strahlen aus dem Ursprung konstant und kann einen stetigen Übergang von einem

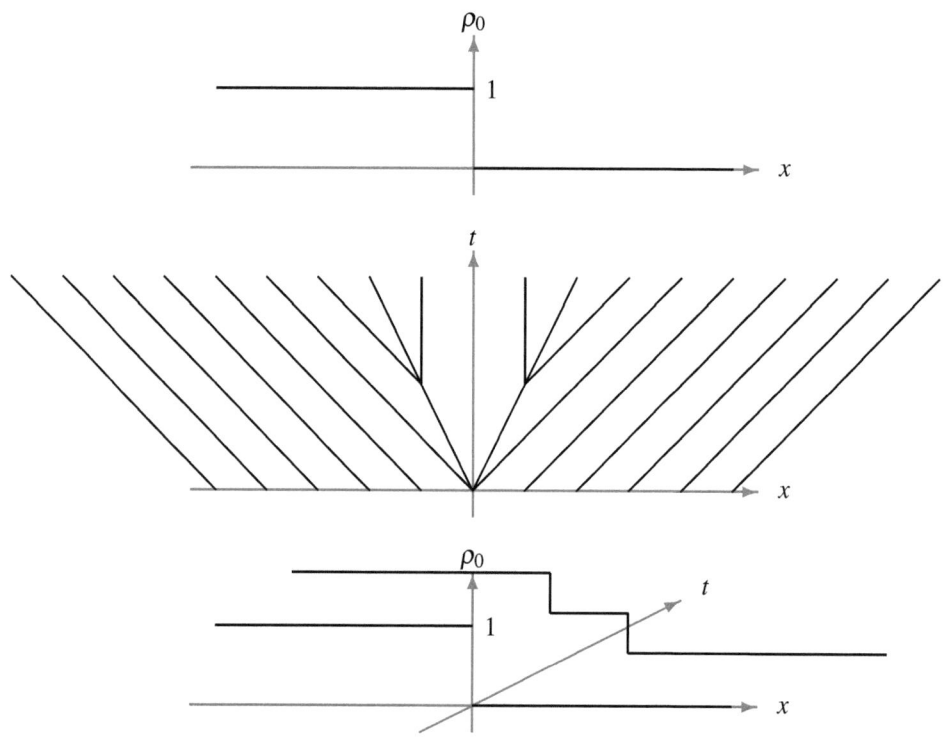

Abbildung 15.10: Anfangsbedingung, Charakteristiken und Lösung in Beispiel 1b (2. Möglichkeit)

konstanten linken Wert zu einem konstanten rechten Wert darstellen. Eine solche Lösung wird *Verdünnungswelle* genannt. Verdünnungswellen sind auch Integrallösungen, da sie außerhalb der sich auffächernden Strahlen konstant sind und innerhalb der sich auffächernden Strahlen sogar als glatte Lösungen die Differentialgleichung erfüllen. Die Grenzbereiche zwischen dem „Fächer" und den außenliegenden konstanten Bereichen stellen zwei Geraden dar, an denen die Lösung stetig ist und die damit für die Intergalformulierung kein Problem darstellen.

Im Falle von Beispiel 1b gilt im linken Bereich $\xi = -1$ und im rechten Bereich $\xi = +1$ und daher $\overline{\rho}(-1) = 1$ und $\overline{\rho}(1) = 0$. Dazwischen gibt es die Möglichkeit einer Verdünnungswelle (siehe Abbildung 15.11).

15.8 Entropiebedingungen

Wir haben also gesehen, dass man in bestimmten Fällen zusätzlich zu (vielen) unstetigen Lösungen auch noch Verdünnungswellen als Integrallösungen haben kann. Damit ist klar, dass der Übergang zum Begriff der Integrallösung das Problem der Nichteindeutigkeit von Lösungen mit sich gebracht hat. Dieses Problem erfordert also Zusatzbedingungen, welche im Falle von Mehrdeutigkeit gerade eine einzige Lösung selektieren. Diese Bedingung ist in der Regel nicht in den

15 Ein makroskopisches Verkehrsfluss-Modell

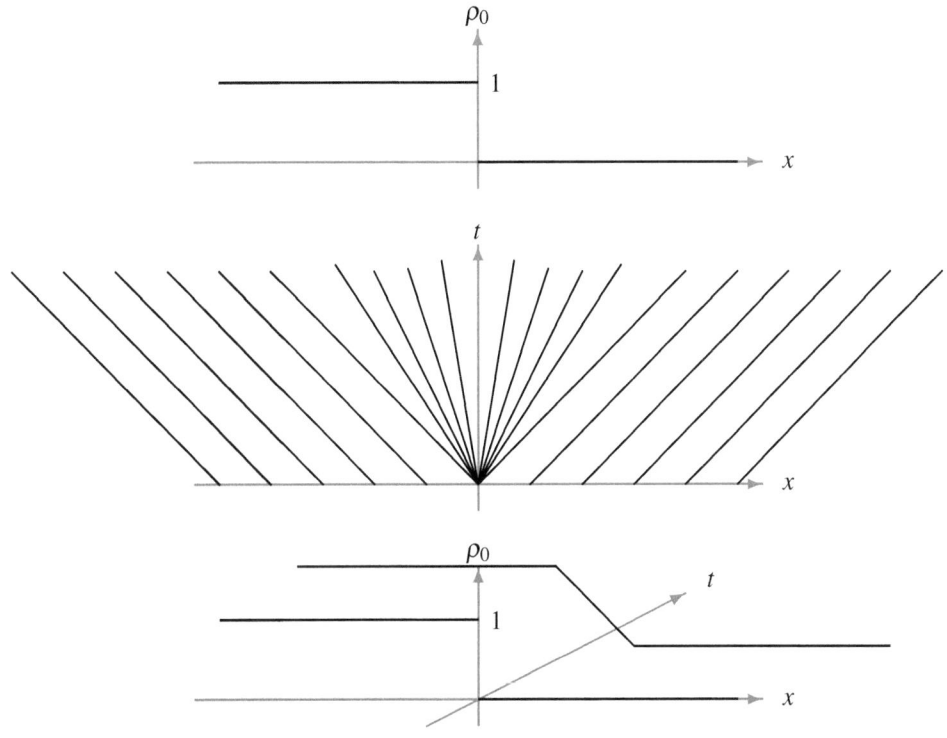

Abbildung 15.11: Verdünnungswelle in Beispiel 1b

Differentialgleichungen enthalten. Eine solche Zusatzbedingung nennt man *Entropiebedingung*. Die Bezeichnung stammt aus der Gasdynamik, wo diese Zusatzbedingung gerade die Zunahme/Abnahme (physikalisch/mathematisch) der Entropie fordert. Es gibt verschiedene Formen von Entropiebedingungen, einige seien im Folgenden näher beschrieben.

Verkehrsentropie Diese aus der Verkehrsmodellierung motivierte Bedingung wurde von Ansorge [Ans90] vorgeschlagen und besagt, dass Fahrzeuge, welche in dichteren Verkehr hineinfahren, keine Glättung der Lösungen bewirken, hingegen Fahrzeuge, welche in undichteren Verkehr fahren, eine Glättung bewirken (ein glattes Auseinanderziehen des Verkehrs). Das bedeutet, dass man für konstante links- und rechtsseitige Dichten mit $\rho_l < \rho_r$ die unstetige Lösung auswählen sollte, hingegen im Falle $\rho_l > \rho_r$ die glattest mögliche Lösung heranziehen sollte, also meist die Verdünnungswelle. Es zeigt sich, dass diese Bedingung in vielen Fällen eine einzige Lösung auswählt. Allerdings ist dies keine mathematisch rigoros formulierte Bedingung.

Lax-Entropiebedingung Diese Bedingung wurde von Lax [Lax73] formuliert und besagt, dass nur solche Sprünge zulässig sind, in denen die Charakteristiken (mit zunehmender Zeit) enden. Hingegen Sprünge, in denen Charakteristiken „neu" beginnen, sind nicht erlaubt. Das wird dadurch motiviert, dass Charakteristiken Information (z.B. den Wert von ρ) transportieren und dass Sprünge, in welchen Information „vernichtet" wird, zulässig, hingegen solche, bei denen eine solche Information „erzeugt" werden müsste, nicht erlaubt sein sollen. Erinnert man sich an die Steigung der Charakteristiken, so schreibt sich diese Bedingung einfach als

$$f'(\rho_l) > s' > f'(\rho_r),$$

wobei s' die Steigung der Unstetigkeit ist. Man erkennt, dass diese Bedingung im Beispiel 1b gerade die unendlich vielen konstruierten Lösungen mit Sprüngen ausschließen würde. Tatsächlich weiß man, dass unter geeigneten Voraussetzungen die Lax-Entropiebedingung Eindeutigkeit der Lösung liefert. Dieses Resultat erfordert allerdings tiefe Kenntnis der entsprechenden Existenztheorie und wird daher nicht weiter besprochen.

Ist der Fluss f konkav ($f''(\rho) < 0$), so folgt aus $f'(\rho_l) > f'(\rho_r)$ gerade die Bedingung

$$\rho_l < \rho_r$$

für zulässige Sprünge, welche mit der Entropiebedingung von Ansorge übereinstimmt.

Grenzwert kleiner Viskosität Hier betrachtet man ein modifiziertes mathematisches Problem vom Typ (viskoses Problem)

$$(\rho_\varepsilon)_t + (f(\rho_\varepsilon))_x = \varepsilon(\rho_\varepsilon)_{xx}, \qquad \rho_\varepsilon(x,0) = \rho_0(x). \tag{15.10}$$

Dieses liefert in vielen Fällen (für alle ε) eine eindeutige Lösung. Man akzeptiert nun nur solche Lösungen des ursprünglichen Problems, welche als Grenzwert ($\varepsilon \to 0$) von Lösungen des modifizierten Problems (15.10) erhalten werden können.

Dieses modifizierte Problem stammt typischerweise aus einer etwas verfeinerten Modellierung. Im Verkehrskontext gibt es genauere Modelle, in denen für die Geschwindigkeit in der Kontinuitätsgleichung nicht einfach die Gleichgewichtsgeschwindigkeit angenommen wird, sondern eine etwas genauere Beschreibung der Geschwindigkeit. Ein Beispiel ist der Zusammenhang [Hel01, Gas06]

$$v = v(\rho) = V_e(\rho) + \varepsilon \frac{\rho_x}{\rho} V_e'(\rho),$$

wobei ε ein kleiner Parameter ist. Dieser ist durch die Hälfte des Verhältnisses einer typischen kleinen Länge l (z.B. Fahrzeuglänge) zu einer typischen großen Länge L (z.B. Länge des betrachteten Straßenabschnittes) $\varepsilon = \frac{l}{2L}$ gegeben. Dieses Modell besagt also, dass die Verkehrsflussgeschwindigkeit gleich der Gleichgewichtsgeschwindigkeit plus eine kleine Korrektur ist. Da $V_e' < 0$ gilt, besagt die Korrektur, dass die Geschwindigkeit kleiner als die Gleichgewichtsgeschwindigkeit ist, falls die Dichte nach vorne zunimmt. Andersrum ist sie größer als die Gleichgewichtsgeschwindigkeit, falls die Dichte nach vorne hin abnimmt. Dieses Modell berücksichtigt also nicht nur die Dichte in einem Punkt, sondern auch die Dichteänderung. Dieses Modell führt somit auf das Anfangswertproblem

$$\begin{aligned} \rho_t + (\rho V_e(\rho))_x &= -\varepsilon(V_e(\rho))_{xx}, \qquad (x,t) \in \mathbb{R} \times \mathbb{R}_+ \\ \rho(x,0) &= \rho_0(x) \end{aligned}$$

15 Ein makroskopisches Verkehrsfluss-Modell

und im Spezialfall $V_e(\rho) = 1 - \rho$ auf

$$\rho_t + (\rho(1-\rho))_x = \varepsilon \rho_{xx}, \quad (x,t) \in \mathbb{R} \times \mathbb{R}_+,$$
$$\rho(x,0) = \rho_0(x).$$

Verwendet man nun die Transformation $u = 1 - 2\rho$ aus Abschnitt 15.3, so erhält man

$$u_t + \left(\frac{u^2}{2}\right)_x = \varepsilon u_{xx}, \quad (x,t) \in \mathbb{R} \times \mathbb{R}_+,$$
$$u(x,0) = u_0(x),$$

was gerade die Burgers-Gleichung darstellt.

Wir bemerken in diesem Zusammenhang eine interessante Transformation, welche eine explizite Lösung der Burgersgleichung und damit des Verkehrsanfangswertproblems für den einfachen Fall $V_e(\rho) = 1 - \rho$ erlaubt, die sogenannte *Hopf-Cole-Transformation* [Eva98]. Mit

$$w(x,t) = \int_0^x u(y,t)dy, \quad w_0 = \int_0^x u_0(y)dy$$

ergibt sich aus einem allgemeinen viskosen Problem

$$u_t + \left(\frac{u^2}{2}\right)_x = \varepsilon u_{xx}, \quad u(x,0) = u_0(x)$$

das Problem

$$w_t + \frac{w_x^2}{2} = \varepsilon w_{xx}, \quad w(x,0) = w_0(x).$$

Löst man letzteres, so kommt man einfach mit $u(x,t) = w_x(x,t)$ zurück auf das ursprüngliche Problem. Nun setzt man eine weitere Transformation vom Typ $z = \phi(w)$ an und erhält

$$0 = \phi'(w)w_t + \phi'(w)\frac{w_x^2}{2} - \phi'(w)\varepsilon w_{xx}$$
$$= z_t + \left(\frac{1}{2}\phi'(w) + \varepsilon \phi''(w)\right)w_x^2 - \varepsilon z_{xx}$$
$$= z_t - \varepsilon z_{xx},$$

falls ϕ so gewählt wird, dass $\frac{1}{2}\phi'(w) + \varepsilon \phi''(w) = 0$ gilt. Die Wahl $z = \phi(w) = e^{-2\varepsilon w}$ erfüllt diese Gleichung. Damit hat man mit einer geschickt gewählten (nichtlinearen) Transformation ein nichtlineares Problem auf ein lineares Diffusionsproblem vom Typ

$$z_t = \varepsilon z_{xx}, \quad z(x,0) = z_0(x) = e^{-2\varepsilon w_0(x)}$$

übergeführt. Die Lösung dieses Problems ist

$$z(x,t) = \frac{1}{\sqrt{4\pi\varepsilon t}}\int_{\mathbb{R}} e^{-\frac{(x-y)^2}{4\varepsilon t}} z_0(y) dy$$

und damit
$$w(x,t) = -\frac{1}{2\varepsilon}\ln(z(x,t)) = -\frac{1}{2\varepsilon}\ln\left(\frac{1}{\sqrt{4\pi\varepsilon t}}\int_{\mathbb{R}} e^{-\frac{(x-y)^2}{4\varepsilon t}} e^{-2\varepsilon w_0(y)}dy\right).$$

Schließlich erhalten wir die Lösungsformel
$$u(x,t) = w_x(x,t) = \frac{1}{2\varepsilon}\frac{z_x(x,t)}{z(x,t)} = \frac{\int_{\mathbb{R}}\frac{x-y}{4\varepsilon^2 t}e^{-\frac{(x-y)^2}{4\varepsilon t}} e^{-2\varepsilon \int_0^y u_0(s)ds}dy}{\int_{\mathbb{R}} e^{-\frac{(x-y)^2}{4\varepsilon t}} e^{-2\varepsilon \int_0^y u_0(s)ds}dy}$$

Diese ist aus zwei Gründen für unsere Zwecke ungeeignet. Zum einen ist diese Lösungsformel nur für die spezielle Wahl der Gleichgewichtsgeschwindigkeit gültig und zum anderen ist diese explizite Formel in keiner Weise handlich zur Lösung konkreter Probleme. Im Hinblick auf den Grenzwert verschwindender Viskosität scheint diese Lösungsformel auch nicht sehr hilfreich zu sein. Wir geben also die explizite Lösungformel auf und versuchen mit qualitativen Argumenten schneller an die Lösung der uns interessierenden Fragen zu kommen.

Wir schlagen einen Alternativweg ein, bei dem wir bereits Vorwissen einbauen. Diesen Weg zeigen wir in der umformulierten Standardformulierung von skalaren Erhaltungsgleichungen mit konvexer Flussfunktion auf und machen dann den Rückschluss auf das ursprüngliche Verkehrsflussproblem. Wir wissen, dass Sprünge sich bei konstantem linken und rechten Wert mit konstanter Geschwindigkeit – also entlang von Geraden im (x,t) Raum – fortbewegen. Daher ist es naheliegend, in einem viskosen Problem
$$(u_\varepsilon)_t + (F(u_\varepsilon))_x = \varepsilon(u_\varepsilon)_{xx}, \qquad u_\varepsilon(x,0) = u_0(x)$$

nach sogenannten *wandernden Wellen* zu suchen, also Lösungen der Form
$$u_\varepsilon(x,t) = h_\varepsilon(x-ct) = h\left(\frac{x-ct}{\varepsilon}\right).$$

Diese sollen einen linken Zustand u_l mit einem rechten Zustand u_r verbinden und mit Geschwindigkeit c wandern. Dieser Ansatz führt auf
$$-\frac{c}{\varepsilon}h' + \frac{1}{\varepsilon}F'(h)h' = \varepsilon\frac{1}{\varepsilon^2}h''$$

und nach Integration von $z = x - ct = -\infty$ nach z ergibt sich
$$h' = F(h) - F(u_l) - c(h - u_l). \tag{15.11}$$

Das zeigt, dass mögliche Zustände bei $z = +\infty$ die Bedingung (es müssen ja Gleichgewichtszustände sein)
$$c = \frac{F(u_r) - F(u_l)}{u_r - u_l}$$

15 Ein makroskopisches Verkehrsfluss-Modell

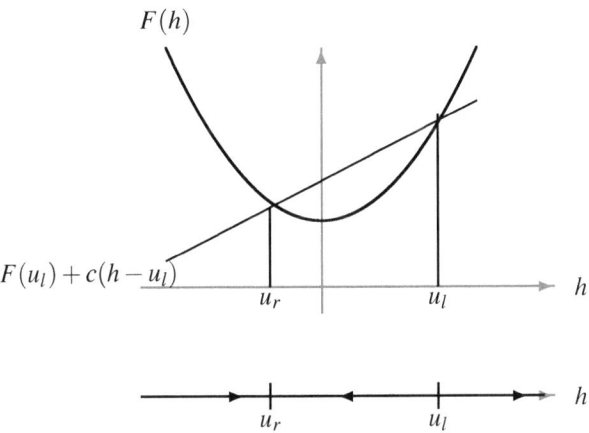

Abbildung 15.12: Dynamik des wandernden Wellen-Problems für $u_l > u_r$

erfüllen müssen. Dies ist gerade die Sprungbedingung. Man sieht, dass man hier nach Festlegung des viskosen Terms keine alternative Wahl in Bezug auf die Sprungbedingung mehr hat. Anders ausgedrückt ist bei vorgegebenen u_l und u_r die Geschwindigkeit der Welle c mit der Sprungbedingung bestimmt. Die Dynamik von (15.11) ist sehr einfach. Die rechte Seite in (15.11) verschwindet für $h = u_l$ und $h = u_r$ und ist bei konvexem F für einen Wert h zwischen u_l und u_r negativ. Damit kann es nur eine viskose u_l mit u_r verbindende monotone Lösung geben, falls $u_l > u_r$ gilt (siehe Abbildung 15.12). Wie man sieht, beinhaltet das viskose Problem also die Entropiebedingung. Für $u_l < u_r$ gibt es keine Lösung und damit auch keinen Grenzwert der Lösung für $\varepsilon \to 0$. Wir sehen außerdem, dass sich die monoton fallende Lösung $h_\varepsilon(x-ct) = h(\frac{x-ct}{\varepsilon})$ im Grenzwert $\varepsilon \to 0$ einer Sprunglösung annähert, welche u_l mit u_r verbindet.

Im Falle des ursprünglichen Verkehrsmodells (mit konkaver Flussfunktion) ändert sich die Ungleichung nach der Rücktransformation und es existieren wandernde Wellen und damit Sprunglösungen im Grenzwert $\varepsilon \to 0$ nur für den Fall $\rho_l < \rho_r$. Das ist gerade die Lax-Entropiebedingung bzw. die Bedingung von Ansorge. Es liefern also alle drei vorgestellten Entropiebedingungen im Falle konkaven Flusses dasselbe Resultat.

Die hier nicht vorgestellte Theorie der Gleichungen besagt nun, dass mit den vorgestellten Entropiebedingungen tatsächlich eindeutige Lösbarkeit des Anfangswertproblems vorliegt. Details dazu findet man in der entsprechenden Literatur zu hyperbolischen Erhaltungsgleichungen.

Zum Schluss zeigen wir noch ein etwas komplizierteres Beispiel, bei dem wir nun mit dem bisherigen Wissen eine Entropielösung konstruieren können.

Beispiel 3: (siehe Abbildung 15.13)
Wir betrachten also eine Anfangsbedingung, welche einen vollkommen dichten Verkehrsabschnitt in $[0,1]$ und eine sonst fahrzeugfreie Straße beschreibt. Die entsprechende Entropielösung kann mit den uns bekannten Methoden konstruiert werden. Zunächst gibt es aus-

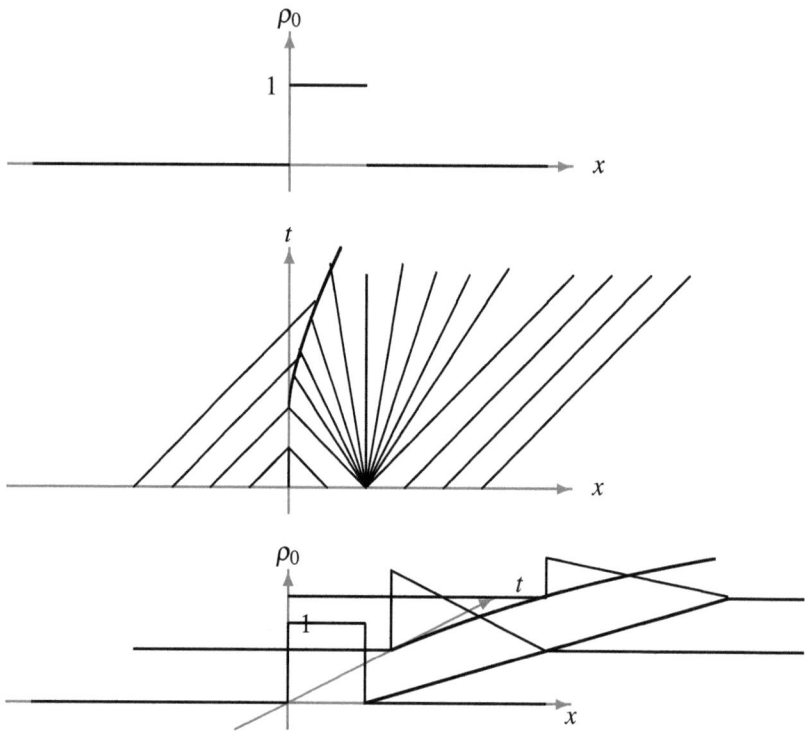

Abbildung 15.13: Anfangsbedingung, x-t-Ebene und Lösung zu Beispiel 3

gehend von $(x,t) = (0,0)$ einen stehenden Sprung und ausgehend von $(x,t) = (1,0)$ eine Verdünnungswelle mit

$$\rho(x,t) = \hat{\rho}\left(\frac{x}{t}\right) = \frac{1 - \frac{x-1}{t}}{2}$$

(da ja $\xi = \frac{x}{t} = 1 - 2\hat{\rho}(\xi)$). Ab dem Zeitpunkt $t = 1$ interagieren dann der Sprung und die Verdünnungswelle und daher „biegt" sich der Sprung und wird immer flacher. An einer Sprungstelle $s = s(t), t \geq 1$ haben wir den linken Wert $\rho_l = 0$ und den rechten (abklingenden) Wert

$$\rho_r = \frac{1 - \frac{s(t)-1}{t}}{2}$$

und damit eine Sprungbedingung

$$s'(t) = 1 - (\rho_l + \rho_r) = 1 - \frac{1 - \frac{s(t)-1}{t}}{2}, \quad s(1) = 0.$$

Dies ist eine lineare Differentialgleichung erster Ordnung für s mit einer Anfangsbedingung. Die Lösung der Gleichung ist

$$s(t) = t + 1 - 2\sqrt{t}.$$

Da nun $\rho_r(t) = \max_{x \in \mathbb{R}} \rho(x,t)$ darstellt, gilt also

$$\max_{x \in \mathbb{R}} \rho(x,t) = \rho_r(t) = \frac{1}{\sqrt{t}},$$

woran man eine Abklingrate der Dichte für $t \to \infty$ erkennen kann. Das zum Anfangszeitpunkt dichte „Fahrzeugpaket" löst sich also mit der Zeit vollkommen auf.

In diesem Beispiel hätte man auch sehr einfach eine Nicht-Entropielösung konsturieren können, nämlich zwei parallel verlaufende stehende Sprungunstetigkeiten ausgehend von $(x,t) = (0,0)$ und $(x,t) = (1,0)$. Dabei wäre das stehende „Fahrzeugpaket" einfach für immer stehen geblieben. Die Entropiebedingung bevorzugt in gewisser Weise den dynamischen Verkehr.

15.9 Zusammenfassung

Wir haben eine kurze Einführung in die einfachsten makroskopischen Verkehrsflussmodelle und deren mathematische Problematiken gegeben. Obwohl es sich um nichtlineare partielle Differentialgleichungen handelt, kann man in vielen Fällen relativ einfach die entsprechenden Entropielösungen konstruieren. Dies ist ein starkes Argument für solche Modelle. Der Nachteil, zumindest bei den hier vorgestellten einfachsten Varianten, ist die Tatsache, dass man im Wesentlichen eine Gleichgewichtsgeschwindigkeit annimmt.

Teil III

Anhang: Mathematische Werkzeuge

16 Lineare Iterationsprozesse

Die Modelle in den Kapiteln 9 und 10 führen auf *lineare Iterationsprozesse* oder auch *lineare diskrete dynamische Systeme* der Form

$$x(t+1) = A\,x(t) \quad (t \in \mathbb{N}_0)$$

mit einer reellen $n \times n$-Matrix A, deren Einträge sämtlich nicht negativ sind. Von besonderem Interesse für die Analyse der Modelle ist das *asymptotische* oder *Langzeitverhalten* der Lösungsfolgen $x(t)$, also ihr Verhalten für $t \to \infty$.

Über diese Lösungen und ihr Verhalten sollen im Folgenden einige Ergebnisse hergeleitet bzw. zusammengetragen werden.

16.1 Allgemeine Lösung und Fundamentalsysteme

Es sei nun A zunächst eine beliebige komplexe $n \times n$-Matrix. Dann ist für jeden Anfangsvektor $x_0 \in \mathbb{C}^n$ die Lösung der Anfangswertaufgabe

$$x(t+1) = A\,x(t) \quad (t \in \mathbb{N}_0)\,,\, x(0) = x_0$$

eindeutig gegeben durch die Folge

$$\left(A^t\, x_0 : t \in \mathbb{N}_0\right)\,.$$

Die Abbildung, die jedem Anfangsvektor x_0 die zugehörige Lösung $(A^t x_0)$ zuordnet, ist eine lineare und injektive Abbildung von $\mathbb{C}^n$ in den Raum aller Folgen in $\mathbb{C}^n$: linear wegen der durch die A^t definierten Abbildungen, injektiv, weil das Anfangsglied der Folge $(A^t x_0)$ mit x_0 übereinstimmt. Der Bildraum dieser Abbildung, das ist die Menge aller Lösungen oder der *Lösungsraum* von

$$x(t+1) = A\,x(t) \quad (t \in \mathbb{N}_0)\,, \tag{16.1}$$

ist daher ein n-dimensionaler linearer Raum. Eine Basis dieses Raumes, also eine Menge von n linear unabhängigen Lösungen, nennt man auch ein *Fundamentalsystem*. Ein solches liegt mit den Folgen $(A^t w_i)$ $(i = 1\ldots,n)$ vor, wenn $\{w_1,\ldots,w_n\}$ eine Basis des $\mathbb{C}^n$ ist.

Allerdings ist es nicht so ohne weiteres möglich, für eine beliebige Basis des $\mathbb{C}^n$ das zugehörige Fundamentalsystem in geschlossener Form anzugeben.

16.1.1 Die Rolle der Eigenwerte der Systemmatrix

An dieser Stelle kommen die Eigenwerte von A ins Spiel, denn jeder Eigenwert und zugehörige Eigenvektor von A liefert eine spezielle, besonders einfache Lösung von (16.1) :

Satz 16.1
Ist A eine komplexe $n \times n$-Matrix, λ ein Eigenwert von A und w ein zugehöriger Eigenvektor, so ist
$$x(t) := \lambda^t\, w \quad (t = 0, 1, 2, \ldots)$$
eine Lösung von (16.1).

Beweis:
Für die angegebene Folge x(t) gilt

$$x(t+1) = \lambda^{t+1} w = \lambda^t (\lambda w) = \lambda^t A w = A x(t)$$

für alle $t = 0, 1, 2, \ldots$. □

Im Falle des Eigenwerts $\lambda = 0$ lautet die zugehörige Lösung $x = (w, 0, 0, 0, \ldots)$, wobei w der zu 0 gehörige Eigenvektor ist.

Ein besonders einfaches Fundamentalsystem würde sich also dadurch ergeben, dass man eine Basis aus lauter Eigenvektoren von A als Anfangsvektoren wählt. Dummerweise besitzt aber nicht jede Matrix A eine solche Basis, genauer: Es sind gerade die diagonalisierbaren Matrizen, die eine Basis aus Eigenvektoren besitzen.[29]

16.1.2 Jordansequenzen

Anders als auf Diagonalform, lässt sich *jede* komplexe $n \times n$-Matrix A durch Ähnlichkeitstransformationen auf die *Jordan'sche Normalform* bringen, d. h. es existiert eine reguläre (n,n)-Matrix S, so dass

$$S^{-1} A S = J = \begin{pmatrix} J_1 & 0 & \cdots & \cdots & 0 \\ 0 & J_2 & \ddots & & \vdots \\ \vdots & \ddots & \ddots & \ddots & \vdots \\ \vdots & & \ddots & J_{m-1} & 0 \\ 0 & \cdots & \cdots & 0 & J_m \end{pmatrix} \quad (16.2)$$

mit $r_i \times r_i$-Matrizen

$$J_i = \begin{pmatrix} \lambda_i & 1 & 0 & \cdots & 0 \\ 0 & \lambda_i & \ddots & \ddots & \vdots \\ \vdots & \ddots & \ddots & \ddots & 0 \\ \vdots & & \ddots & \lambda_i & 1 \\ 0 & \cdots & \cdots & 0 & \lambda_i \end{pmatrix} \quad (i = 1, \ldots, m),$$

den *Jordankästchen*, wobei $r_1 + \ldots + r_m = n$. Echte Jordankästchen mit $r_i \geq 2$ treten für solche Eigenwerte auf, bei denen die algebraische Vielfachheit (Vielfachheit der Nullstelle des charakteristischen Polynoms von A) größer ist als die geometrische Vielfachheit (Dimension des Raums der Eigenvektoren). Der Spezialfall einer diagonalisierbaren Matrix A liegt dagegen vor, wenn es keine echten Jordankästchen gibt, wenn also $m = n$ und $r_1 = \ldots = r_n = 1$. Bekanntlich ist die Jordan'sche Normalform von A bis auf die Reihenfolge der Jordankästchen eindeutig bestimmt.

---

[29]Für diese Aussage und die anschließenden Ausführungen zur Jordan'schen Normalform konsultiere man ein beliebiges Lehrbuch über Lineare Algebra, z. B. [Fis08].

16 Lineare Iterationsprozesse

Sind $w_1, \ldots, w_r$ diejenigen Spalten von S, die der Stellung eines bestimmten (r,r)-Jordankästchens (der Index i wird hier weggelassen)

$$\begin{pmatrix} \lambda & 1 & 0 & \cdots & 0 \\ 0 & \lambda & \ddots & \ddots & \vdots \\ \vdots & \ddots & \ddots & \ddots & 0 \\ \vdots & & \ddots & \lambda & 1 \\ 0 & \cdots & \cdots & 0 & \lambda \end{pmatrix}$$

in J entsprechen, so ist wegen $AS = SJ$

$$A w_1 = \lambda w_1, \; A w_2 = \lambda w_2 + w_1, \; \ldots, \; A w_r = \lambda w_r + w_{r-1} \tag{16.3}$$

und w_1 daher ein Eigenvektor zum Eigenwert λ von A, während $w_2, \ldots, w_r$ zugehörige *Hauptvektoren* verschiedener Stufe sind. r linear unabhängige Vektoren $w_1, \ldots, w_r$ mit (16.3) heißen auch eine *Jordansequenz* von A.

16.1.3 Ein Fundamentalsystem

In Verallgemeinerung von Satz 16.1 lassen sich nun auch mit den Jordansequenzen Lösungen von (16.1) konstruieren:

Satz 16.2

Die Jordan'sche Normalform der komplexen (n,n)-Matrix A besitze ein r-dimensionales Jordankästchen zum Eigenwert λ mit der zugehörigen Jordansequenz $w_1, \ldots, w_r$ entsprechend (16.3). Dann bilden im Falle $\lambda = 0$ die Folgen

$$(w_1, 0, 0, 0, \ldots), (w_2, w_1, 0, 0, \ldots), \ldots, (w_r, \ldots, w_1, 0, 0, \ldots)$$

und im Falle $\lambda \neq 0$ die Folgen

$$\binom{t}{0} \lambda^t w_1$$

$$\binom{t}{1} \lambda^{t-1} w_1 + \binom{t}{0} \lambda^t w_2$$

$$\vdots$$

$$\binom{t}{r-1} \lambda^{t-r+1} w_1 + \ldots + \binom{t}{0} \lambda^t w_r$$

r linear unabhängige Lösungen von (16.1). Die Gesamtheit dieser Lösungen (über alle Jordankästchen von A) bilden ein Fundamentalsystem.

Beweis:
Dass die angegebenen Folgen Lösungen von (16.1) sind, ergibt sich durch Einsetzen. Insgesamt erhält man auf diese Weise n Lösungen. Diese sind linear unabhängig, weil die zu ihnen gehörenden Anfangsvektoren gerade die Spalten der regulären Transformationsmatrix S sind. □

16.2 Langzeitverhalten der Lösungen

Im Folgenden soll das Verhalten der Lösungen x(t) von (16.1) für $t \to \infty$ untersucht werden.

16.2.1 Dominanter Eigenwert

Alle Lösungen von (16.1) sind Linearkombinationen von Lösungen zu Eigen- und Hauptvektoren von A. Deren Wachstumsverhalten ist wesentlich von der Form λ^t mit dem jeweils zugehörigen Eigenwert λ. In der Linearkombination dieser Terme spielen nun aber diejenigen λ mit dem größten Absolutbetrag langfristig die entscheidende Rolle. Wir beschränken uns hier auf die Situation, dass genau ein solcher Eigenwert existiert, dessen Absolutbetrag größer ist als der aller anderen:

Satz 16.3

Die komplexe $n \times n$ Matrix A besitze einen algebraisch einfachen Eigenwert λ_1, so dass

$$|\lambda| < |\lambda_1| \text{ für alle anderen Eigenwerte } \lambda \text{ von A}.$$

Es seien w_1 ein zugehöriger Rechts- und f_1 ein zugehöriger Linkseigenvektor, also $A w_1 = \lambda_1 w_1$ und $f_1^T A = \lambda_1 f_1^T$, mit $f_1^T w_1 = 1$. Dann gilt für jede Lösung von (16.1)

$$\lim_{t \to \infty} \frac{x(t)}{\lambda_1^t} = \left(f_1^T x(0) \right) w_1 .$$

Beweis:
Jede Lösung x von (16.1) lässt sich als Linearkombination der in Satz 16.2 angegebenen Lösungen darstellen:

$$x(t) = \alpha_1 \lambda_1^t w_1 + R(t)$$

mit einem Rest R, der sich aus Termen zusammensetzt, deren Wachstumsverhalten im Wesentlichen durch λ^t mit $|\lambda| < |\lambda_1|$ bestimmt ist (die in t polynomialen Anteile ändern daran nichts), weshalb

$$\lim_{t \to \infty} \frac{R(t)}{\lambda_1^t} = 0 \text{ und daher } \lim_{t \to \infty} \frac{x(t)}{\lambda_1^t} = \alpha_1 w_1 .$$

Multiplikation der letzten Gleichung mit f_1^T von links liefert

$$\lim_{t \to \infty} \frac{f_1^T x(t)}{\lambda_1^t} = \alpha_1 f_1^T w_1 = \alpha_1 .$$

Andererseits ist aber

$$f_1^T x(t+1) = f_1^T A x(t) = \lambda_1 f_1^T x(t)$$

und daher

$$\frac{f_1^T x(t)}{\lambda_1^t} = f_1^T x(0) \text{ für alle } t \in \mathbb{N}_0 ,$$

woraus die Behauptung folgt. □

Zu beachten ist hier, dass Satz 16.3 nur für solche Lösungen eine asymptotische Aussage liefert, für deren Anfangswerte $f_1^T x(0) \neq 0$. Ist dagegen $f_1^T x(0) = 0$, so besitzt die zugehörige Lösung gar keine Anteile, die wie λ_1^t wachsen.

16.2.2 Nichtnegative Matrizen und Perron-Frobenius-Eigenwert

Die bisherigen Ergebnisse gelten für beliebige komplexe $n \times n$-Matrizen A. Wir betrachten nun spezieller reelle $n \times n$-Matrizen A, deren Einträge sämtlich nicht negativ sind. Solche Matrizen treten in den Modellen der Kapitel 9 und 10 auf. Wir bezeichnen sie als *nichtnegative Matrizen* (in Zeichen $A \geq 0$). Sind ihre Einträge sogar alle positiv, so bezeichen wir sie als *positive Matrizen* (in Zeichen $A > 0$).

Im Zusammenhang mit Satz 16.3 ist der bekannte Satz von Perron-Frobenius ([Gan71, 46 ff.], [Lue79, S. 191-193]) von besonderer Bedeutung:

Satz 16.4 (Perron-Frobenius)

Sei A eine nichtnegative $n \times n$-Matrix. Dann besitzt A einen nicht negativen, reellen Eigenwert λ_1 mit zugehörigem nicht negativen Eigenvektor w_1, so dass

$$|\lambda| \leq \lambda_1 \text{ für alle Eigenwerte } \lambda \text{ von A}.$$

Existiert darüber hinaus eine positive Potenz von A, also ein $t \in \mathbb{N}_0$ mit $A^t > 0$, so ist λ_1 algebraisch einfach, $w_1 > 0$ und

$$|\lambda| < \lambda_1 \text{ für alle anderen Eigenwerte } \lambda \text{ von A}.$$

λ_1 wird auch als *Perron-Frobenius-Eigenwert* der nichtnegativen Matrix A bezeichnet.

Dieser Satz stellt unter der zusätzlichen Bedingung der Existenz einer positiven Potenz von A die Voraussetzungen von Satz 16.3 sicher. Da die Voraussetzung dann ebenso für A^T erfüllt ist, besitzt A auch einen positiven Linkseigenvektor f_1 zum Eigenwert λ_1, der sich so normieren lässt, dass $f_1^T w_1 = 1$. Nach Satz 16.3 gilt dann für jede Lösung von (16.1)

$$\lim_{t \to \infty} \frac{x(t)}{\lambda_1^t} = \left(f_1^T x(0)\right) w_1,$$

und im Falle $x(0) \geq 0$, $x(0) \neq 0$ ist $f_1^T x(0) > 0$, d. h. es handelt sich hier tatsächlich um eine asymptotische Aussage.

Für *beliebige* nichtnegative Matrizen lässt sich so allerdings nicht schließen. Hier kann λ_1 ein mehrfacher Eigenwert sein, und es ist auch möglich, dass weitere Eigenwerte mit demselben Absolutbetrag existieren. Die einfache asymptotische Aussage von Satz 16.3 wäre dann nicht mehr gültig. Im Falle einer nichtnegativen Matrix ohne die Zusatzvoraussetzung aus Satz 16.4 sind also spezifische Analysen der Eigenwertstruktur erforderlich, wie sie etwa in Kapitel 9 durchgeführt wurden.

17 Gewöhnliche Differentialgleichungen

Die Modelle der Kapitel 12 bis 14 führen auf Systeme von gewöhnlichen Differentialgleichungen der Form

$$\dot{x}_1 := \frac{dx_i}{dt} = f_1(x_1, \ldots, x_n)$$
$$\dot{x}_2 := \frac{dx_i}{dt} = f_2(x_1, \ldots, x_n)$$
$$\vdots$$
$$\dot{x}_n := \frac{dx_i}{dt} = f_n(x_1, \ldots, x_n)$$

oder in Vektorschreibweise

$$\dot{x} := \frac{dx}{dt} = f(x)$$

für eine vektorwertige Funktion $x = x(t)$ der reellen Variablen t, die in den Modellen die Zeit repräsentiert.

Wir stellen im Folgenden diejenigen Ergebnisse über gewöhnliche Differentialgleichungen zusammen, die in den vorangegangenen Modellanalysen verwendet wurden.

17.1 Existenz und Eindeutigkeit von Anfangswertaufgaben

Unter einer *Anfangswertaufgabe* wird ein Differentialgleichungssystem zusammen mit einer *Anfangsbedingung* verstanden:

$$\dot{x} = f(x), \; x(0) = x_0.$$

Unter gewissen Voraussetzungen an die Funktion f besitzen Anfangswertaufgaben eine eindeutige Lösung:

Definition 17.1

Sei $X \subseteq \mathbb{R}^n$ offen. Eine Funktion $f : X \to \mathbb{R}^n$ heißt *lipschitzstetig*, wenn zu jedem $x_0 \in X$ eine Umgebung $U \subseteq X$ von x_0 und eine reelle Zahl $k \geq 0$ existieren, so dass (mit einer beliebigen Norm $\| \cdot \|$ in $\mathbb{R}^n$)

$$\|f(x) - f(y)\| \leq k \|x - y\| \text{ für alle } x, y \in U.$$

Eine wichtige Klasse lipschitzstetiger Funktionen sind die stetig differenzierbaren Funktionen $f : X \to \mathbb{R}^n$.

Den folgenden Existenz- und Eindeutigkeitssatz findet man in vielen Lehrbüchern über Gewöhnliche Differentialgleichungen, so etwa in [Ama83, S. 110/111].

Satz 17.1

Seien $X \subseteq \mathbb{R}^n$ offen, $f : X \to \mathbb{R}^n$ lipschitzstetig und $x_0 \in X$. Dann besitzt die Anfangswertaufgabe

$$\dot{x} = f(x), \; x(0) = x_0 \tag{17.1}$$

eine eindeutige Lösung in folgendem Sinne: Es existiert ein eindeutig bestimmtes offenes Intervall $I = (t^-, t^+)$ mit $0 \in I$ und folgenden Eigenschaften:

17 Gewöhnliche Differentialgleichungen

(a) Es gibt eine eindeutig bestimmte, stetig differenzierbare Funktion $x: I \to \mathbb{R}^n$ mit $x(0) = x_0$ und $\dot{x}(t) = f(x(t))$ für alle $t \in I$.

(b) Ist $\tilde{I} \subseteq I$ irgendein Intervall mit $0 \in \tilde{I}$ und genügt $\tilde{x}: \tilde{I} \to \mathbb{R}^n$ der Anfangswertaufgabe (17.1), so ist $\tilde{I} \subseteq I$ und $\tilde{x}(t) = x(t)$ für alle $t \in \tilde{I}$.

(c) Ist $t^+ < \infty$, $t_k \in I$ eine Folge mit $t_k \to t^+$ und $x(t_k) \to x^+$, so liegt x^+ auf dem Rand von X.

(d) Ist $t^- > -\infty$, $t_k \in I$ eine Folge mit $t_k \to t^-$ und $x(t_k) \to x^-$, so liegt x^- auf dem Rand von X.

Das im Satz genannte Intervall I wird das *maximale Existenzintervall* der Anfangswertaufgabe (17.1) genannt. Dieses kann nach beiden Seiten beschränkt sein. Die Teile (c) und analog (d) des Satzes schränken diese Möglichkeit allerdings ein: Ist beispielsweise $t^+ < \infty$, die Lösung von (17.1) also nicht für alle positiven Zeiten definiert, so liegt das entweder daran, dass die Lösung den Rand von X erreicht, oder daran, dass keine konvergente Folge $x(t_k)$ mit $t_k \to t^+$ existiert, was aber nur möglich ist, wenn $x(t)$ unbeschränkt ist.

17.2 Attraktivität und Stabilität von Gleichgewichtspunkten

Wir betrachten weiterhin ein Differentialgleichungssystem

$$\dot{x} = f(x) \tag{17.2}$$

mit einer auf der offenen Menge $X \subseteq \mathbb{R}^n$ definierten, lipschitzstetigen Funktion $f: X \to \mathbb{R}^n$. Für jedes $x_0 \in X$ bezeichne

$$\Phi(t, x_0)$$

die nach Satz 17.1 eindeutig bestimmte Lösung der Anfangswertaufgabe (17.1).

17.2.1 Definitionen

Es ist nur in sehr speziellen Fällen (z. B. wenn f linear) möglich, die Lösungen von (17.2) explizit zu bestimmen. Dennoch lassen sich oft Aussagen über das qulitative Lösungsverhalten machen. In diesem Zusammenhang spielen Gleichgewichtspunkte eine besondere Rolle.

Definition 17.2
$\bar{x} \in X$ heißt ein *Gleichgewichtspunkt* von (17.2), wenn $f(\bar{x}) = 0$.

Mit einem Gleichgewichtspunkt $\bar{x}$ ist die *stationäre* Lösung

$$\Phi(t, \bar{x}) = \bar{x} \text{ für alle } t \in \mathbb{R}$$

von (17.2) verbunden. Die Frage nach dem qualitativen Lösungsverhalten bezieht sich oft auf das Verhalten der Lösungen mit einem Anfangswert in der Nähe eines Gleichgewichtspunkts: Laufen sie langfristig in den Gleichgewichtspunkt, bleiben sie zumindest in seiner Nähe, oder streben sie von ihm weg? Das führt auf die folgenden Begriffsbildungen:

Definition 17.3

Sei $\bar{x} \in X$ sei Gleichgewichtspunkt von (17.2). Dann heißt die Menge

$$E(\bar{x}) := \{x_0 \in X : \lim_{t \to \infty} \Phi(t, x_0) = \bar{x}\}$$

der *Einzugsbereich* von $\bar{x}$. Der Gleichgewichtspunkt $\bar{x}$ heißt *attraktiv*, wenn eine Umgebung U von $\bar{x}$ existiert, sodass $U \subseteq E(\bar{x})$.

Die Eigenschaft

$$\lim_{t \to \infty} \Phi(t, x_0) = \bar{x}$$

impliziert hier, dass $\Phi(t, x_0)$ für alle $t \geq 0$ definiert ist. Der Einzugsbereich von $\bar{x}$ ist also die Menge aller Startpunkte, deren Lösungen langfristig existieren und gegen $\bar{x}$ tendieren. Gehören dazu alle Punkte in einer Umgebung U von $\bar{x}$, so heißt $\bar{x}$ attraktiv.

Definition 17.4

Ein Gleichgewichtspunkt $\bar{x} \in X$ von (17.2) heißt *stabil*, wenn zu jeder Umgebung V von $\bar{x}$ eine Umgebung U von $\bar{x}$ existiert, sodass

$$\Phi(t, \bar{x}_0) \in V \text{ für alle } x_0 \in U \text{ und alle } t \geq 0 \,.$$

Ein attraktiver und stabiler Gleichgewichtspunkt heißt auch *asymptotisch stabil*.

Stabilität bedeutet, dass in der Nähe von $\bar{x}$ startende Lösungen in der Nähe von $\bar{x}$ bleiben. Die genaue Bedeutung macht man sich am besten über das logische Gegenteil klar: Der Gleichgewichtspunkt $\bar{x}$ ist instabil, wenn eine Umgebung V von $\bar{x}$ existiert, so dass jede Umgebung U von $\bar{x}$ einen Startwert x_0 enthält, dessen zugehörige Lösung $\Phi(t, x_0)$ die Menge V nach endlicher, positiver Zeit t verlässt.

17.2.2 Kriterien

Die Attraktivität und Stabilität von Gleichgewichtspunkten lässt sich nur dann unmittelbar an den entsprechenden Definitionen überprüfen, wenn man die Lösungen von (17.2) kennt. Das ist aber, wie schon bemerkt, nur selten der Fall. Daher benötigt man Kriterien für die asymptotische Stabilität von Gleichgewichtspunkten, die sich auch ohne Kenntnis der Lösungen von (17.2) überprüfen lassen.

Die folgenden Kriterien findet man etwa bei [Hir74, S. 187], [Wir06, S. 110]:

Satz 17.2

Sei $\bar{x} \in X$ ein Gleichgewichtspunkt von (17.2), und f sei in $\bar{x}$ differenzierbar. Sind dann die Realteile aller Eigenwerte der Ableitung $Df(\bar{x})$ von f an der Stelle $\bar{x}$ negativ, so ist $\bar{x}$ asymptotisch stabil.

Satz 17.3

Besitzt unter den allgemeinen Voraussetzungen von Satz 17.2 $Df(\bar{x})$ einen Eigenwert mit positivem Realteil, so ist der Gleichgewichtspunkt $\bar{x}$ instabil.

Beide Sätze basieren auf einem *Linearisierungsprinzip*: Die Abweichung vom Gleichgewichtspunkt

$$z = x - \bar{x}$$

17 Gewöhnliche Differentialgleichungen

genügt wegen $f(\bar{x}) = 0$ der Differentialgleichung

$$\dot{z} = f(\bar{x} + z) = Df(\bar{x})\,z + r(z)$$

mit einer auf $X - \bar{x}$ definierten Abbildung r, für die

$$\lim_{z \to 0} \frac{r(z)}{\|z\|} = 0 .$$

Das Linearisierungsprinzip beruht nun darauf, den Term $r(z)$ einfach wegzulassen und zu hoffen, dass die Lösungen des ursprünglichen nichtlinearen Systems sich in einer Umgebung des Gleichgewichtspunkts „ähnlich" wie die Lösungen des linearen Systems

$$\dot{z} = A\,z := Df(\bar{x})\,z$$

verhalten, was immer das genauer heißen mag. Hinsichtlich der Eigenschaften Stabilität und Attraktivität lässt sich das in gewissen Grenzen auch beweisen:

Im Falle linearer Systeme lassen sich die Lösungen – analog zu den Betrachtungen für diskrete dynamische System in Kapitel 16 – durch die Eigenwerte und zugehörige Eigen- und Hauptvektoren der Systemmatrix ausdrücken. Für die Frage der Stabilität ist – wie in den Sätzen 17.2 und 17.3 – das Vorzeichen der Realteile der Eigenwerte von entscheidender Bedeutung, und entsprechende Aussagen lassen sich tatsächlich vom linearen auf den nichtlinearen Fall übertragen. Nur in dem Grenzfall, dass kein Realteil positiv, aber mindestens einer Null ist, ist eine solche Übertragung nicht möglich. Der Grund dafür liegt darin, dass in diesem Fall der weggelassene Term $r(z)$ Bedeutung erlangt.

Die beiden hier zitierten Kriterien für asymptotische Stabilität bzw. Instabilität weisen deshalb eine kleine Lücke auf, in der sich keine Aussagen machen lassen. Insbesondere lässt sich der Fall eines stabilen, aber nicht attraktiven Gleichgewichtspunktes mit diesem Werkzeug nicht erkennen.

Definition 17.5

Sei $\bar{x} \in X$ ein Gleichgewichtspunkt von (17.2), und f sei in $\bar{x}$ differenzierbar. $\bar{x}$ heißt ein *hyperbolischer Gleichgewichtspunkt*, wenn die Realteile aller Eigenwerte der Ableitung $Df(\bar{x})$ von f an der Stelle $\bar{x}$ von Null verschieden sind.

Hyperbolische Gleichgewichtspunkte sind nach den obigen Kriterien entweder asymptotisch stabil oder instabil, und ihre Stabilitätseigenschaften lassen sich über das Linearisierungsprinzip ermitteln.

18 Hopf-Verzweigung

In einigen Kapiteln dieses Buches taucht der Begriff *Verzweigung* auf. Speziell ist die Rede von *Hopf-Verzweigungen* bei gewöhnlichen Differentialgleichungen. Genaueres zu diesem Thema findet man z.B. in [Mar76] oder in [Wer08]. I.Allg. liegt ein nichtlineares System gewöhnlicher Differentialgleichungen der Form

$$\frac{d\mathrm{x}}{dt} = \mathrm{f}(\mathrm{x}, \alpha) \qquad (18.1)$$

vor. Dabei sei $\mathrm{f}: \mathbb{R}^n \times \mathbb{R} \to \mathbb{R}^n$ eine stetig differenzierbare Funktion und $\mathrm{x} = \mathrm{x}(t)$ eine vektorwertige Funktion. Wir untersuchen das System also in Abhängigkeit vom Parameter α. Außerdem sei

$$\mathrm{f}(\mathrm{x}_0, \alpha_0) = 0, \qquad (18.2)$$

d.h. beim Parameterwert α_0 liegt bei $\mathrm{x} = \mathrm{x}_0$ ein Gleichgewichtspunkt vor. Sei $\mathrm{Df}(\mathrm{x}_0, \alpha_0)$ die, auch als Jacobimatrix bezeichnete, Ableitung von f nach x im Punkte (x_0, α_0). Falls $\mathrm{Df}(\mathrm{x}_0, \alpha_0)$ *regulär* ist (also keine Null-Eigenwerte besitzt), kann man die Gleichung $\mathrm{f}(\mathrm{x}, \alpha) = 0$ zumindest lokal (mit dem Satz über implizite Funktionen) nach x auflösen und erhält in einer Umgebung von (x_0, α_0) eine Kurve von Gleichgewichtspunkten

$$\mathrm{x} = \mathrm{x}(\alpha) \text{ für } |\alpha - \alpha_0| \leq \varepsilon. \qquad (18.3)$$

Interessant wird die Situation, wenn die Jacobimatrix $\mathrm{Df}(\mathrm{x}(\alpha_0), \alpha_0)$ rein imaginäre Eigenwerte besitzt. Dann ist zu erwarten, dass sich das qualitative Verhalten der Gleichgewichtspunkte $\mathrm{x}(\alpha)$ in der Nähe von α_0 stark ändert, z.B. dass sich die Stabilität der Gleichgewichtspunkte verändert.

Definition 18.1

Ein regulärer Gleichgewichtspunkt x_0 (für $\alpha = \alpha_0$) heißt *Hopfverzweigungspunkt*, falls gilt:
- x_0 ist nicht entartet (d.h. $\mathrm{Df}(\mathrm{x}_0, \alpha_0)$ hat keinen Null-Eigenwert), und es gibt ein Paar algebraisch einfacher imaginärer Eigenwerte $\pm i\omega_0$ von $\mathrm{Df}(\mathrm{x}_0, \alpha_0)$ (*Eigenwertbedingung*).
- Es existiere eine für alle α in einer Umgebung von α_0 definierte, stetig differenzierbare Schar $\mu(\alpha) = \gamma(\alpha) \pm i\omega(\alpha)$ von Eigenwerten von $\mathrm{Df}(\mathrm{x}(\alpha), \alpha)$ mit $\gamma(\alpha_0) = 0$ und $\omega(\alpha_0) = \omega_0$. Es gelte ferner

$$\gamma'(\alpha_0) \neq 0, \qquad (18.4)$$

d.h. die beiden Eigenwerte $\gamma(\alpha) \pm i\omega(\alpha)$ kreuzen die imaginäre Achse mit nichtverschwindender Geschwindigkeit (*Transversalitätsbedingung*).

Dann lässt sich das Hopfsche Theorem, oder auch das Poincare-Andronov-Hopf Theorem, formulieren, welches in unterschiedlichen Varianten von Poincare 1892, von Andronov 1926 und von Hopf 1942 formuliert wurde (siehe auch [Mar76]).

Satz 18.1

Sei x_0 ein *Hopfverzweigungspunkt* für $\alpha = \alpha_0$. Durch $i\omega_0$ ist also ein algebraisch einfacher Eigenwert von $\mathrm{Df}(\mathrm{x}_0, \alpha_0)$ mit Eigenvektor $\mathrm{u}_0 + i\mathrm{v}_0$, $\mathrm{u}_0, \mathrm{v}_0 \in \mathbb{R}^n$ gegeben. Zusätzlich seien $ik\omega_0, k = 0, 2, 4, 6, \ldots$ keine Eigenwerte von $\mathrm{Df}(\mathrm{x}_0, \alpha_0)$ (*Resonanzbedingung*).

Dann gibt es einen durch die Amplitude s ($0 \leq s < \varepsilon$) parametrisierten Zweig $T(s)$-periodischer Lösungen $u(t; s)$ zum Parameter $\alpha = \alpha(s)$ mit den Eigenschaften

- $T(s) = \frac{2\pi}{\omega_0} + O(s^2)$, $\quad \alpha(s) = \alpha_0 + O(s^2)$
- $u(t;s) = x_0 + s(\cos(\omega_0 t)u_0 - \sin(\omega_0 t)v_0) + O(s^2)$, die periodischen Lösungen liegen also in einer Umgebung von x_0 und ziehen sich für $s \to 0$ in x_0 zusammen.
- $T(s), \alpha(s), u(t;s)$ hängen stetig differenzierbar von s ab.

Hat man also die Situation eines Paares rein imaginärer Eigenwerte der Linearisierung, dann gibt es lokal in einer Umgebung periodische Lösungen. Dieses sehr starke Resultat ist oftmals die einzige Möglichkeit, bei höher-dimensionalen nichtlinearen autonomen Systemen die Exsistenz von periodischen Lösungen zu zeigen.

Es gibt auch noch die Möglichkeit, die Stabilität der abzweigenden periodischen Lösungen zu untersuchen. Man spricht in diesem Zusammenhang von *sub-* bzw. *superkritischer Hopf-Verzweigung*. Außerdem gibt es zusätzliche lokale Aussagen zur Eindeutigkeit der abzweigenden periodischen Lösung. Diese Argumente wollen wir aber nicht weiter vertiefen.

Zum Abschluss ein Beispiel: Es sei das ebene System

$$\frac{dx}{dt} = -y + (a - x^2 - y^2)x, \tag{18.5}$$

$$\frac{dy}{dt} = x + (a - x^2 - y^2)y, \tag{18.6}$$

mit $a \in \mathbb{R}$ gegeben. Man erkennt sofort, dass $(x,y) = (0,0)$ der einzige Gleichgewichtspunkt ist (hier sogar unabhängig vom Parameter a). Die Linearisierung

$$\mathrm{D}f((0,0),a) = \begin{pmatrix} a & -1 \\ 1 & a \end{pmatrix} \tag{18.7}$$

hat offensichtlich die Eigenwerte $\lambda_{1/2} = a \pm i$. Wir sehen also, dass gerade bei $a = 0$ zwei rein imaginäre Eigenwerte vorliegen. Da der Ursprung für $a < 0$ stabil und für $a > 0$ instabil ist, gibt es eine Änderung des qualitativen Verhaltens bei $a = 0$. Man kann leicht überprüfen, dass in diesem Fall das Hopf Theorem anwendbar ist und eine Hopfverzweigung vorliegt. Das Beispiel ist sogar so gestaltet, dass man die perodischen Lösungen direkt bestimmen kann. Transformiert man nämlich das ebene System in Polarkoordinaten ($x = r\cos\phi, y = r\sin\phi$), so ergibt sich

$$\frac{dr}{dt} = r(a - r^2), \tag{18.8}$$

$$\frac{d\phi}{dt} = 1. \tag{18.9}$$

Die beiden Variablen sind entkoppelt und wir sehen, dass für $a < 0$ der Ursprung global attraktiv ist ($\frac{dr}{dt} < 0$), hingegen für $a > 0$ eine etwas andere Situation vorliegt. Der Ursprung ist für $a > 0$ abstoßend, und es gibt zusätzlich eine (anziehende) periodische Lösung der Form

$$r = \sqrt{a}, \quad \phi = t + t_0, \quad t_0 \in \mathbb{R}, \qquad \text{bzw.} \qquad x = \sqrt{a}\cos(t + t_0), \quad y = \sqrt{a}\sin(t + t_0). \tag{18.10}$$

Alle Lösungen des Problems für $a > 0$ (außer der Null-Lösung) nähern sich für $t \to \infty$ der periodischen Lösung (18.10).

Literaturverzeichnis

[Aig06] AIGNER, M.: *Diskrete Mathematik.* Vieweg, Wiesbaden, 6. Auflage, 2006.

[Ama83] AMANN, H.: *Gewöhnliche Differentialgleichungen.* de Gruyter, Berlin-New York, 1983.

[Ans90] ANSORGE, R.: *What does the entropy condition mean in traffic flow theory?* Transpn. Res.-B, 24B(2):133–143, 1990.

[Aw00] AW, A. / RASCLE, M.: *Resurrection of "second order" models for traffic flow.* SIAM J. Appl. Math., 60(3):916–938, 2000.

[Aw02] AW, A. / KLAR, A. / MATERNE, T. / RASCLE, M.: *Derivation of continuum traffic models from microscopic follow-the-leader models.* SIAM J. Appl. Math., 63(1):259–278, 2002.

[Ban95] BANDO, M. / HASEBE, K. / NAKAYAMA, A. / SHIBATA, A. / SUGIYAMA, Y.: *Dynamical model of traffic congestion and numerical simulation.* Phys. Rev. E, 51(2):1035–1042, 1995.

[Bay91] BAYER, D.: *Einfache mathematische Modelle zur Beschreibung globaler Klimaänderungen.* Dr. Kovač, Hamburg, 1991.

[Beu88] BEUTELSPACHER, A.: *Der Goldene Schnitt.* BI Wiss.-Verlag, Mannheim, 1988.

[Bra99] BRACKSTONE, M. / MCDONALD, M.: *Car-following: a historical review.* Transportation Research Part F, 2(4):181–196, 1999.

[Bro88] BROCKHAUS: *Brockhaus Enzyklopädie.* F.A. Brockhaus GmbH, Mannheim, 19. Auflage, 1988.

[Col02] COLOMBO, R.: *On a 2×2 hyperbolic traffic flow model.* Math. Comput. Modelling, 35:683–688, 2002.

[Dag95] DAGANZO, C.F.: *Requiem for second-order fluid approximations of traffic flow.* Transpn. Res.-B, 29B (4):277–286, 1995.

[Eva98] EVANS, L.C.: *Partial Differential Equations.* AMS, Providence, 1998.

[Fis08] FISCHER, G.: *Lineare Algebra.* Vieweg+Teubner, Wiesbaden, 16. Auflage, 2008.

[Fof81] FOFONOFF, N.P.: *The Gulf Stream System.* In: WARREN, B.A. / WUNSCH, C. (Herausgeber): *Evolution of Physical Oceanography: Scientific Surveys in Honor of Henry Stommel.* MIT Press, Cambridge, Mass., 1981.

[Fof83] FOFONOFF, N.P. / MILLARD, R.C., JR.: *Algorithms for computation of fundamental properties of seawater*. Unesco Technical Papers in Marine Science, 44, 1983.

[Fra78] FRAEDRICH, K.: *Structural and stochastic analysis of a zero-dimensional climate system*. Q. J. R. Meteorol. Soc., 104:461–474, 1978.

[Gan71] GANTMACHER, F.R.: *Matrizenrechnung II*. Deutscher Verlag der Wissenschaften, Berlin, 1971.

[Gas04] GASSER, I. / SIRITO, G. / WERNER, B.: *Bifurcation analysis of a class of 'car following' traffic models*. Physica D, 197(3-4):222–241, 2004.

[Gas06] GASSER, I.: *Makroskopische Verkehrsflussmodelle*. Vorlesungsskript, Department Mathematik, Universität Hamburg, 2006.

[Gas08] GASSER, I. / SEIDEL, T. / SIRITO, G. / WERNER, B.: *Bifurcation analysis of a class of 'car following' traffic models II: Variable Reaction Times and Aggressive Drivers*. Bulletin of the Institute of Mathematics, Academia Sinica, New Series, 2(2):587–607, 2008.

[Ghi87] GHIL, M. / CHILDRESS, S.: *Topics in Geophysical Fluid Dynamics: Atmospheric Dynamics, Dynamo Theory, and Climate Dynamics*. Springer, New York, 1987.

[Gre35] GREENSHIELDS, B.D.: *A study of traffic capacity*. Proceedings of the Highway Research Board, Washington D.C., 14:448–477, 1935.

[Gui03] GUIDORZI, R.: *Multivariable System Identification. From Observation to Models*. Bononia University Press, Bologna, 2003.

[Ham95] HAMACHER, H.W.: *Mathematische Lösungsverfahren für planare Standortprobleme*. Vieweg, Braunschweig-Wiesbaden, 1995.

[Han01] HANSEN, B. / TURELL, W.R. / ØSTERHUS, S.: *Decreasing overflow from the nordic seas into the atlantic ocean through the faroe bank channel since 1950*. Nature, 411:927–930, 2001.

[Hau01] HAUSMANN, A.: *Der Goldene Schnitt: Göttliche Proportionen und noble Zahlen*. Books on Demand Gmbh, Norderstedt, 2001.

[Hel97] HELBING, D.: *Verkehrsdynamik: Neue physikalische Modellierungskonzepte*. Springer, Berlin, 1997.

[Hel01] HELBING, D.: *Traffic and related self-driven many-particle systems*. Rev. Mod. Phys., 73:1067–1141, 2001.

[Her94] HERTZ, H.: *Die Prinzipien der Mechanik in neuem Zusammenhange dargestellt*. Johann Ambrosius Barth, Leipzig, 1894.

[Hir74] HIRSCH, M.W. / SMALE, S.: *Differential equations, dynamical systems, and linear algebra*. Academic Press, San Diego-New York, 1974.

[Hup90]   HUPPERT, B.: *Angewandte Lineare Algebra*. de Gruyter, Berlin-New York, 1990.

[Hus07]   HUSSMANN, S. / LUTZ-WESTPHAL, B.: *Kombinatorische Optimierung erleben: In Studium und Unterricht*. Vieweg, Wiesbaden, 2007.

[Kan86]   KANT, I.: *Metaphysische Anfangsgründe der Naturwissenschaft*. Johann Friedrich Hartknoch, Riga, 1786.

[Kla96]   KLAR, A. / KÜHNE, R.D. / WEGENER, R.: *Mathematical models for vehicular traffic*. Surv. Math. Ind., 6:215–239, 1996.

[Klo99]   KLOSTERMANN, J.: *Das Klima im Eiszeitalter*. Schweizerbart, Stuttgart, 1999.

[Koy98]   KOYRÉ, A.: *Leonardo, Galilei, Pascal. Die Anfänge der neuzeitlichen Naturwissenschaft*. Fischer, Frankfurt a. M., 1998.

[Kra97]   KRABS, W.: *Mathematische Modellierung. Eine Einführung in die Problematik*. Teubner, Stuttgart, 1997.

[Lax73]   LAX, P.: *Hyperbolic Systems of Conservation Laws and the Mathematical Theory of Shock Waves*. CBMS-NSF Regional Conference Series in Applied Mathematic, SIAM, 1973.

[Len97]   LENDERINK, G.: *Physical Mechanisms of Variability of the Thermohaline Ocean Circulation*. Doktorarbeit, Universiteit Utrecht, 1997.

[Les45]   LESLIE, P.H.: *On the use of matrices in certain population mathematics*. Biometrika, 33(3):183–212, 1945.

[Leu96]   LEUTBECHER, A.: *Zahlentheorie*. Springer, Berlin-Heidelberg-New York, 1996.

[Lig55]   LIGHTHILL, M.J. / WHITHAM, G.B.: *A theory of traffic flow on long crowded roads*. Proc. Roy. Soc. A, 229:317–345, 1955.

[Lud08]   LUDERER, B. (Herausgeber): *Die Kunst des Modellierens. Mathematisch-ökonomische Modelle*. Vieweg+Teubner, Wiesbaden, 2008.

[Lue79]   LUENBERGER, D.G.: *Introduction to Dynamic Systems. Theory, Models, and Applications*. Wiley, New York, 1979.

[Mar76]   MARSDEN, J.E. / MCCRACKEN, M.: *The Hopf Bifurcation and Its Applications*. Springer, New York-Heidelberg-Berlin, 1976.

[Moo99]   MOONEY, D. / SWIFT, R.: *A Course in Mathematical Modeling*. Mathematical Association of America, USA, 1999.

[Mur89]   MURRAY, J.D.: *Mathematical Biology*. Springer, Berlin-Heidelberg, 1989.

[Nab07]   NABORS, M.W. / SCHEIBE, R. / KRIEGER-HAUWEDE, M. / LIPPERT, K.: *Botanik*. Pearson Studium, München, 2007.

[Nag92]   NAGEL, K. / SCHRECKENBERG, M.: *A cellular automaton model for freeway traffic.* J. Phys. I France, 2:2221–2229, 1992.

[Nag03]   NAGEL, K. / WAGNER, P. / WOESLER, R.: *Still flowing: approaches to traffic flow and traffic jam modeling.* Operations Research, 51(5):681–710, 2003.

[Neu00]   NEUNZERT, H. / SIDDIQI, A.H.: *Topics in Industrial Mathematics. Case Studies and Related Mathematical Methods.* Kluwer, Dordrecht-Boston-London, 2000.

[New88]   NEWTON, I.: *Mathematische Grundlagen der Naturphilosophie.* Meiner, Hamburg, 1988.

[Nöb79]   NÖBAUER, W. / TIMISCHL, W.: *Mathematische Modelle in der Biologie.* Vieweg, Braunschweig-Wiesbaden, 1979.

[Nul96]   NULTSCH, W.: *Allgemeine Botanik.* Thieme, Stuttgart, 1996.

[Opf08]   OPFER, G.: *Numerische Mathematik für Anfänger.* Vieweg+Teubner, Wiesbaden, 5. Auflage, 2008.

[Ort06]   ORTLIEB, C.P.: *Die Zahlen als Medium und Fetisch.* In: SCHRÖTER, J. / SCHWERING, G. / STÄHELI, U. (Herausgeber): *Media Marx. Ein Handbuch,* 151–165. transcript, Bielefeld, 2006.

[Pay71]   PAYNE, H.J.: *Models of freeway traffic and control.* In: BEKEY, G.A. (Herausgeber): *Mathematical Models of Public Systems,* Band 1, 51–61. Simulation Council, La Jolla, 1971.

[Pic06]   PICCOLI, B. / GARAVELLO, M.: *Traffic Flow on Networks.* AIMS, Springfield, USA, 2006.

[Pri71]   PRIGOGINE, D.I. / HERMAN, R.: *Kinetic Theory of Vehicular Traffic.* American Elsevier, New York, 1971.

[Rah01]   RAHMSTORF, S.: *A simple model of seasonal open ocean convection, Part I: Theory.* Ocean Dynamics, 52:26–35, 2001.

[Sch12]   SCHOTT, G.: *Geographie des Atlantischen Ozeans.* Verlag von C. Boysen, Hamburg, 1912.

[Sed92]   SEDGEWICK, R.: *Algorithmen.* Addison-Wesley, Bonn-München u.a., 1992.

[Sel69]   SELLERS, W.D.: *A Global Climatic Model Based on the Energy Balance of the Earth-Atmosphere System.* J. Appl. Meteorol., 8:392–400, 1969.

[Sto61]   STOMMEL, H.: *Thermohaline Convection with Two Stable Regimes of Flow.* Tellus, 13:224–230, 1961.

[Sug08] SUGIYAMA, Y. / FUKUI, M. / KIKUCHI, M. / HASEBE, K. / NAKAYAMA, A. / NISHINARI, K. / TADAKI, S. / YUKAWA, S.: *Traffic jams without bottlenecks – experimental evidence for a physical mechanism of the formation of a jam*. New J. Phys., 10(3):033001 (7 Seiten), 2008.

[Wal93] WALSER, H.: *Der Goldene Schnitt*. Teubner, Stuttgart, 1993.

[Wei08] WEILER, E.W. / NOVER, L.: *Allgemeine und molekulare Botanik*. Thieme, Stuttgart, 2008.

[Wel82] WELANDER, P.: *A simple heat-salt oscillator*. Dynamics of Atmospheres and Oceans, 6:233–242, 1982.

[Wer08] WERNER, B.: *Qualitative Methoden bei gewöhnlichen Differentialgleichungen*. Vorlesungsskript, Department Mathematik, Universität Hamburg, 2008.

[Wir06] WIRSCHING, G.J.: *Gewöhnliche Differentialgleichungen*. Teubner, Wiesbaden, 2006.

[Wol58] WOLDSTEDT, P.: *Das Eiszeitalter. Grundlinien einer Geologie des Quartärs, Band 2*. Ferdinand Enke, Stuttgart, 2. Auflage, 1958.

[Wol61] WOLDSTEDT, P.: *Das Eiszeitalter. Grundlinien einer Geologie des Quartärs, Band 1*. Ferdinand Enke, Stuttgart, 3. Auflage, 1961.

Sachverzeichnis

Abstandsmaße, 61, 64, 66, 68, 69, 76, 84
Albedo, 141
Algorithmus
    Elzinga-Hearn-, 82
    Fleurys, 51
    Verbesserungsheuristik, 87
    Verfolgungs-, 168
    Zwiebelschalen-, 50

Bevölkerungswachstum, 95, 125
    Altersstruktur, 95
    Bevölkerungspyramide, 96
    Geburtenraten, 102
    in Deutschland, 100, 113
    Indikatoren, 111
    Prognose, 103, 137
    Sterberaten, 101
    Wachstumsrate, 129, 132, 133
    Weltbevölkerung, 125
Blattstellung, 31
    Schimper-Braunsche Hauptreihe, 37
Blattstellungsdiagramm, 32
Brückenproblem, Königsberger, 49
Bundesliga, 19, 28
Burgers-Gleichung, 173, 187

Charakteristik, 174
Charakteristiken-Methode, 173
charakteristisches Polynom, 106, 109, 163

Dichte, 141, 150
    Verkehrs-, 170, 173
Differentialgleichung, 13, 128, 129, 132, 140, 152, 172, 186, <u>200</u>, 204
    Existenz und Eindeutigkeit, 200
Divergenz, 33
Divergenzwinkel, 33

Eichhörnchenarten, 115
Eiszeit, 140
Entdimensionalisierung, 143, 153, 161, 172
Entropiebedingung, 185, 189
    Lax-, 186, 189
    Verkehrs-, 185
Eutrophierung, 10

Fermat-Punkt, 79
Fibonacci-Spiralen, 38
Fibonaccizahlen, 35

Galileis Mechanik, 1
Gleichgewichtspunkt, 144, 153, <u>201</u>
    Existenz, 144, 154
    Stabilität, 144, 157, 202
Goldener Schnitt, 35
Golfstrom, 149
Graph, <u>48</u>, 64, 68
    Brücke, 51
    Eulergraph, 49
    gemischter, 49
    gerichteter, 49, 117
    Knotengrad, 50
    Kreis, 49
    zusammenhängend, 49
    Zusammenhangskomponenten, 65

Hertz' Kriterien an Modelle, 3
Hertz' Modellbegriff, 2
Hopf-Cole-Transformation, 187
Hopf-Verzweigung, 168, <u>204</u>
    subkritisch, 205
    superkritisch, 205

Inhibitor, 44
Integrallösung, 178–180, 183, 184

Iterationsprozess, 14
    linear, 99, 118, <u>195</u>
        Eigenwerte, 195
        Fundamentalsystem, 195, 197
        Langzeitverhalten, 198

kombinatorische Optimierung, 47, 84
Konvektion, 149

Lamé'sche Folge, 36
Leslie-Prozess, 100
    charakteristisches Polynom, 109
    einfach, 99
    Langzeitanalyse, 105
Ligapläne
    Anforderungen, 20
    Darstellung, 24
    einfach, 24
    komplett, 25
Limitkonvergenzwinkel, 37
Lucasfolgen, 36

Markov-Kette, 117
    Übergangswahrscheinlichkeiten, 118
    regulär, 120
    stationäre Verteilung, 120
Matching, 53
    minimales, 54
    perfektes, 53
Mikro-Makro-Link, 170
Modell
    Black-, White- und Grey-Modelle, 9
    deterministisch-stochastisch, 13
    Klassifikation nach Durchsichtigkeit, 9
    kombiniert, 14
    kontinuierlich-diskret, 13
    mathematischer Modelltyp, 12
    mikroskopisch-makroskopisch, 14
    statisch-dynamisch, 12
Modellbegriff, 1
Modellierungsprozess, 4
Modellierungsrezepte, 6

Orthostichen, 32

Parastichen, 39

Perron-Frobenius-Eigenwert, 199
Phyllotaxis, 31
proportio divina, 35

quasistationär, 159

Rankine-Hugoniot-Sprungbedingung, 180, 181, 189
Reaktionszeit, 160

schwarzer Körper, 141
Schwerpunkt, 79, 81
Simulationswerkzeuge, 8
skalare Erhaltungsgleichung, 173, 181, 188
Skalierung, 144, 153
Solarkonstante, 141
spezifische Wärmekapazität, 140
Spirale
    archimedische, 40
    Fermat-, 40
    genetische, 33
    logarithmische, 40
Stabilität, 163, 167, 168
Standortoptimierung, 73
Stefan-Boltzmann-Konstante, 141

Testfunktion, 178

Umkreismittelpunkt, 79

Verdünnungswelle, 184, 185
Verkehrsdichte, 170, 173
Verkehrsfluss-Modelle
    car following models, 160
    kinetsch, 159
    makroskopisch, 159, 170
    mikroskopisch, 159, 170
    zelluläre Automaten, 159
Verkehrsflussgeschwindigkeit, 170, 186
    Gleichgewichts-, 170, 172, 186
Verzweigungsdiagramm, 168
Vliesstoffe, 59

wandernde Welle, 188
Warmzeit, 140

If you have any concerns about our products,
you can contact us on
ProductSafety@springernature.com

In case Publisher is established outside the EU,
the EU authorized representative is:
**Springer Nature Customer Service Center GmbH
Europaplatz 3, 69115 Heidelberg, Germany**

Printed by Libri Plureos GmbH
in Hamburg, Germany